U0159419

可压缩流体
气动力学讲义（中译版）

NOTES ON AERODYNAMICS OF
COMPRESSIBLE FLUIDS

钱学森 等 编著
盛宏至 陈允明 译

上海交通大学 出版社
SHANGHAI JIAO TONG UNIVERSITY PRESS

内容提要

本书为钱学森1947—1949年在麻省理工学院航空系教授可压缩流体气动力学课程讲义的中译版,体现了当时最前沿的空气动力学水平。本书共分19章。第1～4章为基本原理,给出可压缩流描述的基本参数和基本原则。第5～11章讨论相对简单的各种类型二维流动,从不可压无旋流动开始,到亚、跨、超、高超声速流动的各种处理方法,包括速度图法、相似律、线性化理论等。第12～16章针对不同翼型不同流速进行三维分析。第17～19章集中于黏性效应的讨论,涉及流体的黏性,速度与温度边界层、边界层与激波相互作用等。

本书数学推导精致、内容翔实、物理概念明晰,在讲解理论知识的同时还传授了怎么把握物理本质建立数学模型的理念和方法。这对于当今工程或技术科学的学者仍具有很现实的意义。

图书在版编目(CIP)数据

可压缩流体气动力学讲义:中译版/ 钱学森等编著;
盛宏至,陈允明译. —上海:上海交通大学出版社,
2022.1
ISBN 978-7-313-26085-7

Ⅰ.①可… Ⅱ.①钱… ②盛… ③陈… Ⅲ.①可压缩
流体-流体力学-研究 Ⅳ.①O354

中国版本图书馆 CIP 数据核字(2021)第 244309 号

可压缩流体气动力学讲义(中译版)

KEYASUO LIUTI QIDONG LIXUE JIANGYI (ZHONGYIBAN)

编　　著:钱学森 等　　　　　　　　　译　　者:盛宏至　陈允明
出版发行:上海交通大学出版社　　　　 地　　址:上海市番禺路 951 号
邮政编码:200030　　　　　　　　　　 电　　话:021-64071208
印　　制:上海盛通时代印刷有限公司　 经　　销:全国新华书店
开　　本:787mm×1092mm　1/16　　　 印　　张:18.25
字　　数:452 千字
版　　次:2022 年 1 月第 1 版　　　　　 印　　次:2022 年 1 月第 1 次印刷
书　　号:ISBN 978-7-313-26085-7
定　　价:158.00 元

序

　　我老师钱学森博士毕业后先是留在加州理工学院工作,后由其导师冯·卡门推荐任教于麻省理工学院,而师弟兼挚友郭永怀则应邀去康奈尔大学任教。于是钱学森驱车从加利福尼亚州的帕萨迪纳出发,先是送郭永怀到纽约州的伊萨卡,然后自己再开车到位于波士顿的麻省理工学院。

　　我赴美留学之际,美国组装的 V－2 火箭发射成功,自制的探空火箭"女兵下士"上天。波音公司造出了跨声速的后掠翼 B－47 轰炸机,美国空军也突破音障,造出了 X1、X2 超声速战机。于是高速空气动力学成为当时最大的热门,这本书就是钱学森在麻省理工学院讲授可压缩流体气动力学的讲义。

　　此前钱学森应冯·卡门之邀,参加了美国军方[陆军航空兵(AAF),后于1947年 9 月 18 日独立成为美国空军(USAF)]科学咨询团,并赴德国进行了考察,掌握了大量资料,所以在讲义编写中他能居高临下、精挑细选,兼顾理论与实际应用。本书以阐述基本原理为主,数学推导极其精致,由浅入深,内容翔实,非现今教科书可比,而且包括了诸如有限翼展、三角翼、"卡门-钱近似"公式细节等众多一般书籍不会涉及的内容。故讲义虽完成于七十余年前,然其内容至今仍未过时。

　　行文至此不由想起自己当年在加州理工学院接受钱老的耳提面命、日夜苦读的情景,今年是钱老 110 周年诞辰,我们翻译出版这本讲义以资纪念,前日又闻中国卫星完成月球背面之旅,希望我辈的成绩能告慰钱老的在天之灵。

郑哲敏

译 者 前 言

今年是我国两弹一星功臣、中国宇航事业的奠基人钱学森先生 110 周年诞辰。本次出版钱先生在美国麻省理工学院(MIT)航空系教授可压缩流体气动力学这门课的英文讲义及中文译文,谨以史料的形式纪念钱先生 110 周年诞辰。

二战结束时的 1945 年初夏,钱先生曾作为美国军方科学咨询团成员,随冯·卡门一同赴德国考察纳粹德国的飞机及火箭技术,掌握了大量资料。1945—1946 年美国自制的探空火箭"女兵下士"上天,波音公司造出了后掠翼 B - 47 轰炸机,美国空军也突破音障、造出了 X1、X2 超声速战机。1947 年 10 月,人类更是跨入有人飞行器的超声速时代。于是,高速空气动力学成了最大的热门。

钱先生在担任加州理工学院喷气推进实验室(JPL)主任之前,曾于 1947 年到 1949 年间,任美国麻省理工学院(MIT)航空工程系正教授,并讲授一门可压缩流体气动力学课程(Aerodynamics of Compressible Fluids,课程号 16.051,助教 L. M. Mack)。钱先生教的是当时最前沿的知识。他充分利用了当时可能得到的人类最先进的科学技术文献,包括大量来自德国科学家和苏联科学家的知识。

现在,尽管 70 多年过去了,钱先生讲义的内容并没有完全过时。讲义内容以飞机为主,从不可压缩流体到可压缩流体,从一维定常到三维不定常流动,从亚声速、跨声速、超声速到高超声速流动,以及流体黏性、流体热传导、边界层、边界层与激波相互作用、相似律等,涵盖了后掠机翼、有限翼展、三角翼、最小波阻的知识。钱先生讲义中,不仅一系列研究方法值得我们学习,而且很多知识在目前看来仍有很好的参考价值,尤其在讲解各种近似时还传授了怎么把握物理本质建立数学模型的理念和方法,这对于工程或技术科学的学者也具有很现实的意义。

本书数学推导精致、内容翔实、物理概念明晰。随着计算机和计算技术的发展,当代动力学研究的数值计算多了,但基于基础知识的近似方法对于理解物理现象还是有很大帮助。钱先生讲义所用数学手段较深奥,部分内容超过工科院校硕士研究生的数学教学大纲要求,因此阅读此讲义的读者很可能还要在数学方面加强基础。

本次出版物我们更愿意定义为史料,其原因如下:

(1) 因年代久远,收集到的手稿不够完整,且因是作者手稿,不是正式出版物,遗漏与笔误在所难免。译者在录入和翻译校对时尽力校正,但仍做不到作为教材的完整与准确。特别原稿第220页(本书157页)缺页,导致内容不连续。

(2) 原稿仅看得到第1~11章的目录,缺失第12~19章目录。尽管译者根据手稿章节号补上目录,但仅能通过原稿目录看出第1卷与第2卷的划分,看不到第3卷(或有第4、5卷)的划分,分卷的特色也就无法完全体现,故译者对中译版补充了第3、4卷的卷名。

(3) 原稿中存在手写的文字、公式、图片等。我们在整理文稿时将其用译者注的方式标注,可有助于理解当时的背景(如公式的适用条件、推导思路)。

基于以上原因,此次出版的讲义更具史料特色。

郑哲敏院士非常重视他老师著作的翻译工作,信任李佩先生创办的中国科学院科技翻译工作者协会的实力,并在建党100周年之际为书写序。

此项任务能在半年的时间保质保量地完成,得益于中国科学院科技翻译工作者协会的李伟格女士的多方协调;也在此特别感谢赵殿华女士和孙炜先生的鼎力相助,他们承担了包括英文录入和中文初译的大量工作。其间,还得到姜璐教授带领的团队在光学字符识别(OCR)方面的帮助,加快了英文录入的进程,在此一并致以深切的谢意!

出 版 说 明

此次出版钱学森的《可压缩流体气动力学讲义(中译版)》,系根据他在麻省理工学院的课程讲义整理翻译而得。编校的总体原则是尽量保留钱学森原稿的体系,包括体例、科技术语、单位符号等,体现书籍史料特色。在此基础上,为方便当代读者阅读,根据图书编校规范进行了整理。现对整理工作加以说明如下:

(1) 关于注释。原稿中已有的注释以剑号†的页下注形式呈现;译者和编辑的说明性文字以带圈数字①②……的译注或编注表示。

(2) 关于插图。原稿中插图有的是备课所画示意图,没有编号和图题;有的是研究成果的数据图,部分有图号和图题。编辑为所有插图添加统一编号,同时在正文中加以提及;原稿中有图题的保留原图题,没有图题的不另增补图题。

(3) 关于表格。为原稿中没有表题的表格(如表 1.1)添加表题,同时在页下注加以说明。

(4) 关于参考文献。保留原稿对参考文献的处理方式,即部分引用文献在注释中加以说明,其余未加注释的位于章后的参考文献列表中。参考文献格式保留原稿格式。对大部分文献进行了查证,修改完善了著录信息。部分待发表(to be published)的文献因种种原因未查证到,保留原体例。

(5) 原稿中有的位置出现手写文字,统一以译注形式呈现。

(6) 关于语言风格。考虑到原稿是课程讲义,不同于其他学术专著,翻译和编校过程中保留口语化的用法,如不经常使用在科技文献中的"我们"。

(7) 原稿缺一页,对应本书第 157 页中有一部分内容缺失,尤其是式(12.56)~式(12.60)缺失。

(8) 反三角和反双曲函数的表示方法与现有规范不同,保留了原稿用法,特在此说明:$\sin^{-1}$ 即 $\arcsin$, $\tan^{-1}$ 即 $\arctan$, $\tanh^{-1}$ 即 artanh, $\cosh^{-1}$ 即 arcosh。

目　录

第 1 卷　基 本 原 理

第 2 卷　二 维 流 动

第 3 卷　三　维　流　动

第 4 卷　流体的黏性与导热

第1卷

基本原理

第1章　可压缩流中的参数

在详细讨论可压缩流体动力学之前,考虑问题中的控制因素有助于确定问题研究的方向。控制因素无非是描述物理状态特点的流体特性。这些控制因素将用某些可测量的量来表示,例如物体的运动速度和小扰动的传播速度或声速。但是,我们不应原封不动地尝试使用这些因素,而应从中形成更有意义而且更方便使用的无量纲参数。

1.1　声速和马赫数

设 u 表示流体流入固定波前的速度;ρ 和 p 为流体的密度和压力。如果 δu、$\delta\rho$ 和 δp 与 u、ρ 和 p 相比很小,我们在计算中可以视它们为微分(见图 1.1)。那么,由没有流体产生也未被摧毁的条件就可以给出连续性方程:

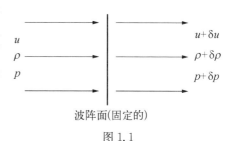

波阵面(固定的)

图 1.1

$$\rho u = 常数$$

因此

$$\delta(\rho u) = 0 = u\delta\rho + \rho\delta u \tag{1.1}$$

由于 ρu 是单位流动截面的每秒质量流量,ρu^2 是单位流动截面的每秒动量通量。

根据牛顿第二定律,动量的变化率一定等于作用在流体上的力。因此

$$\delta(\rho u^2) + \delta p = 0$$
$$\delta(\rho u^2) = -\delta p = u\delta(\rho u) + \rho u\delta u \tag{1.2}$$

联立式(1.2)和式(1.1),可得

$$\delta p = u^2\delta\rho$$

由此可得

$$u^2 = \frac{\delta p}{\delta\rho} = \frac{\mathrm{d}p}{\mathrm{d}\rho} \tag{1.3}①$$

---

① 原稿此式后有手写内容如下:注意,这是一个仅基于连续性方程和牛顿第二定律得到的非常一般的结论[仅当 $p = p(\rho)$,除了 $\delta\to\mathrm{d}$]。——译注

$\dfrac{\mathrm{d}p}{\mathrm{d}\rho}$ 取决于流体所进行的过程。如果是完全气体,而且过程是等熵的,则

$$p = k\rho^{\gamma} \tag{1.4}$$

式中,γ 为比热比,$\gamma = c_p/c_V$,

$$\frac{\mathrm{d}p}{\mathrm{d}\rho} = k\gamma\rho^{\gamma-1} = \gamma\,\frac{p}{\rho} \tag{1.5}$$

现在,如果我们想象一个观察者在波前与流体一起运动,对于这个观察者来说,流体将处于静止状态,但波阵面以小扰动的传播速度 u 朝观察者运动,如果我们用 a 来表示这个声速,则

$$a^2 = \gamma\,\frac{p}{\rho} \tag{1.6}$$

很明显,传播速度的有限性是由于流体的可压缩性造成的。对于不可压缩流体,此速度是无限的,因为在这种情况下,体积是不可能调整的,扰动产生的任何压力一定会立即在整个流体场中传递并被感受到。然而,声速的绝对大小在我们的问题中没有意义,必须将它与另一个重要的量,即有关物体的运动速度 U 进行比较。于是,形成了以下参数:

$$\frac{U}{a} = 马赫数(Ma)$$

式中,U 为自由流速度;a 为自由流中声速。

马赫数是可压缩流体动力学的首要参数,是流体可压缩性的一种度量。

1.2 黏度和雷诺数

黏性效应是通过速度梯度产生的剪切应力来度量的。如果 L 是物体的典型线性尺度,比如说物体的长度,那么速度梯度用 U/L 度量,剪切应力用 $\mu U/L$ 度量,其中 μ 是黏性系数。动态力可以用动态压力来度量,这个量可以写成 ρU^2。雷诺数 Re,即我们所说的黏性参数,是动态力与黏性力的比值,因此可以由下式得到:

$$Re = \frac{动态力}{黏性力} = \frac{动态压力}{剪切应力} = \frac{\rho U^2}{\mu\,\dfrac{U}{L}} = \rho\,\frac{UL}{\mu} = \frac{UL}{\nu} \tag{1.7}$$

式中,ν 称之为运动黏度,$\nu = \mu/\rho$。

美国国家航空咨询委员会(NACA)的标准大气的物性在两份 NACA 出版物中给出[†]。

[†] Diehl, W. S. :"Standard Atmosphere–Tables and Data". NACA TR No. 218 (1925)

Warfield, C. N. : "Tentative Tables for Properties of the Upper Atmosphere". NACA TN No. 1200 (1947)

1.3　热传导和普朗特数

让我们考虑沿 x 方向的一维流动,那么

$$通过对流加入的热量 = c_p \rho u \frac{\partial T}{\partial x} \mathrm{d}x$$

式中,c_p 为定压比热容。

$$通过传导加入的热量 = \frac{\partial}{\partial x}\left(\lambda \frac{\partial T}{\partial x}\right) \mathrm{d}x$$

式中,λ 为流体的导热系数。这两个量的比值为

$$\frac{c_p \rho u \dfrac{\partial T}{\partial x} \mathrm{d}x}{\dfrac{\partial}{\partial x}\left(\lambda \dfrac{\partial T}{\partial x}\right) \mathrm{d}x} = \frac{c_p \rho u \dfrac{T}{L}}{\lambda \dfrac{T}{L^2}} = \frac{c_p \mu}{\lambda}\left(\frac{\rho u L}{\mu}\right) \tag{1.8}$$

式(1.8)中第二个因子是雷诺数 Re。只有第一个因子是新的。此因子称为普朗特数 Pr,是衡量热传导重要性的一个指标。对于空气,普朗特数介于 $0.5 \sim 0.8$,即约等于 1;对于其他永久性气体,普朗特数也非常接近于 1。精确数值在表 1.1 中给出。

对于气体来说,普朗特数的值非常接近于 1,这实际上意味着热传导和黏度的影响在数量级上是等阶的。因此,当我们考虑到黏度的影响时,我们必须同时考虑到气体导热性的影响。

1.4　气体性质和比热比

定容比热容 c_V 是衡量气体分子能量携带能力的指标,也是衡量分子结构复杂程度的指标。而定压比热容 c_p,除了具有内能外,还有对外做功的能力。这两个比热容的比值比热比 $\gamma = c_p/c_V$ 则是衡量分子内部相对复杂程度的指标,γ 是我们的第四个参数,为气体固有物性参数。表 1.1 列出了不同气体的 γ 值。

表 1.1　不同气体的热参数[†①②]

气　　体	$k \times 10^6 /$ [Btu/(ft·s·°F)]	$c_p /$ [Btu/(slug·°F)]	$\mu \times 10^7 /$ [slug/(ft·s)]	Pr	γ
空气	3.57(32°F)	7.73(32°F)	3.57(32°F)	0.773	1.403(32°F)
氨气,NH_3	3.20(32°F)	16.9(59°F)	2.00(32°F)	1.06	1.310(59°F)
氩气,Ar	2.53(32°F)	4.03(59°F)	4.36(32°F)	0.695	1.670(59°F)
二氧化碳,CO_2	2.19(32°F)	6.41(59°F)	2.90(32°F)	0.849	1.304(59°F)
一氧化碳,CO	3.44(32°F)	7.97(59°F)	3.40(32°F)	0.756	1.404(59°F)
氯气,Cl_2	1.15(32°F)	3.70(59°F)	2.69(32°F)	0.788	1.355(59°F)

（续表）

气　　体	$k \times 10^6 /$ $[\text{Btu}/(\text{ft} \cdot \text{s} \cdot {}^\circ\text{F})]$	$c_p /$ $[\text{Btu}/(\text{slug} \cdot {}^\circ\text{F})]$	$\mu \times 10^7 /$ $[\text{slug}/(\text{ft} \cdot \text{s})]$	Pr	γ
氟利昂-12，CCl_2F_2	1.33(32℉)	4.49(32℉)	2.44(32℉)	0.825	1.140(32℉)
氢气，H_2	25.4(32℉)	10.9(59℉)	1.81(32℉)	0.777	1.410(59℉)
硫化氢，H_2S	1.92(32℉)	8.15(59℉)	2.41(32℉)	1.02	1.320(59℉)
氮气，N_2	3.65(32℉)	7.97(59℉)	3.42(32℉)	0.746	1.404(59℉)
氧化亚氮，N_2O	2.31(32℉)	6.46(59℉)	2.94(32℉)	0.822	1.303(59℉)
一氧化氮，NO	3.33(32℉)	7.51(59℉)	3.43(32℉)	0.774	1.400(59℉)
氧气，O_2	3.73(32℉)	7.02(59℉)	3.99(32℉)	0.751	1.401(59℉)
二氧化硫，SO_2	1.23(32℉)	4.88(59℉)	2.56(32℉)	1.02	1.290(59℉)
水蒸气	3.47(212℉)	15.5(212℉)	2.76(212℉)	1.23	1.324(212℉)

　　†　括号中的温度是实验测定时的温度；k 的值取自 *International Critical Table: Vol. V* (1st Ed., McGraw-Hill Book Company, 1926)；c_p、μ、γ 的值取自 *Handbook of Chemistry and Physics* (19th Ed., CRC Press, 1934)；氟利昂-12 数据取自美国国家航空咨询委员会报告 NACA TN No. 1024(1946)。

　　①　英制单位与国际单位换算关系如下：1 ft(英尺)=0.304 8 m；1 slug(斯勒格)=14.593 9 kg；1 Btu(英热单位)=1.055 1 kJ；℉(华氏度)=32+℃(摄氏度)×1.8；绝对温标采用兰金温标，°R(兰氏度)=491.67+℃(摄氏度)×1.8。——译注

　　②　表格标题系编辑补充。——编注

1.5　流动相似性

　　前面几节中给出的这些参数对讨论流动相似性十分重要。为了使两个物体上的流动完全相似，不仅物体的形状必须相似，而且两种流型中的参数的大小必须相等。流动相似性的含义也许需要进一步明确。将所有的距离除以物体的一个典型尺寸，如物体的长度；将所有的速度除以一个典型的速度，如说无穷远处的速度（如果无穷远处的速度是均匀的话），那么距离和速度就简化为无量纲量。相似性是指在具有相同的无量纲坐标的一个点上，其无量纲速度的值相等。同样地，无量纲的压力、密度或温度的值也相等。因此，马赫数、雷诺数、普朗特数和比热比这四个参数的重要性在于它们提供了一种方法，即能将众多纷杂的流动样式划分为数量少得多的几个群。在每个群中，我们只需要研究其中的一个成员即可，因为其余的流型与所研究的那个相似。这样可以极大地节省工作量。

　　这一结果最重要的应用是风洞试验。除了风洞边界的干扰效应外，如果四个参数的数值相同，则可以认为试样周围的流动和原型周围的流动是相同的或相似的。如果风洞使用与自由飞行时相同的流体，如空气，则不必关注普朗特数和比热比；但是，对于模型和原型，两者的马赫数和雷诺数必须具有相同的数值。

　　由于流动相似性的要求相当严格，人们自然会问，这一要求是否可以放宽。研究表明，如果是纯亚声速流动，比热比的影响是次要的。因此，如果我们只对较低的马赫数范围感兴趣，我们可以使用与工作流体的 γ 值不同的气体。一般来说，较重的气体声速较低，这些气体被用来降低驱动风洞所需的功率。然而，如果我们对较高的马赫数范围感兴趣，例如跨声速或超

声速流动,使用较重的气体通常不能获得令人满意的精确结果。

　　如果我们在风洞中使用空气作为工作流体,那么我们只需要关注马赫数和雷诺数。但是,在正常情况下,流体黏性的影响仅限于靠近固体边界层的一薄层,即边界层;该层之外的流动几乎不受黏性的影响。这意味着我们可以分别考虑马赫数的影响和雷诺数的影响。当我们研究边界层外流动时,只需要有相同的马赫数;当我们研究摩擦或由边界层内的摩擦引起的阻力时,仅需要有相同的雷诺数。如此一来可以大大简化风洞试验,这是通常采用的做法。当然,当边界层和边界层外流动之间存在强烈的相互作用时,比如在机翼上方的跨声速流动中的激波-边界层相互作用,这时马赫数效应和雷诺数效应是无法分离的,模型测试必须在与原型相同的马赫数和雷诺数下进行。

第 2 章　完全可压缩流体的一维定常方程

一般来说,流体黏性的影响仅限于在边界层和激波中。因此,对于非常大的一类空气动力学问题,例如亚声速流或超声速流中固体表面上的压力分布,我们可以忽略流体的黏性,仍然可以得到真实物理情况的一个极佳近似。这种简化大大减少了基本微分方程的求解工作量。与经典流体力学唯一的区别就是引入了流体的可压缩性。无黏性流体在经典流体力学中称为理想流体,这里的无黏性可压缩流体称之为"完全可压缩流体"(相当于热力学中的"理想气体")。"完全流体"的详细说明将在下面给出。

完全可压缩流体流动的最简单问题当然是一维流动。这里我们只关注沿流管的速度以及随之而来的流体压力、密度和温度的变化。由于流体的压缩或膨胀涉及对流体所做的功以及随之而来的流体温度的变化,因此,力学本身并不能满足我们的计算需要。要想完全确定这些量,就需要热力学。但我们所说的运动流体的压力、密度和温度是什么意思呢? 在热力学中,我们习惯于认为流体处于静止状态。解决这个难题的方法是让一个观察者随着流体移动并将这个观察者附着在流体的一个很小的区域上。然后,我们将流体区域的压力、密度和温度定义为该运动观察者所测量的压力、密度和温度。由于对于该观察者而言,流体是静止的,所以我们可以预期热力学关系对于这样定义的量是成立的。

2.1　热力学关系和能量方程

现在令 q 为单位质量的流体所加入的热量(力学单位);e 为单位质量的内能(力学单位);p 为静压;V 为单位质量的容积;T 为绝对温度。然后,通过将热力学第一定律应用于单位容积,可以得到

$$\begin{aligned} \mathrm{d}q &= \mathrm{d}e + p\,\mathrm{d}V \\ &= \mathrm{d}e + \mathrm{d}(pV) - V\mathrm{d}p \end{aligned} \tag{2.1}$$

定义 $h = e + pV$,即单位质量流体的热含量或焓,则由式(2.1)可得

$$\mathrm{d}q = \mathrm{d}h - V\mathrm{d}p \tag{2.2}$$

倘若此过程为定容过程,即 $\mathrm{d}V = 0$,则

$$\mathrm{d}q = \mathrm{d}e$$

$$\frac{\mathrm{d}q}{\mathrm{d}T} = \frac{\mathrm{d}e}{\mathrm{d}T} = c_V \tag{2.3}$$

式中，c_V 为定容比热容。如果此过程为定压过程，即 $\mathrm{d}p=0$，则

$$\mathrm{d}q=\mathrm{d}h$$

$$\frac{\mathrm{d}q}{\mathrm{d}T}=\frac{\mathrm{d}h}{\mathrm{d}T}=c_p \tag{2.4}$$

式中，c_p 为定压比热容。到目前为止，我们还没有详细说明流体的物性，它可以是一种遵循范德瓦耳斯状态方程的气体或者也可以简单的是一种完全气体。

一般来说，可以注意到 $\dfrac{\mathrm{d}e}{\mathrm{d}T}$、$\dfrac{\mathrm{d}h}{\mathrm{d}T}$ 可能是 V 和 T 的函数。

现在令 v 为速度；ρ 为密度，$\rho=\dfrac{1}{V}$。

取一个单位截面的流管，考虑流经它的流体。对于定常流，所有物理量都只是沿流管位置的函数（见图 2.1）。

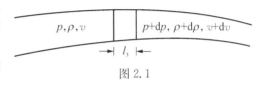

图 2.1

$\rho v \mathrm{d}v$ 为单位面积每秒动量的变化。由牛顿第二定律可得

$$\rho v \mathrm{d}v=-\mathrm{d}p$$

或

$$v\mathrm{d}v+\frac{\mathrm{d}p}{\rho}=0 \tag{2.5}$$

由式(2.2)，可得

$$\mathrm{d}q=\mathrm{d}h-V\mathrm{d}p=\mathrm{d}h-\frac{\mathrm{d}p}{\rho}=\mathrm{d}h+v\mathrm{d}v$$

$$=\mathrm{d}\left(h+\frac{1}{2}v^2\right) \tag{2.6}$$

式(2.6)给出了新增热量、焓和流体流速之间的关系。换句话说，单位质量所加入的热量等于单位质量焓和动能之和的变化。在这种情况下，定常非黏性流动的焓和动能之和，与力学中势能和动能之和，其地位是相同的。因此式(2.6)可称为能量方程。这个公式是通用的。后面的章节[①]将说明，如果黏度很小，可以在不严重危害关系式精度的情况下取消黏度的限制。然而，流动定常性的限制是必要的，不能取消，因为可能会有 $\dfrac{\partial p}{\partial t}\neq 0$ 的情况。

如果忽略热传导和热辐射等影响，则 $\mathrm{d}q=0$，式(2.6)变为

$$h+\frac{1}{2}v^2=常数 \tag{2.7}$$

---

① 原稿此处并未指明具体章节。——编注

这个方程表明,对于定常绝热流动,焓加上动能是恒定的。

或者写成

$$h_1 + \frac{1}{2}v_1^2 = h_2 + \frac{1}{2}v_2^2 \tag{2.8}$$

这个方程的唯一限制还是流动必须是定常的和绝热的。

2.2 完全气体的关系式

对于完全气体而言,其状态方程为

$$pV = RT \tag{2.9}$$

e 和 h 只是 T 的函数。于是

$$c_V = \frac{\mathrm{d}e}{\mathrm{d}T} \tag{2.10}$$

$$c_p = \frac{\mathrm{d}h}{\mathrm{d}T} = \frac{\mathrm{d}e}{\mathrm{d}T} + \frac{\mathrm{d}(pV)}{\mathrm{d}T} = c_V + R \tag{2.11}$$

倘若流动是绝热的且连续的,那么可以证明流动是等熵的,也就是说,气体的熵,如在第 3 章中定义的那样,在整个流动中保持一个恒定的值。

$$\mathrm{d}q = 0 - \mathrm{d}e + p\mathrm{d}V = c_V\mathrm{d}T + p\mathrm{d}V \tag{2.12}$$

由式(2.9)可得

$$\mathrm{d}T = \frac{1}{R}\mathrm{d}(pV) = \frac{p}{R}\mathrm{d}V + \frac{V}{R}\mathrm{d}p \tag{2.13}$$

将式(2.12)代入式(2.13),有

$$0 = \frac{c_V}{R}p\mathrm{d}V + \frac{c_V}{R}V\mathrm{d}p + p\mathrm{d}V$$

$$= \frac{c_V + R}{R}p\mathrm{d}V + \frac{c_V}{R}V\mathrm{d}p$$

由式(2.11)和 $c_p/c_V = \gamma$, 可得

$$\gamma\frac{\mathrm{d}V}{V} + \frac{\mathrm{d}p}{p} = 0 \tag{2.14}$$

如果 γ 是常数,那么

$$pV^\gamma = 常数 \tag{2.15}$$

这是完全气体的等熵流。为了计算速度,我们可以利用定常绝热流的能量方程

$$h + \frac{v^2}{L} = 常数[①]$$

---

① 该式右侧有手写文字如下：定常绝热流动。 —— 译注

对于恒定的比热容,可以得到

$$h = c_p T \tag{2.16}$$

令下标"$_0$"表示初始状态下的量,其中 $v=0$,那么

$$c_p T_0 = c_p T + \frac{1}{2} v^2 \tag{2.17}$$

由此可直接得出

$$v = \sqrt{2 c_p (T_0 - T)} \tag{2.18}$$

但是

$$T_0 - T = T_0 \left(1 - \frac{T}{T_0}\right) = T_0 \left[1 - \left(\frac{p}{p_0}\right)^{1-\frac{1}{\gamma}}\right] \tag{2.19}$$

因此

$$v = \sqrt{2 c_p T_0 \left[1 - \left(\frac{p}{p_0}\right)^{1-\frac{1}{\gamma}}\right]} \tag{2.20}$$

这个方程给出了气体从初始压力 p_0 膨胀到压力 p 时的速度 v。如果气体向真空中膨胀,即 $p=0$,那么速度将达到最大值。

该最大速度 $v_{\max}$ 为

$$v_{\max} = \sqrt{2 c_p T_0} \tag{2.21}$$

它相当于将热能完全转化为气体的动能。

如式(1.6)所示

$$a^2 = \frac{\mathrm{d}p}{\mathrm{d}\rho} = \gamma \frac{p}{\rho} \tag{2.22}$$

利用式(2.22)以及式(2.18),有

$$Ma^2 = \frac{v^2}{a^2} = \frac{2 c_p (T_0 - T)}{\gamma \dfrac{p}{\rho}} = \frac{2 c_p}{\gamma R T}(T_0 - T)$$

$$Ma^2 = \frac{2 c_p}{\gamma (c_p - c_V)}\left(\frac{T_0}{T} - 1\right) = \frac{2}{\gamma - 1}\left(\frac{T_0}{T} - 1\right) \tag{2.23}$$

或者

$$\frac{T_0}{T} = 1 + \frac{\gamma - 1}{2} Ma^{2①} \tag{2.24}$$

---

① 该式右侧有手写文字如下:定常绝热流动。——译注

并且

$$\frac{p_0}{p} = \left(\frac{T_0}{T}\right)^{\frac{\gamma}{\gamma-1}} = \left(1 + \frac{\gamma-1}{2}Ma^2\right)^{\frac{\gamma}{\gamma-1}} \tag{2.25}$$

$$\frac{\rho_0}{\rho} = \left(\frac{T_0}{T}\right)^{\frac{1}{\gamma-1}} = \left(1 + \frac{\gamma-1}{2}Ma^2\right)^{\frac{1}{\gamma-1}} \tag{2.26}$$

这些是我们将经常用到的公式。这些量可以用不同的形式表示如下：

$$v^2 = 2c_p(T_0 - T)$$

$$a_0{}^2 = \gamma\frac{p_0}{\rho_0} = \gamma R T_0$$

$$\frac{v^2}{a_0{}^2} = \frac{2c_p}{\gamma R}\left(1 - \frac{T}{T_0}\right) = \frac{2}{\gamma-1}\left(1 - \frac{T}{T_0}\right) \tag{2.27}$$

由此

$$\frac{T}{T_0} = 1 - \frac{\gamma-1}{2}\left(\frac{v}{a_0}\right)^2 \tag{2.28}$$

因此

$$\frac{p}{p_0} = \left[1 - \frac{\gamma-1}{2}\left(\frac{v}{a_0}\right)^2\right]^{\frac{\gamma}{\gamma-1}} \tag{2.29}$$

$$\frac{\rho}{\rho_0} = \left[1 - \frac{\gamma-1}{2}\left(\frac{v}{a_0}\right)^2\right]^{\frac{1}{\gamma-1}}$$

进而

$$v^2 = 2c_p(T_0 - T) = \frac{2c_p}{\gamma R}(a_0{}^2 - a^2)$$

$$= \frac{2}{\gamma-1}(a_0{}^2 - a^2) \tag{2.30}$$

所以

$$a^2 = a_0{}^2 - \frac{\gamma-1}{2}v^2 \tag{2.31}$$

这里得出的所有方程式均是以流动为定常、绝热、等熵和无黏的假设为前提[†]。

[†] 这些量的数值请参见下列著作提供的详尽表格：

Keonan，J. H. and Kaye，J. ："Thermodynamic Properties of Air". John Wiley & Sons (1945)

Emsons，H. W.："Gas Dynamics Tables For Air". Dover Publications，Inc. (1947).

2.3　喉部的流动面积和状态

对于定常运动,流经流管任何截面的总质量流量都是恒定的。

$$\rho v A = 常数 \tag{2.32}$$

$$\frac{\mathrm{d}\rho}{\rho} + \frac{\mathrm{d}v}{v} + \frac{\mathrm{d}A}{A} = 0 \tag{2.33}$$

联立式(2.33)和式(2.5),可以得到

$$\begin{aligned}
\frac{\mathrm{d}A}{A} &= -\frac{\mathrm{d}\rho}{\rho} - \frac{\mathrm{d}v}{v} = \frac{\mathrm{d}}{\mathrm{d}p}\left(-\frac{\mathrm{d}p}{\rho}\right) - \frac{\mathrm{d}v}{v} \\
&= -\frac{\mathrm{d}v}{v}\left(1 - \frac{v^2}{\dfrac{\mathrm{d}p}{\mathrm{d}\rho}}\right) = -\frac{\mathrm{d}v}{v}\left(1 - \frac{v^2}{a^2}\right) \\
&= -\frac{\mathrm{d}v}{v}(1 - Ma^2) \tag{2.34}
\end{aligned}$$

如果 $Ma = 1$, $\mathrm{d}A = 0$,表明声速出现在最小横截面区域,或喉部区域。

当 $Ma = 1$ 时,则根据式(2.24)和式(2.26),有

$$\frac{T_0}{T^*} = 1 + \frac{\gamma - 1}{2} = \frac{\gamma + 1}{2} = \frac{a_0^2}{a^{*2}} \tag{2.35}$$

$$\frac{p_0}{p^*} = \left(\frac{\gamma + 1}{2}\right)^{\frac{\gamma}{\gamma - 1}} \tag{2.36}$$

和

$$\frac{\rho_0}{\rho^*} = \left(\frac{\gamma + 1}{2}\right)^{\frac{1}{\gamma - 1}} \tag{2.37}$$

式中带 * 的量表示喉部的量。

另一方面,当 $Ma < 1$ 时,如果 $\mathrm{d}A < 0$,则 $\mathrm{d}v > 0$;当 $Ma > 1$ 时,如果 $\mathrm{d}A > 0$,则 $\mathrm{d}v > 0$。

以上表述表明,在亚声速流动中,气流在渐缩喷管中加速;在超声速流动中,气流在扩张喷管中加速。

如果 Ma 非常接近于 1,那么 A 的微小变化将导致速度的巨大变化。因而流动对横截面积的变化非常敏感。这里可以陈述三个值得注意的事实:

(1) 风洞壅塞

如果自由流马赫数 Ma^0 接近于 1,由于横截面积的变化,绕流速度就会发生很大的变化。换句话说,由于风洞壁的存在,测试结果与真实值有明显的差异。此外,随着来流速度进一步

增大,模型所占截面的速度很快就会达到局部声速。这个部分就成为喉口段。当达到该条件时,上游压力的任何进一步增大都不会增大来流的马赫数,因为该来流马赫数是由试验段入口的面

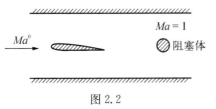

图 2.2

积与模型段自由流面积之比来确定的,这就是风洞壅塞。

(2) 跨声速风洞的稳定化

如果跨声速风洞中的马赫数 Ma^0 不太接近于 1,则可以通过在试验段后面的某处风洞中引入阻塞体来稳定气流(见图 2.2)。阻塞体将阻塞风洞,以便在沿风洞的最小横截面处达到声速。[†]

(3) 风洞干扰

由于风洞边界的存在,绕物体流动的流管出现了严重的畸变。

在封闭的风洞中,流管被横向压缩。于是,在亚声速区,物体绕流的速度增大。在超声速流动中,物体绕流的速度降低。对于开放式风洞,流管横向扩张,于是,在亚声速流中,速度降低;在超声速流动中,速度增加。

由于这些事实,在部分是超声速流动且部分是亚声速流动的情况下,风洞干扰的修正是无法实现的。

2.4 经由拉瓦尔喷管的流动

如果将一个收缩-扩张喷管连接到一个盛有压力为 p_0 的流体的无限大储罐上,相应于出口压力 p_e 的不同取值,沿喷管的压力分布如图 2.3 曲线所示。当出口压力 p_e 等于 p_0 时,沿喷管的压力分布可表示为一条直线,喷管内没有流动。通过降低出口压力,流动开始出现,压力在喉部下降得更快,因为那里的速度最大。喉部的速度随着 p_e 的减小而增大,直至达到声速为止。由于喉部的速度不可能为超声速,因此可以看出,除非喷管出口区域的压力 p_e 等于 p_{e_2} 值,其他情况下整个喷管不可能是等熵流。

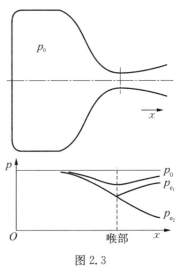

图 2.3

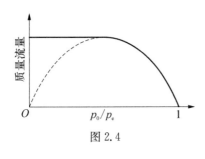

图 2.4

如果我们用质量流量与压力比 p_0/p_e 作图,就会得到示意图 2.4。这里可以得出两个结论:

(1) 对于等熵流,末端压力的取值只可能是在 p_0 和 p_{e_1} 之间,或为一单值 p_{e_2}。

(2) 喉道之后达到声速以后质量流量将是一个常数。若出口压力在 p_{e_1} 和 p_{e_2} 之间,则激波必然出现在喷管中。第 3 章将对此进行讨论。

† 见下列参考文献: Leipmann, H. W. and Ashkenas, H.:"Shock-Wave Oscillations in Wind Tunnels". J. Aeronaut. Sci., Vol. 14, No. 5, pp. 295-302(1947).

2.5　等熵流中压力和速度的关系

用带下标的量$(XX)_0$表示$v=0$时的压力、密度等;用带上标的量$(XX)^0$表示在自由流时的压力、速度、密度等;用p、v、ρ、Ma表示自由流中任意点处的压力、速度、密度、马赫数等。驻点$(v=0)$处的量与自由流中的量之间的关系式为式(2.25)。

$$\frac{p^*}{p_0} = \frac{1}{\left(1 + \dfrac{\gamma-1}{2} Ma^{0\,2}\right)^{\gamma/(\gamma-1)}} \tag{2.38}$$

由式(2.29)和式(2.31),可以得到

$$\left(\frac{p}{p_0}\right) = \left(1 - \frac{\gamma-1}{2}\frac{v^2}{a_0^{\,2}}\right)^{\frac{\gamma}{\gamma-1}}$$

$$\left(\frac{p}{p^*}\right)^{\frac{\gamma-1}{\gamma}} = \left(1 + \frac{\gamma-1}{2} Ma^{0\,2}\right)\left(1 - \frac{\gamma-1}{2}\frac{v^2}{a_0^{\,2}}\right)$$

但是

$$\frac{v^2}{a_0^{\,2}} = \frac{v^2}{a^{0\,2}}\left(\frac{a^0}{a_0}\right)^2 = \frac{v^2}{a^{0\,2}}\left(\frac{T^0}{T_0}\right) = \frac{v^2}{a^{0\,2}}\left(\frac{1}{1 + \dfrac{\gamma-1}{2} Ma^{0\,2}}\right)$$

因此

$$\left(\frac{p}{p^0}\right)^{\frac{\gamma-1}{\gamma}} = 1 + \frac{\gamma-1}{2} Ma^{0\,2} - \frac{\gamma-1}{2}\frac{v^2}{a^{0\,2}} = 1 + \frac{\gamma-1}{2} Ma^{0\,2}\left(1 - \frac{v^2}{U^2}\right) \tag{2.39}$$

对于不同的情况,$\dfrac{p}{p^0}$的表达式可以用级数表示如下:

(1) 当Ma^0较小时

$$\left(\frac{p}{p^0}\right) = \left[1 + \frac{\gamma-1}{2} Ma^{0\,2}\left(1 - \frac{v^2}{U^2}\right)\right]^{\frac{\gamma}{\gamma-1}}$$

$$= 1 + \frac{\gamma}{\gamma-1}\left[\frac{\gamma-1}{2} Ma^{0\,2}\left(1 - \frac{v^2}{U^2}\right)\right] +$$

$$\frac{1}{2!}\frac{\gamma}{\gamma-1}\left(\frac{\gamma}{\gamma-1}-1\right)\left[\frac{\gamma-1}{2} Ma^{0\,2}\left(1 - \frac{v^2}{U^2}\right)\right]^2 +$$

$$\frac{1}{3!}\frac{\gamma}{\gamma-1}\left(\frac{\gamma}{\gamma-1}-1\right)\left(\frac{\gamma}{\gamma-1}-2\right)\left[\frac{\gamma-1}{2} Ma^{0\,2}\left(1 - \frac{v^2}{U^2}\right)\right]^3 + \cdots$$

$$= 1 + \frac{\gamma}{2} Ma^{0\,2}\left(1 - \frac{v^2}{U^2}\right) + \frac{\gamma}{8} Ma^{0\,4}\left(1 - \frac{v^2}{U^2}\right)^2 +$$

$$\frac{\gamma(2-\gamma)}{48} Ma^{0\,6}\left(1 - \frac{v^2}{U^2}\right)^3 + \frac{\gamma(2-\gamma)(3-2\gamma)}{384} Ma^{0\,8}\left(1 - \frac{v^2}{U^2}\right)^4 + \cdots$$

$$\frac{p-p^0}{p^0}=\frac{p}{p^0}-1$$

$$=\frac{\gamma}{2}Ma^{0\,2}\left(1-\frac{v^2}{U^2}\right)+\frac{\gamma}{8}Ma^{0\,4}\left(1-\frac{v^2}{U^2}\right)^2+\frac{\gamma(2-\gamma)}{48}Ma^{0\,6}\left(1-\frac{v^2}{U^2}\right)^3+\cdots$$

$$=\frac{\gamma}{2}Ma^{0\,2}\left(1-\frac{v^2}{U^2}\right)\left[1+\frac{Ma^{0\,2}}{4}\left(1-\frac{v^2}{U^2}\right)+\frac{(2-\gamma)}{24}Ma^{0\,4}\left(1-\frac{v^2}{U^2}\right)^2+\cdots\right]$$

但是

$$\frac{\gamma}{2}Ma^{0\,2}=\frac{\gamma}{2}\frac{U^2}{a^{0\,2}}=\frac{\gamma}{2}\frac{U^2}{\gamma\dfrac{p^0}{\rho^0}}=\frac{\rho^0}{2}\frac{U^2}{p^2}$$

现在将压力系数 C_p 定义为 $(p-p^0)\big/\dfrac{1}{2}\rho^0 U^2$，那么

$$C_p=\left(1-\frac{v^2}{U^2}\right)\left[1+\frac{Ma^{0\,2}}{4}\left(1-\frac{v^2}{U^2}\right)+\frac{(2-\gamma)}{24}Ma^{0\,4}\left(1-\frac{v^2}{U^2}\right)^2+\right.$$

$$\left.\frac{(2-\gamma)(3-2\gamma)}{192}Ma^{0\,6}\left(1-\frac{v^2}{U^2}\right)^3+\cdots\right] \tag{2.40}$$

对于不可压缩流（$Ma^0=0$），此表达式简化为

$$C_p=\frac{p-p^0}{\dfrac{1}{2}\rho^0 U^2}=1-\frac{v^2}{U^2}$$

因此，式(2.40)方括号内的项可视为压缩性修正系数。

(2) 当扰动 Δv 较小时，$v=U+\Delta v$，$\Delta v\ll U$

$$\frac{p}{p^0}=\left\{1+\frac{\gamma-1}{2}Ma^{0\,2}\left[1-\left(1+\frac{\Delta v}{U}\right)^2\right]\right\}^{\frac{\gamma}{\gamma-1}}$$

$$=\left\{1+\frac{\gamma-1}{2}Ma^{0\,2}\left[1-1-2\frac{\Delta v}{U}-\left(\frac{\Delta v}{U}\right)^2\right]\right\}^{\frac{\gamma}{\gamma-1}}$$

$$=\left\{1-(\gamma-1)Ma^{0\,2}\left[\frac{\Delta v}{U}+\frac{1}{2}\left(\frac{\Delta v}{U}\right)^2\right]\right\}^{\frac{\gamma}{\gamma-1}}$$

$$=1+\frac{1}{1!}\frac{\gamma}{\gamma-1}\left\{-(\gamma-1)Ma^{0\,2}\left[\frac{\Delta v}{U}+\frac{1}{2}\left(\frac{\Delta v}{U}\right)^2\right]\right\}+$$

$$\frac{1}{2!}\frac{\gamma}{\gamma-1}\left(\frac{\gamma}{\gamma-1}-1\right)\left\{-(\gamma-1)Ma^{0\,2}\left[\frac{\Delta v}{U}+\frac{1}{2}\left(\frac{\Delta v}{U}\right)^2\right]\right\}^2+\cdots$$

$$=1-\gamma Ma^{0\,2}\left[\frac{\Delta v}{U}+\frac{1}{2}\left(\frac{\Delta v}{U}\right)^2\right]+\frac{\gamma Ma^{0\,2}}{2}\left(\frac{\Delta v}{U}\right)+\cdots^{[1][2]}$$

---

① 原稿上式最右边的右半方括号无匹配左半方括号，已改。——译注

② 手稿此页背面有手写文字如下：在我们的气体动力学研究中使用气体混合物而不是空气。——译注

$$\frac{p-p^0}{p^0} = -\gamma Ma^{0^2} \frac{\Delta v}{U} \left[1 + \frac{1}{2}(1-Ma^{0^2})\left(\frac{\Delta v}{U}\right) + \cdots \right]$$

$$C_p = -2\left(\frac{\Delta v}{U}\right)\left[1 + \frac{1}{2}(1-Ma^{0^2})\left(\frac{\Delta v}{U}\right) + \cdots \right] \tag{2.41}$$

对于一阶近似,有

$$C_p = -2\left(\frac{\Delta v}{U}\right) \tag{2.42}$$

这里值得注意的是,只要 $Ma^{0^2}\dfrac{\Delta v}{U}$ 很小且可以忽略不计,这个简单的公式在任何马赫数下都成立。

(3) 当扰动 Δv 较小,但马赫数较大时。在这种情况下,$Ma^{0^2}\left(\dfrac{\Delta v}{U}\right)$ 不再偏小,但是 $(\Delta v/U)^2$ 与 $\Delta v/U$ 相比仍然可以忽略不计,因此有

$$\frac{p}{p^0} = \left[1-(\gamma-1)Ma^{0^2}\frac{\Delta v}{U} \right]^{\frac{\gamma}{\gamma-1}}$$

同时

$$C_p = \frac{2}{\gamma}\frac{1}{Ma^{0^2}}\left\{ \left[1-(\gamma-1)Ma^{0^2}\frac{\Delta v}{U} \right]^{\frac{\gamma}{\gamma-1}} - 1 \right\} \tag{2.43}$$

此公式在计算马赫数很大,同时较之自由流速度 U 而言扰动较小的薄体高超声速绕流非常有用。

第3章 激 波

从第 2 章对拉瓦尔喷管中的流动的研究中,我们看到,如果出口处的出口压力介于出口处流动为亚声速所对应的压力和喷管中流动达到完全超声速所对应的压力之间,那么喷嘴中的流动不可能是等熵的。我们说过,在这种情况下,喷管中的流动会呈现可称之为激波的不连续性。然而,激波出现在各种各样的可压缩流动中,确实是可压缩流体动力学中特有的现象。因此,我们将在本章更详细地研究它们。首先,我们要计算激波带来的后果,即由于激波而引起的压力、密度和温度的变化。然后,我们将考查激波本身并对其厚度进行估计。最后,我们将通过追踪压缩波和膨胀波的波形变化来解释流体运动中这种不连续性的形成。我们将通过对一般类型的激波,即斜激波的计算来结束本章。

3.1 激波前后参数的数量关系

让我们把激波看作是流体中速度、压力、密度和温度呈现不连续性的一个波。如果我们选择的坐标系是这样的:激波是静止的,流体流过波阵面,因此条件是定常的。我们将用下标 1 表示激波前的给定参量,用下标 2 表示激波后的参量(见图 3.1)。速度沿激波的法线方向,也就是说,我们正在研究的是正激波。

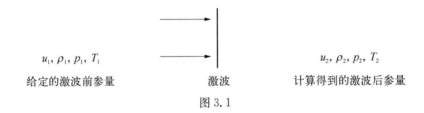

u_1, ρ_1, p_1, T_1

给定的激波前参量　　　　　　　　激波　　　　计算得到的激波后参量

图 3.1

需要计算四个量 u_2、ρ_2、p_2、T_2,四个基本方程如下。

(1) 状态方程(假设为完全气体):

$$\frac{p_2}{\rho_2} = RT_2 \tag{3.1}[①]$$

(2) 连续性方程:

$$\rho_1 u_1 = \rho_2 u_2 \tag{3.2}$$

---

① 该式右侧有手写文字如下:在范德瓦耳斯气体中得到激波。——译注

（3）动量方程：

$$\rho_1 u_1{}^2 - \rho_2 u_2{}^2 = p_2 - p_1 \tag{3.3}$$

（4）能量方程：

$$c_p T_1 + \frac{1}{2} u_1{}^2 = c_p T_2 + \frac{1}{2} u_2{}^2 \tag{3.4}①$$

现在要根据 Ma_1 来确定 p_2/p_1，我们从式(3.1)中可以得到

$$c_p T_1 = \frac{c_p}{R} R T_1 = \frac{c_p}{c_p - c_V} R T_1 = \frac{\gamma}{\gamma - 1} \frac{p_1}{\rho_1} \tag{3.5}$$

式(3.4)然后变为

$$\frac{\gamma}{\gamma - 1} \frac{p_1}{\rho_1} + \frac{1}{2} u_1{}^2 = \frac{\gamma}{\gamma - 1} \frac{p_2}{\rho_2} + \frac{1}{2} u_2{}^2 \tag{3.6}$$

联立式(3.2)和式(3.3)，得

$$\rho_1 u_1{}^2 \left(1 - \frac{u_2}{u_1}\right) = p_2 - p_1 \tag{3.7}$$

式(3.7)可以写为

$$\frac{u_2}{u_1} = 1 - \frac{p_1}{\rho_1 u_1{}^2}\left(\frac{p_2}{p_1} - 1\right) = 1 - \frac{1}{\gamma Ma_1{}^2}\left(\frac{p_2}{p_1} - 1\right) \tag{3.8}$$

由于

$$\frac{p_1}{\rho_1 u_1{}^2} = \frac{\gamma p_1/\rho_1}{\gamma u_1{}^2} = \frac{1}{\gamma} \frac{1}{Ma_1{}^2}$$

将式(3.6)除以 $\dfrac{\gamma}{\gamma - 1} \dfrac{p_1}{\rho_1}$，可以得到

$$1 + \frac{\gamma - 1}{2} \frac{u_1{}^2}{\gamma \frac{p_1}{\rho_1}} = \frac{p_2}{p_1} \frac{\rho_1}{\rho_2} + \frac{\gamma - 1}{2} \frac{u_1{}^2}{\gamma \frac{p_1}{\rho_1}}\left(\frac{u_2}{u_1}\right)^2 \tag{3.9}$$

或

$$1 + \frac{\gamma - 1}{2} Ma_1{}^2 = \frac{p_2}{p_1} \frac{u_2}{u_1} + \frac{\gamma - 1}{2} Ma_1{}^2\left(\frac{u_2}{u_1}\right)^2 \tag{3.10}$$

将式(3.8)代入式(3.10)，有

---

① 该式右侧有手写文字如下：此式适用于完全流体的定常绝热流动。——译注

$$1+\frac{\gamma-1}{2}Ma_1{}^2=\frac{p_2}{p_1}\left[1-\frac{1}{\gamma Ma_1{}^2}\left(\frac{p_2}{p_1}-1\right)\right]+\frac{\gamma-1}{2}Ma_1{}^2\left[1-\frac{1}{\gamma Ma_1{}^2}\left(\frac{p_2}{p_1}-1\right)\right]^2 \quad (3.11)$$

$$=\left(1+\frac{1}{\gamma Ma_1{}^2}\right)\frac{p_2}{p_1}-\frac{1}{\gamma Ma_1{}^2}\left(\frac{p_2}{p_1}\right)^2+$$

$$\frac{\gamma-1}{2}Ma_1{}^2\left[1-\frac{2}{\gamma Ma_1{}^2}\left(\frac{p_2}{p_1}-1\right)+\frac{1}{\gamma^2 Ma_1{}^4}\left(\frac{p_2}{p_1}-1\right)^2\right] \quad (3.12)$$

或者

$$1=\left(1+\frac{1}{\gamma Ma_1{}^2}\right)\frac{p_2}{p_1}-\frac{1}{\gamma Ma_1{}^2}\left(\frac{p_2}{p_1}\right)^2+\frac{\gamma-1}{2}Ma_1{}^2\left[\frac{2}{\gamma Ma_1{}^2}+\right.$$

$$\left.\left(\frac{1}{\gamma Ma_1{}^2}\right)^2+\frac{p_2}{p_1}\left(-\frac{2}{\gamma Ma_1{}^2}-2\frac{1}{\gamma Ma_1{}^2}\right)+\left(\frac{1}{\gamma^2 Ma_1{}^2}\right)^2\left(\frac{p_2}{p_1}\right)^2\right] \quad (3.13)$$

通过合并 p_2/p_1 的同等次幂,可以得到

$$\left(\frac{p_2}{p_1}\right)^2\left(-\frac{1}{\gamma Ma_1{}^2}+\frac{\gamma-1}{2}\frac{1}{\gamma^2 Ma_1{}^2}\right)+\frac{p_2}{p_1}\left(1+\frac{1}{\gamma Ma_1{}^2}-\frac{\gamma-1}{2}\frac{2}{\gamma}-\frac{\gamma-1}{2}\frac{2}{\gamma^2 Ma_1{}^2}\right)+$$

$$\frac{\gamma-1}{2}\frac{2}{\gamma}+\frac{\gamma-1}{2}\frac{1}{\gamma^2 Ma_1{}^2}-1=0 \quad (3.14)$$

或者

$$\frac{p_2}{p_1}\left(1+\frac{1}{\gamma Ma_1{}^2}\right)\frac{1}{\gamma}+\left(\frac{p_2}{p_1}\right)^2\frac{1}{\gamma Ma_1{}^2}\left(-1+\frac{\gamma-1}{2\gamma}\right)+\left(\frac{\gamma-1}{2}\frac{1}{\gamma^2 Ma_1{}^2}-\frac{1}{\gamma}\right)=0$$

最后得

$$\left(\frac{p_2}{p_1}\right)^2-\frac{2}{\gamma+1}(\gamma Ma_1{}^2+1)\left(\frac{p_2}{p_1}\right)-\frac{2}{\gamma+1}\left(\frac{\gamma-1}{2}-\gamma Ma_1{}^2\right)=0 \quad (3.15)$$

式(3.15)是 p_2/p_1 的二次方程,产生两个解。

负号对应的根给出

$$\frac{p_2}{p_1}=\frac{1}{\gamma+1}(\gamma Ma_1{}^2+1-\gamma Ma_1{}^2+\gamma)=1$$

这说明没有出现激波,其为平凡解;正号对应的根导致如下结果:

$$\frac{p_2}{p_1}=\frac{2\gamma}{\gamma+1}Ma_1{}^2-\frac{\gamma-1}{\gamma+1} \quad (3.16)$$

上述关系式给出了速度、密度、温度和马赫数之比,如下所示[†]:

[†] 激波前后参数比的数值取自下列参考文献:Emmons,H. W.:"Gas Dynamics Tables". Dover Publications,Inc. (1947).

$$\frac{u_2}{u_1}=\frac{\rho_2}{\rho_1}=\frac{(\gamma-1)+\dfrac{2}{Ma_1{}^2}}{\gamma+1} \tag{3.17}$$

$$\frac{T_2}{T_1}=\left(\frac{p_2}{p_1}\right)\left(\frac{\rho_1}{\rho_2}\right)=\frac{[2\gamma Ma_1{}^2-(\gamma-1)][(\gamma-1)Ma_1{}^2+2]}{(\gamma+1)^2 Ma_1{}^2} \tag{3.18}$$

$$Ma_2{}^2=\frac{1+\dfrac{\gamma-1}{2}Ma_1{}^2}{\gamma Ma_1{}^2-\dfrac{\gamma-1}{2}} \tag{3.19}$$

我们可以很容易地验证,当 $Ma_1=1$ 时,所有比值都等于 1,也就是说,当来流为声速时,不连续性非常小。当然,这与我们之前在第 1 章中的计算相吻合,在第 1 章中我们已经证明了当不连续性很小时,传播速度就是所谓的声速。

当然,到目前为止,我们还没有对 Ma_1 的值进行限制,它可以大于 1,也可以小于 1。然而,如果我们计算气体的熵,那么会发现 Ma_1 必须大于 1。这一推论如下。

熵的定义为[①]

$$dS=\frac{dq}{T}=\frac{c_V dT+p dV}{T}=\frac{c_p dT-V dp}{T}$$

对于完全气体而言,有

$$pV=RT,\ dV=\frac{R dT}{p}-\frac{RT}{p^2}dp$$

于是

$$\begin{aligned}dS&=c_p\frac{dT}{T}-R\frac{dp}{p}\\&=c_p\frac{dV}{V}+c_V\frac{dp}{p}\\&=c_p d(\log V)+c_V d(\log p)\end{aligned}$$

所以

$$S=c_V \log pV^\gamma+常数 \tag{3.20}$$

当 c_V 和 c_p 为常数,并且 $\Delta S=S_2-S_1=c_V\log\left(\dfrac{p_2}{p_1}\right)\left(\dfrac{V_2}{V_1}\right)^\gamma$。这表明,如式(2.15)所示,当 $pV^\gamma=$常数时,熵为常数,流动为等熵流。

现在回到对激波的讨论。式(3.16)~式(3.18)表明,如果 $Ma_1>1$,则 $\Delta S>0$;如果 $Ma_1<1$,则 $\Delta S<0$。

① 该式右侧有手写文字如下:式(3.4)不意味着 $dq=0$。——译注

这表明,当来流为超声速时,整个激波的熵增加;当来流为亚声速时,整个激波的熵减小。根据热力学第二定律[†],即熵只能增加,不能减小,上述第二种情况是不可能的,所以激波只会在超声速流中发生。

在速度的乘积 u_1u_2 和声速 a^* 之间存在一个有趣的关系,此处 a^* 对应于将气体从滞止膨胀到当地马赫数为 1 时的声速。根据式(3.17),有

$$u_1u_2 = \left(\frac{u_2}{u_1}\right)u_1^2 = \frac{u_1^2}{Ma_1^2}\frac{1+\frac{\gamma-1}{2}Ma_1^2}{\frac{\gamma+1}{2}} = a_1^2\frac{\frac{T_0}{T_1}}{\frac{\gamma+1}{2}} = \frac{a_0^2}{\frac{\gamma+1}{2}}$$

因此,通过利用式(2.35),我们可以得到

$$u_1u_2 = a^{*2} \tag{3.21}$$

式(3.21)意味着激波前和激波后的速度的几何平均值等于 a^*。这明确地表明,正激波后的速度为亚声速。

3.2　激波厚度

在前面的讨论中,假设流体是非黏性的,激波可认为是在压力、密度等方面不连续的一个波,换句话说,认为激波是无限薄的。事实上,我们的方程组只允许 u_2 有一个单一的非平凡值,并且在来流值 u_1 和最终值 u_2 之间的流速不可能有中间值。这种不连续性在自然界不可能真正发生。那么我们的方程中缺失了什么呢? 答案是黏性应力。如果将黏度考虑进去,激波就不再是不连续的,而是压力、密度等的平滑变化(见图 3.2)。

激波前参量
u_1, ρ_1, p_1, T_1

激波后参量[①]
u_2, ρ_2, p_2, T_2

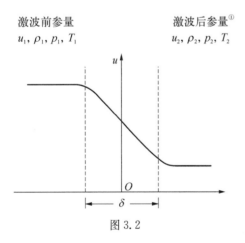

图 3.2

如果将对黏性效应很重要的激波厚度用 δ 表示,则激波中的平均速度梯度近似为 $\frac{u_1-u_2}{\delta}$。

与此速度梯度相对应,一个与梯度成正比的黏性应力作用在气体上,其方式与压力相同[††]。这个比例系数就是黏性系数。因此,垂直于激波表面的黏性应力为 $\mu\frac{u_1-u_2}{\delta}$,现在,为了使动力学方程得到充分的修正,以便允许存在中间值 u,这个新的应力幅度必须与压力具有相同的量级。于是

[†] 这一概念的物理解释请参见本章附录。

[①] 此处有手写文字如下:通常,当存在着与流动方向垂直的速度梯度,黏性发挥作用。在远离边界的情况下黏性起什么样的作用? 必须求助于气体动力学理论。——译注

[††] 我们将在第 17 章推导这种应力的存在(原稿章号空缺,此处系译者补上)。

$$\mu \frac{u_1 - u_2}{\delta} = kp$$

式中, k 为量级为 1 的常数。

或者

$$\frac{\mu}{\delta u_1 \rho_1} = k \frac{\gamma p_1}{\gamma \rho_1 u_1^2 (1 - u_2/u_1)} = \frac{k}{\gamma (1 - u_2/u_1) Ma_1^2} \tag{3.22}$$

利用式(3.17)作为 u_2/u_1 的值,可以得到

$$\frac{\mu}{\delta u_1 \rho_1} = \frac{k(\gamma + 1)}{2\gamma (Ma_1^2 - 1)}$$

因此

$$\delta = \left(\frac{\mu}{\rho_1} \right) \frac{1}{u_1} \frac{2\gamma (Ma_1^2 - 1)}{k(\gamma + 1)} \tag{3.23}$$

对于标准状态下的空气, $\frac{\mu}{\rho_1} = \frac{1}{6\,380}$ s/ft^2, $\gamma = 1.40$,如果我们取 $Ma_1 = 2.0$,则 $u_1 = 2\,240$ ft/s。 现在取 $k = 1$,则边界厚度 δ 的估计值为

$$\delta = \left(\frac{1}{6\,380 \times 2\,240} \right) \left(\frac{2.8}{2.4} \right) \times 3 \text{ ft} = \frac{10^{-6} \times 3 \times 2.8 \times 12}{6.380 \times 2.24 \times 2.4} \text{ in}$$
$$= 3 \times 10^{-6} \text{ in}$$

激波确实是很薄的一层[†],因此在飞行的子弹照片中,激波带有锐利的阴影是可以理解的。于是,尽管激波实际上是一个极狭窄的平滑过渡区域,但是为了简便起见,以下我们将把激波视为数学上的不连续。

3.3 由有限压缩扰动产生的激波

超声速流中激波的广泛出现自然引出了激波是如何产生的问题。在本节中,我们将证明:任何平面压缩波都将形成激波,而任何平面膨胀波最终都将消失。那么这意味着不存在膨胀激波,这一结论与热力学考虑完全一致。

由于我们不得不追溯激波的形成,显然需要考虑不同参量的时间变化。因此,我们必须首先推导不定常流动方程。

1) 连续性方程

现设 ρu 为单位面积内单位时间的质量流量; $\rho u \mathrm{d}t$ 为时间 $\mathrm{d}t$ 内单位面积的质量流量。

由于流入和流出,在时间 $\mathrm{d}t$ 内流体单元内减少的质量总量为 $\left[\rho u \mathrm{d}t + \frac{\partial (\rho u \mathrm{d}t)}{\partial x} \mathrm{d}x \right] - \rho u \mathrm{d}t$,即

---

† 更详细的计算请见下列参考文献: Taylor, G. I. and Maccoll, J. W.: "The Mechanics of Compressible Fluids" in Vol. III of Durand's "Aerodynamic Theory", Julius Springer, pp. 218 - 222 (1935).

$\dfrac{\partial(\rho u\,\mathrm{d}t)}{\partial x}\mathrm{d}x$。 由密度变化引起的 $\mathrm{d}x$、$\mathrm{d}t$ 内的质量增加为 $\dfrac{\partial(\rho\,\mathrm{d}x)}{\partial t}\mathrm{d}t$ 。

于是有

$$\frac{\partial(\rho\,\mathrm{d}x)}{\partial t}\mathrm{d}t+\frac{\partial(\rho u\,\mathrm{d}t)}{\partial x}\mathrm{d}x=\left[\frac{\partial\rho}{\partial t}+\frac{\partial(\rho u)}{\partial x}\right]\mathrm{d}x\,\mathrm{d}t=0$$

或者说,连续性方程为

$$\frac{\partial\rho}{\partial t}+\frac{\partial(\rho u)}{\partial x}=0 \tag{3.24}$$

2) 动力(动量)方程

出于同样的考虑,对于动量,有

$$\frac{\partial(\rho u^2\,\mathrm{d}t)}{\partial x}\mathrm{d}x+\frac{\partial(\rho u\,\mathrm{d}x)}{\partial t}\mathrm{d}t=-\frac{\partial p}{\partial x}\mathrm{d}x\,\mathrm{d}t$$

$$\frac{\partial(\rho u)}{\partial t}+\frac{\partial(\rho u^2)}{\partial x}=-\frac{\partial p}{\partial x}$$

或者

$$\rho\frac{\partial u}{\partial t}+u\frac{\partial p}{\partial t}+\rho u\frac{\partial u}{\partial x}+u\frac{\partial(\rho u)}{\partial x}=-\frac{\partial p}{\partial x}$$

即

$$\rho\frac{\partial u}{\partial t}+\rho u\frac{\partial u}{\partial x}+u\left[\frac{\partial p}{\partial t}+\frac{\partial(\rho u)}{\partial x}\right]=-\frac{\partial p}{\partial x}$$

根据连续性方程,方括号内动量等于零。因此,连续性方程和动力学方程为

$$\frac{\partial\rho}{\partial t}+\rho\frac{\partial u}{\partial x}+u\frac{\partial\rho}{\partial x}=0 \tag{3.25}$$

$$\frac{\partial u}{\partial t}+u\frac{\partial u}{\partial x}=-\frac{1}{\rho}\frac{\partial p}{\partial x} \tag{3.26}$$

现在,在波的传播问题中,流体中密度的变化完全归因于流体单元速度的变化。换句话说,ρ 对 x 和 t 的依赖性隐含于它对 u 的依赖性。因此

$$\rho=\rho(u) \tag{3.27}$$

同时,连续性方程就可以写成

$$\frac{\mathrm{d}\rho}{\mathrm{d}u}\frac{\partial u}{\partial t}+u\frac{\mathrm{d}\rho}{\mathrm{d}u}\frac{\partial u}{\partial x}+\rho\frac{\partial u}{\partial x}=0 \tag{3.28}$$

或者

$$\frac{\partial u}{\partial t} + u\frac{\partial u}{\partial x} + \frac{\rho}{\dfrac{d\rho}{du}}\frac{\partial u}{\partial x} = 0 \tag{3.29}$$

同样,动量方程变成

$$\frac{\partial u}{\partial t} + u\frac{\partial u}{\partial x} + \frac{1}{\rho}\frac{dp}{d\rho}\frac{d\rho}{du}\frac{\partial u}{\partial x} = 0 \tag{3.30}$$

但其解必须与(3.29)和(3.30)两个方程一致,所以两个方程中 $\dfrac{\partial u}{\partial x}$ 项之前的因子应相等:

$$\frac{1}{\rho}\frac{dp}{d\rho}\frac{d\rho}{du} = \frac{\rho}{\dfrac{d\rho}{du}}; \quad \frac{1}{\dfrac{d\rho}{du}} = \frac{du}{d\rho}$$

$$\left(\frac{du}{d\rho}\right)^2 = \frac{1}{\rho^2}\frac{dp}{d\rho}; \quad \frac{du}{d\rho} = \pm\frac{1}{\rho}\sqrt{\frac{dp}{d\rho}}$$

因此有

$$u = \pm\int_{\rho_0}^{\rho}\frac{1}{\rho}\sqrt{\frac{dp}{d\rho}}\,d\rho \tag{3.31}$$

式中, ρ_0 为 $u=0$ 时的密度值。特别是,如果沿着点 $\bar{x}(t)$,使得 u, p, ρ 保持不变,那么 $\dfrac{d\bar{x}}{dt}$ 就是局部传播速度,我们可以得到

$$\frac{du}{dt} = 0 = \frac{\partial u}{\partial t} + \frac{\partial u}{\partial x}\frac{d\bar{x}}{dt}$$

因此

$$\frac{d\bar{x}}{dt} = -\frac{\dfrac{\partial u}{\partial t}}{\dfrac{\partial u}{\partial x}} \tag{3.32}$$

但是,由式(3.30)可得

$$\frac{\partial u}{\partial t} + \frac{\partial u}{\partial x}\left(u + \frac{1}{\rho}\frac{dp}{d\rho}\frac{1}{\pm\dfrac{1}{\rho}\sqrt{\dfrac{dp}{d\rho}}}\right) = 0 \tag{3.33}$$

因此

$$\frac{d\bar{x}}{dt} = u \pm \sqrt{\frac{dp}{d\rho}} = u \pm a \tag{3.34}$$

由于此处

$$\frac{\mathrm{d}p}{\mathrm{d}\rho}=a^2$$

如果扰动的"剖面"要保持自身不变,那么 $\dfrac{\mathrm{d}\bar{x}}{\mathrm{d}t}$ =常数。 这就需要一个特殊的 $p(\rho)$ 关系。由式(3.31)和式(3.34)可知

$$\int_{\rho_0}^{\rho}\frac{1}{\rho}\sqrt{\frac{\mathrm{d}p}{\mathrm{d}\rho}}\,\mathrm{d}p+\sqrt{\frac{\mathrm{d}p}{\mathrm{d}\rho}}=常数$$

进行微分后得

$$\frac{1}{\rho}\sqrt{\frac{\mathrm{d}p}{\mathrm{d}\rho}}+\frac{\mathrm{d}}{\mathrm{d}\rho}\sqrt{\frac{\mathrm{d}p}{\mathrm{d}\rho}}=0$$

或者

$$\mathrm{d}\sqrt{\frac{\mathrm{d}p}{\mathrm{d}\rho}}\Big/\sqrt{\frac{\mathrm{d}p}{\mathrm{d}\rho}}=-\frac{\mathrm{d}p}{\rho}$$

所以

$$\log\sqrt{\frac{\mathrm{d}p}{\mathrm{d}\rho}}=-\log\rho+\log\mathrm{e}^B$$

或者

$$\frac{\mathrm{d}p}{\mathrm{d}\rho}=\frac{B}{\rho^2}$$

因此

$$p=A-\frac{B}{\rho} \tag{3.35}$$

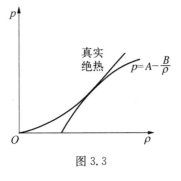

图 3.3

这就是方程所要求的特殊 $p(\rho)$ 关系式(见图 3.3)。遗憾的是,它不是真实气体所遵循的压力-密度关系。因此,在传播过程中,波形必然改变。

对于真实气体,接下来的过程是等熵过程,有

$$p=c\rho^{\gamma};\qquad \frac{\mathrm{d}p}{\mathrm{d}\rho}=c\gamma\rho^{\gamma-1} \tag{3.36}$$

$$u=\pm\int_{\rho_0}^{\rho}\sqrt{c\gamma}\,\rho^{\frac{\gamma-1}{2}-1}\,\mathrm{d}p$$

$$=\pm\sqrt{c\gamma}\left[\frac{2}{\gamma-1}\rho^{\frac{\gamma-1}{2}}\right]_{\rho_0}^{\rho}=\pm\frac{2}{\gamma-1}(a-a_0) \tag{3.37}$$

式中,u 取正号。

$$u = \frac{2}{\gamma - 1}(a - a_0); \quad a = a_0 + \frac{\gamma - 1}{2}u$$

$$\frac{\mathrm{d}\bar{x}}{\mathrm{d}t} = u + a = a_0 + \frac{\gamma + 1}{2}u \tag{3.38}$$

式(3.38)表明,速度越大的流体单元传播速度越大。但是,与较大传播速度相关的压力是多少?从式(3.37)可以看出,要使 u 为正,对应于 u 的 a 必须大于对应于零速度的固定值 a_0。倘若 u 增大,a 也必须增大,或者说温度也必须提高,从而压力也必须升高。图 3.4 清楚地表明,此波为压缩波,波阵面将继续变陡,直到波阵面的速度梯度几乎垂直。这意味着压缩

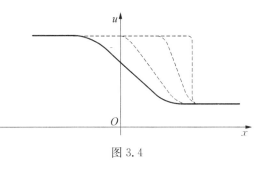

图 3.4

波将变成激波。当然,当前面的速度梯度变得极大时,黏性力就会发挥作用,然后,波(现在实际上是一个激波)就会稳定下来,不再发生进一步的变化。

另一方面,如果我们在式(3.37)中取 $a > a_0$ 和下面的符号(负号),那么 u 为负,并且

$$\frac{\mathrm{d}\bar{x}}{\mathrm{d}t} = u - a = u - a_0 + \frac{\gamma - 1}{2}u = -a_0 + \frac{\gamma + 1}{2}u \tag{3.39}$$

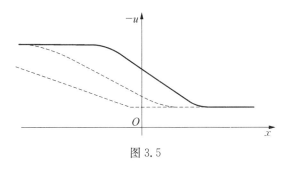

图 3.5

那么,该波是一个膨胀波,与压缩波相反,波阵面在传播过程中变得不那么陡峭(见图 3.5)。因此,膨胀波会使自身变得平滑。

以上表述是针对一维波或平面波而言的。对于从轴线上传播的圆柱波或从一点上传播的球面波情况而言,由于波阵面的半径增加,于是波阵面的表面积也随之增加,因此情况比较复杂,具有削弱波的作用。因此可以发现:压缩波必须足够强才能成为激波[†]。不过,计算过程太长,这里就不介绍了。

3.4 斜激波

到目前为止,我们已经探讨了正激波的情况,即入射速度垂直于波阵面的波。更为常见的情况是斜激波,入射速度与波阵面成一定角度(见图 3.6)。我们可以通过下述方法轻松地计算这种情况。

开始,我们有一个正激波如图 3.6 所示,激波前速度为 v_1,激波后速度为 v_2。现在想象一个观察者沿着波阵面以 w 的速度运动。对这个观察者来说,由于激波前流体的相对速度 u_1

[†] Hantzsche, W. and Wendt, H.: Jahrbuch 1940 der deutschen Luftfahrtforschung, Sect. I p. 527 (1941).

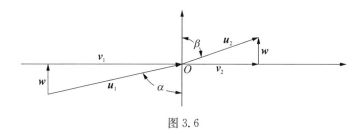

图 3.6

是 v_1 和 w 的矢量和,激波后的速度 u_2 是 v_2 和 w 的矢量和,这个激波不是正激波。压力 p_1、p_2,温度 T_1、T_2,密度 ρ_1、ρ_2 不受此参照系变化的影响。因此,对于斜激波而言,其压力、温度和密度比与正激波一样由速度的法向分量决定,而速度的切向分量不受激波的影响。因此有

$$u_1\cos\alpha = u_2\cos\beta;\quad \frac{u_1}{\alpha_1}=Ma_1,\quad \frac{u_2}{\alpha_2}=Ma_2 \tag{3.40}$$

$$\frac{v_1}{\alpha_1}=\frac{u_1\sin\alpha}{\alpha_1}=Ma_1\sin\alpha;\quad \frac{v_2}{\alpha_2}=Ma_2\sin\beta \tag{3.41}$$

由式(3.16),可得

$$\frac{p_2}{p_1}=\frac{2\gamma}{\gamma+1}Ma_1{}^2\sin^2\alpha-\frac{\gamma-1}{\gamma+1}$$

利用式(3.40)

$$\frac{v_2}{v_1}=\frac{u_2\sin\beta}{u_1\sin\alpha}=\frac{\tan\beta}{\tan\alpha} \tag{3.42}$$

因此,由式(3.17)

$$\frac{\tan\beta}{\tan\alpha}=\frac{\gamma-1}{\gamma+1}+\frac{2}{\gamma+1}\frac{1}{Ma_1{}^2\sin^2\alpha} \tag{3.43}$$

式(3.19)给出了马赫数比的公式:

$$Ma_2{}^2\sin^2\beta=\frac{1+\dfrac{\gamma-1}{2}Ma_1{}^2\sin^2\alpha}{\gamma Ma_1{}^2\sin^2\alpha-\dfrac{\gamma-1}{2}} \tag{3.44}$$

　　斜激波计算中一个非常重要的量是转角 $\theta=\alpha-\beta$。利用前面的方程,可得到

$$\tan\theta=\tan(\alpha-\beta)=\frac{\tan\alpha-\tan\beta}{1+\tan\alpha\tan\beta}$$

$$=\frac{\tan\alpha-\left(\dfrac{\tan\beta}{\tan\alpha}\right)\tan\alpha}{1+\tan^2\alpha\left(\dfrac{\tan\beta}{\tan\alpha}\right)}$$

$$\tan\theta = \cfrac{\tan\alpha - \left(\dfrac{\gamma-1}{\gamma+1} + \dfrac{2}{\gamma+1}\dfrac{1}{Ma_1{}^2\sin^2\alpha}\right)\tan\alpha}{1+\tan^2\alpha\left(\dfrac{\gamma-1}{\gamma+1} + \dfrac{2}{\gamma+1}\dfrac{1}{Ma_1{}^2\sin^2\alpha}\right)}$$

$$= \cfrac{\tan\alpha\left[(\gamma+1)-(\gamma-1)-\dfrac{2}{Ma_1{}^2\sin^2\alpha}\right]}{(\gamma+1)+\tan^2\alpha\left[(\gamma-1)+\dfrac{2}{Ma_1{}^2\sin^2\alpha}\right]}$$

$$= \cfrac{2\tan\alpha\,(Ma_1{}^2\sin^2\alpha-1)\cot^2\alpha}{\{[(\gamma+1)+(\gamma-1)\tan^2\alpha]Ma_1{}^2\sin^2\alpha + 2\tan^2\alpha\}\cot^2\alpha}$$

$$= \cfrac{Ma_1{}^2\sin 2\alpha - 2\cot\alpha}{Ma_1{}^2[(\gamma+1)\cos^2\alpha + (\gamma-1)\sin^2\alpha]+2}$$

因此

$$\tan\theta = \frac{Ma_1{}^2\sin 2\alpha - 2\cot\alpha}{Ma_1{}^2(\gamma+\cos 2\alpha)+2} \tag{3.45}$$

试问，α 为何值时，$\theta=0$，设式(3.45)的分子等于零，我们得到

$$2Ma_1{}^2\sin\alpha\cos\alpha - 2\frac{\cos\alpha}{\sin\alpha} = 0 \tag{3.46}$$

或者

$$\cos\alpha\,(Ma_1{}^2\sin^2\alpha - 1) = 0$$

因此，要么 $\cos\alpha=0$，$\alpha=90°$，与正激波的情况相对应，要么

$$Ma_1{}^2\sin^2\alpha - 1 = 0$$

$$\alpha = \sin^{-1}\frac{1}{Ma_1} \tag{3.47}$$

　　由于 $Ma_1\sin\alpha=1$，激波的法向速度等于声速。因而激波的强度极小。这种波通常称为马赫波，角度 α 称为马赫角。那么我们有两种情况的激波不会使气流偏转：一种是正激波；另一种是马赫波。

　　对于给定的 Ma_1 值，有两个 α 值使得气流偏转为零，这意味着可能存在一个导致最大偏转 θ 的中间 α 值。让我们用 $\bar{\alpha}$ 表示导致最大偏转的 α 值。

　　为了求出 $\bar{\alpha}$，我们设定 $\left(\dfrac{\partial\tan\theta}{\partial\alpha}\right)_{\alpha=\bar{\alpha}}=0$

在微分之后，我们只需要考虑分子。因此

$$[Ma_1{}^2(\gamma+\cos 2\bar{\alpha})+2]\left(2Ma_1{}^2\cos 2\bar{\alpha}+\frac{2}{\sin^2\bar{\alpha}}\right)+$$

$$(Ma_1{}^2\sin 2\bar{\alpha}-2\cot\bar{\alpha})(2Ma_1{}^2\sin 2\bar{\alpha})=0$$

$$\gamma Ma_1{}^4 \cos 2\overline{\alpha} + Ma_1{}^4 + 2Ma_1{}^2 \cos 2\overline{\alpha} + [Ma_1{}^2(\gamma + \cos 2\overline{\alpha}) + 2]\frac{1}{\sin^2 \overline{\alpha}} - 4Ma_1{}^2 \cos^2 \overline{\alpha} = 0$$

$$Ma_1{}^4 + Ma_1{}^2(\gamma Ma_1{}^2 + 2)(1 - 2\sin^2 \overline{\alpha}) + [Ma_1{}^2(\gamma + 1 - 2\sin^2 \overline{\alpha}) + 2]\frac{1}{\sin^2 \overline{\alpha}} -$$

$$4Ma_1{}^2(1 - \sin^2 \overline{\alpha}) = 0$$

$$\sin^4 \overline{\alpha}(-2\gamma Ma_1{}^4 - 4Ma_1{}^2 + 4Ma_1{}^2) + \sin^2 \overline{\alpha}[Ma_1{}^4 + Ma_1{}^2(\gamma Ma_1{}^2 + 2) - 2Ma_1{}^2 - 4Ma_1{}^2] +$$

$$[(\gamma + 1)Ma_1{}^2 + 2] = 0$$

或者
$$2\gamma Ma_1{}^4 \sin^4 \overline{\alpha} + \sin^2 \overline{\alpha}[4Ma_1{}^2 - (\gamma + 1)Ma_1{}^4] - [(\gamma + 1)Ma_1{}^2 + 2] = 0 \qquad (3.48)$$

解之,可得

$$\sin^2 \overline{\alpha} = \frac{1}{4\gamma}\left[(\gamma + 1) - \frac{4}{Ma_1{}^2} \pm \sqrt{(\gamma + 1)^2 - 8\frac{(\gamma + 1)}{Ma_1{}^2} + \frac{16}{Ma_1{}^4} + 8\frac{\gamma(\gamma + 1)}{Ma_1{}^2} + \frac{16\gamma}{Ma_1{}^4}}\right]$$

由于 $0 \leqslant \sin^2 \overline{\alpha} \leqslant 1$,只有上面的符号(正号)可用,所以

$$\sin^2 \overline{\alpha} = \frac{\gamma + 1}{4\gamma}\left[1 - \frac{4}{(\gamma + 1)Ma_1{}^2} + \sqrt{1 + 8\frac{(\gamma - 1)}{(\gamma + 1)}\frac{1}{Ma_1{}^2} + 16\frac{1}{(\gamma + 1)Ma_1{}^4}}\right]$$

$$(3.49)$$

因此,θ 随 α 变化曲线在 Ma_1 的固定值下的表现确实具有预期的特性,即 θ 在正激波和马赫波之间的 $\overline{\alpha}$ 值处达到最大值。图 3.7 给了不同的 Ma_1 值对应的这些曲线[†]。令人关注的是,对于 $\alpha = \overline{\alpha}$ 或最大偏转条件而言,激波后的马赫数小于1,如表 3.1 所示($\gamma = 1.4$)。

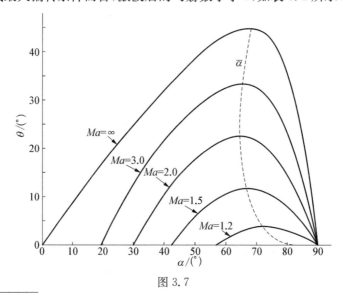

图 3.7

† 关于更准确的数值,请见下列参考文献:

Taylor, G. I. and Maccoll, J. W.: "The Mechanics of Compressible Fluids" in Vol. Ⅲ of Durand's "Aerodynamic Theory", Julius Springer, pp. 239 - 240;

Moeckel, W. E. and Connors, J. F.: "Charts for Determination of Supersonic Flow Against Planes and Cones". NACA TN No. 1373(1947).

表 3.1 最大偏转下的各种条件

Ma_1	$\bar{\alpha}/(°)$	$\theta_{max}/(°)$	Ma_2
1.0	90.0	0	1.000
1.5	66.6	12.0	0.925
2.0	64.2	23.0	0.940
2.5	64.8	29.7	0.947
3.0	65.3	34.0	0.957
3.5	65.7	36.8	0.966
4.0	66.0	38.8	0.971
5.0	66.5	41.1	0.982
6.0	67.1	42.4	0.990
8.0	67.5	43.6	0.995
10.0	67.6	44.4	0.997
15.0	67.7	45.1	0.998
∞	67.8	45.5	1.000

3.5 楔形物体绕流

倘若二维楔形物的半顶角为 θ，攻角为零，则超声速来流必须偏转一个角度 θ，才能满足楔形物表面的边界条件。现在，如果 θ 小于来流马赫数对应的最大偏转角，那么附着于楔形前缘的斜激波就可以满足这个边界条件。激波后的流动与楔形物表面平行，楔形物表面的流体压力保持常数（见图 3.8）。

然而，需要注意的是，对于任何给定的自由流马赫数，实际上有两个激波角 α，可以满足所需的偏转角度 θ。通常 α 值较大的激波称为强激波，因为其熵增大于 α 值较小的弱激波。对于解的这种模棱两可的歧义问题进行了一些理论研究，但没有得出明确的结果。然而，人们在试验中通常只观察到有限尺度楔形物上的弱激波。如果这看起来相对确定，则对于大多数情况，我们只需考虑弱激波。

当半顶角大于自由流马赫数的最大偏转角时，会出现完全不同的情况。那么上面讨论的流型就不可能了。实际上，激波会从顶点分离出来，并呈现如图 3.9 所示的曲线形状。在对称线上，气流首先通过一个正激波后变成亚声速，然后进一步压缩，顶点实际上成为一个驻点。随着与对称线距离的增大，激波逐渐朝着来流方向弯曲，而对于有限尺度的楔形物，远离对称线的激波最终变成马赫波。因此，远离楔形物的流动为超声速，而靠近楔形物的流动有一个亚声速区。这种混合流动问题的确非常复杂，理论上很难解决。

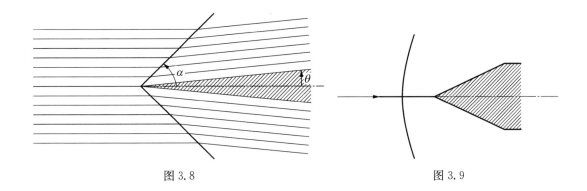

图 3.8　　　　　　　　　　　　　　　　　　图 3.9

3.6　皮托管

皮托管测量气流的滞止压力。因此，如果气流的马赫数 Ma 小于 1，则不会出现激波，皮托管测得的压力 p_P 与气流静压 p 之比可简单地由式（2.25）得出：

$$\frac{p_P}{p}=\left(1+\frac{\gamma-1}{2}Ma^2\right)^{\frac{\gamma}{\gamma-1}},\quad Ma\leqslant 1 \tag{3.50}$$

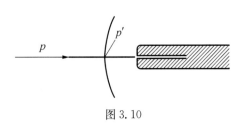

图 3.10

如果 $Ma>1$，由于管子通常有一个钝型头部，所以在皮托管前面会有一个激波。不过，与管口相交的流线以法向入射角穿过激波（见图 3.10）。正激波后的压力由式（3.16）给出，或

$$\frac{p'}{p}=\frac{2\gamma}{\gamma+1}Ma^2-\frac{\gamma-1}{\gamma+1}$$

激波后的马赫数 Ma_2 由式（3.19）给出

$$Ma_2{}^2=\frac{1+\dfrac{\gamma-1}{2}Ma^2}{\gamma Ma^2-\dfrac{\gamma-1}{2}} \tag{3.51}$$

该值小于 1。因此，激波后滞止压力的压缩是等熵的。于是

$$\frac{p_P}{p'}=\left(1+\frac{\gamma-1}{2}Ma_2{}^2\right)^{\frac{\gamma}{\gamma-1}}$$

所以

$$\frac{p_P}{p}=\left(1+\frac{\gamma-1}{2}Ma_2{}^2\right)^{\frac{\gamma}{\gamma-1}}\left(\frac{2\gamma}{\gamma+1}Ma^2-\frac{\gamma-1}{\gamma+1}\right) \tag{3.52}$$

因此，式（3.51）和式（3.52）给出了皮托管压力与 Ma 的函数关系。图 3.11 绘制了其关系图。可以看出，在从亚声速流到超声速流的过渡点处 p_P/p 的比值是连续的。

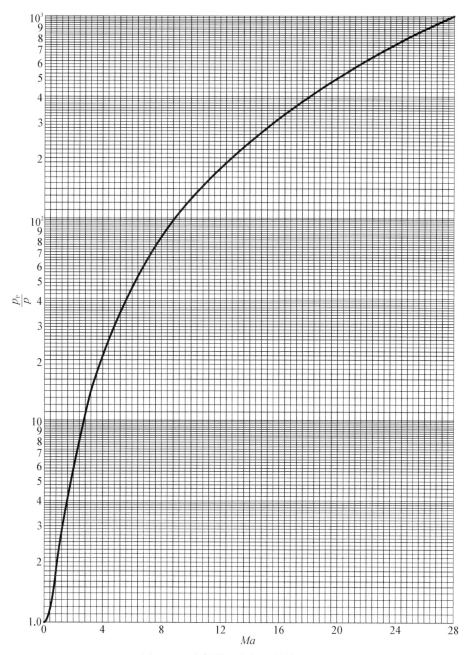

图 3.11　皮托管压力与马赫数的关系

附录　熵的概念与热力学第二定律

平衡问题中考虑熵的必要性

　　如果有一个静止的机械系统,涉及一组给定的几何约束和力与位置之间的关系,那么问题就是这个系统是否处于平衡状态,可以通过考虑在约束所施加的限制范围内改变位置所获得的势能的变化来回答。如果势能的变化是位置小变化的高阶小量,那么系统处于平衡状态。

举一个具体的例子：考虑无摩擦二维轨道上的一个质量粒子。如果粒子在 A 点，即平衡位置，我们会发现，通过将粒子向 A' 点或 A'' 点移动一个无穷小的距离，粒子势能 E 的变化是一个比从 A 点到 A' 点或 A'' 点的距离更高阶的无穷小量。所以我们可以写成

$$\delta E = 0 \tag{3.53}$$

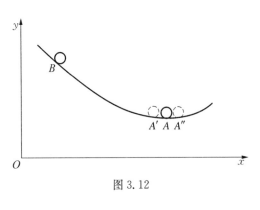

图 3.12

在 B 点，这个条件不满足，它不是一个平衡点。因此，解决平衡问题的方法是，在粒子必须保持在轨道上的限制下，对粒子进行"测试运动"（见图 3.12）。这种"测试运动"称为虚位移。它们不是粒子的实际位移，但可以认为是在概念实验中进行的，目的是找出粒子是否处于平衡状态。

因此，对于机械平衡来说，式（3.53）必须满足。当然，这意味着**平衡时势能 E 必须是最小值或最大值**。平衡的稳定性问题比平衡本身更进一步。然而，不难证明，**势能的最大值对应于不稳定平衡**。

在热力学系统中，仅有势能这个条件是不够的。例如，我们在一个体积不变的容器中有一定量的水和油。这里势能就是流体的内能 E。如果总能量给定，我们就会提出这样的问题：水有多热，油有多热？这里我们马上可以看出，由式（3.53）所描述的条件是不够的，因为我们可以假设油吸收了所有的热量，因此水很冷，也可以假设油失去了所有的热量，水很热（见图3.13）。两种情况下的总内能 E 是相同的，因此 δE 为零。如果我们保持压强不变，而不是保持容积不变，这里的势能就是 H，即焓。同样，单凭 $\delta H = 0$ 这个条件，不能决定容器中的水量。

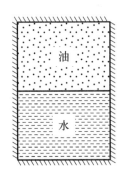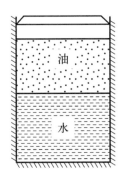

图 3.13

然而，热力学第二定理规定，**要达到热力学平衡，熵 S 必须是一个最大值**。这个条件与势能条件一起完全决定了问题。当然，最大的熵这一条件说起来是相当抽象的。但随着统计力学的研究，发现这个条件不过是分子总体的最可能状态的条件。由于对大量分子的研究是一项即使并非不可能却也很乏味的任务，所以 $S \rightarrow S_{max}$ 这个条件无疑是一个方便的替代条件。换句话说，一个封闭的热力学系统存在熵增加的自然趋势。如果我们发现某个机械过程，在不考虑详细的中间步骤的情况下，这个过程结束时的熵小于过程开始时的熵，那么必须认为这个机械过程违背了热力学基本原理，可以不经进一步研究就放弃。因此，热力学第二定理是气动热力学中最有力的工具之一。

第 4 章 可压缩无黏无热传导流体的基本运动方程

为了确定作用在机翼和机身上的空气动力,有必要详细了解这类物体周围的流型。由于流速和压力是不均匀的,我们必须确定表征流动的量,如沿三个坐标轴的三个速度分量 u、v、w 以及作为三个坐标 x、y、z 和时间变量 t 的函数的流体的压力 p、温度 T 和密度 ρ。换句话说,以往的简单一维分析不足以解决更普遍的问题。本章的目的是确立应用于此类计算的一般方程组,推导此类流动的一些重要的通用定理,最后指明求解方法,而求解的具体细节则留给后续章节。

在这一过程中我们只做一个假设:假设流体的黏度和热传导可以忽略不计。如前所述,对于不是太靠近固体表面的流动区域,或称为边界层的区域以及激波内的区域,这个假设通常是正确的。对于边界层和激波内区域,必须修改基本方程,这将成为在后续章节讨论的主题。

4.1 一般方程组

与以往的一维处理类似,解决流体流动问题的基本思路是连续性方程、动力学或力的关系以及能量关系。

就连续性方程而言,一维情况下的方程如式(3.24)所列

$$\frac{\partial \rho}{\partial t} + \frac{\partial(\rho u)}{\partial x} = 0$$

很明显,通过用通式表示三维情况,可得

$$\frac{\partial \rho}{\partial t} + \frac{\partial(\rho u)}{\partial x} + \frac{\partial(\rho u)}{\partial y} + \frac{\partial(\rho u)}{\partial z} = 0 \tag{4.1}$$

或者,用矢量分析的符号来写为[†]

$$\frac{\partial \rho}{\partial t} + \nabla \cdot (\rho \boldsymbol{q}) = 0 \tag{4.2}$$

式中,$\boldsymbol{q} = \boldsymbol{i}u + \boldsymbol{j}v + \boldsymbol{k}w$ [①] $\tag{4.3}$

[†] 本章附录中给出了所用公式的简短推导。

[①] 本书中矢量用黑体表示,如 $\boldsymbol{q}$、$\boldsymbol{i}$、$\boldsymbol{j}$、$\boldsymbol{k}$ 等。——编注

现在令 $\dfrac{D}{Dt}$ 表示随体导数,即相对于跟随流体元运动的观察者的某一量的变化率,那么

$$\frac{D}{Dt} = \frac{\partial}{\partial t} + u\frac{\partial}{\partial x} + v\frac{\partial}{\partial y} + w\frac{\partial}{\partial z} = \frac{\partial}{\partial t} + (\boldsymbol{q} \cdot \nabla) \tag{4.4}$$

此外,由于

$$\nabla \cdot (\rho \boldsymbol{q}) = \rho\nabla \cdot \boldsymbol{q} + (\boldsymbol{q} \cdot \nabla)\rho \tag{4.5}$$

连续性方程的形式为

$$\frac{1}{\rho}\frac{D\rho}{Dt} = -\nabla \cdot \boldsymbol{q} \tag{4.6}$$

对于**动力学方程**的一维情况,我们有如下方程,即式(3.26)

$$\frac{\partial u}{\partial t} + u\frac{\partial u}{\partial x} = -\frac{1}{\rho}\frac{\partial p}{\partial x}$$

通过用通式表示三维情况,可以得到

$$\frac{\partial u}{\partial t} + u\frac{\partial u}{\partial x} + v\frac{\partial u}{\partial y} + w\frac{\partial u}{\partial z} = -\frac{1}{\rho}\frac{\partial p}{\partial x}$$

或者,

$$\frac{Du}{Dt} = -\frac{1}{\rho}\frac{\partial p}{\partial x} \tag{4.7}$$

这是 x 方向加速度的方程式。它实际上表明动量在 x 方向上的变化率等于力的 x 方向分量。另外 y 和 z 两个方向的方程是

$$\frac{Dv}{Dt} = -\frac{1}{\rho}\frac{\partial p}{\partial y} \tag{4.8}$$

$$\frac{Dw}{Dt} = -\frac{1}{\rho}\frac{\partial p}{\partial z} \tag{4.9}$$

或者用矢量分析的符号重新改写,我们得到的动力学方程是

$$\frac{D\boldsymbol{q}}{Dt} = -\frac{1}{\rho}\nabla p \tag{4.10}$$

现在,由于

$$\nabla\left(\frac{1}{2}q^2\right) = \nabla\left(\frac{1}{2}\boldsymbol{q} \cdot \boldsymbol{q}\right)$$

$$= (\boldsymbol{q} \cdot \nabla)\boldsymbol{q} + \boldsymbol{q} \times (\nabla \times \boldsymbol{q})$$

但是 $\nabla \times \boldsymbol{q}$ 这个量通常称为速度矢量的旋量或旋度,用 $\boldsymbol{\omega}$ 表示,

$$\boldsymbol{\omega} = \nabla \times \boldsymbol{q} = \boldsymbol{i}\left(\frac{\partial w}{\partial y} - \frac{\partial v}{\partial z}\right) + \boldsymbol{j}\left(\frac{\partial u}{\partial z} - \frac{\partial w}{\partial x}\right) + \boldsymbol{k}\left(\frac{\partial v}{\partial x} - \frac{\partial u}{\partial y}\right) \tag{4.11}$$

那么

$$\nabla \left(\frac{1}{2}q^2\right) = (\boldsymbol{q} \cdot \nabla)\boldsymbol{q} + \boldsymbol{q} \times \boldsymbol{\omega} \tag{4.12}$$

但是

$$\frac{\mathrm{D}\boldsymbol{q}}{\mathrm{D}t} = \frac{\partial \boldsymbol{q}}{\partial t} + (\boldsymbol{q} \cdot \nabla)\boldsymbol{q}$$

因此,由式(4.10)和式(4.12)可得

$$\frac{\partial \boldsymbol{q}}{\partial t} + \nabla \left(\frac{1}{2}q^2\right) - \boldsymbol{q} \times \boldsymbol{\omega} = -\frac{1}{\rho}\nabla p \tag{4.13}$$

利用热力学第一定律还可以得到另外两种形式的动力学方程。如果 Q 是单位质量流体所加的热量,那么

$$T\,\mathrm{d}S = \mathrm{d}Q = \mathrm{d}E + p\,\mathrm{d}V$$
$$= \mathrm{d}h - \frac{1}{\rho}\mathrm{d}p \tag{4.14}$$

式中,S 为单位质量的熵;h 为单位质量的焓。因此若用矢量符号表示,即

$$T\,\nabla S = \nabla h - \frac{1}{\rho}\nabla p \tag{4.15}$$

所以式(4.10)和式(4.13)可以写成

$$\frac{\mathrm{D}\boldsymbol{q}}{\mathrm{D}t} = T\,\nabla S - \nabla h \tag{4.16}$$

和

$$\frac{\partial \boldsymbol{q}}{\partial t} + \nabla \left(\frac{1}{2}q^2\right) - \boldsymbol{q} \times \boldsymbol{\omega} = T\,\nabla S - \nabla h \tag{4.17}$$

为了推导**能量方程**,我们将引入 h_0 这个量,其定义为气体的焓和动能之和,即

$$h_0 = h + \frac{1}{2}q^2 \tag{4.18}$$

式(4.17)可以写成

$$\frac{\partial \boldsymbol{q}}{\partial t} - \boldsymbol{q} \times \boldsymbol{\omega} = T\,\nabla S - \nabla h_0 \tag{4.19}$$

那么,有

$$\frac{\mathrm{D}h_0}{\mathrm{D}t} = \frac{\mathrm{D}h}{\mathrm{D}t} + \frac{\mathrm{D}}{\mathrm{D}t}\left(\frac{1}{2}q^2\right)$$
$$= \frac{\mathrm{D}h}{\mathrm{D}t} + \boldsymbol{q} \cdot \frac{\mathrm{D}\boldsymbol{q}}{\mathrm{D}t}$$

通过将式(4.14)应用于流体元,我们得到

$$T \frac{DS}{Dt} = \frac{Dh}{Dt} - \frac{1}{\rho} \frac{Dp}{Dt}$$

但是

$$\frac{Dp}{Dt} = \frac{\partial p}{\partial t} + (\boldsymbol{q} \cdot \nabla) p$$

因此

$$\frac{Dh}{Dt} = T \frac{DS}{Dt} + \frac{1}{\rho} \left[\frac{\partial p}{\partial t} + (\boldsymbol{q} \cdot \nabla) p \right]$$

于是

$$\frac{Dh_0}{Dt} = T \frac{DS}{Dt} + \frac{1}{\rho} \frac{\partial p}{\partial t} + \boldsymbol{q} \cdot \left(\frac{D\boldsymbol{q}}{Dt} + \frac{1}{\rho} \nabla p \right)$$

然而,根据式(4.10),右边圆括号中的数量为零,故而

$$\frac{Dh_0}{Dt} = T \frac{DS}{Dt} + \frac{1}{\rho} \frac{\partial p}{\partial t}$$

或者

$$\frac{Dh_0}{Dt} = \frac{DQ}{Dt} + \frac{1}{\rho} \frac{\partial p}{\partial t} \tag{4.20}$$

如果加入的热量为零,即 $Q = 0$,则

$$\frac{Dh_0}{Dt} = \frac{1}{\rho} \frac{\partial p}{\partial t} \tag{4.21}$$

式(4.20)和式(4.21)是可压缩流体三维流动的能量方程,对于一维定常流动,我们之前已经发现"总能量"或 h_0 沿任何流线是常数。当然,式(4.21)指出,对于定常流,方程的右侧为零。然而,值得记住的是,对于非定常流动,h_0 不是沿流线的常数,而是取决于压力变化的时间速率。因此,特别是对于非定常流动,将 h_0 称作单位质量的流体总能量是不合适的,而且还有误导性。

计算到目前为止建立的每一类方程的数目,我们发现有一个连续性方程、三个动力学方程和一个能量方程——总共五个方程。问题中的未知数是三个速度分量(u、v、w)、压力、温度和密度——总共六个。因此,我们需要多一个方程,才能使方程数与未知数相同,从而能够完全确定问题。所需的就是流体的状态方程,即连接压力、密度和温度三个变量的关系式。对于完全气体这一特殊情况,这个方程是

$$\frac{p}{\rho} = RT$$

4.2 开尔文定理

对于任何封闭回路,回路环量的定义为

$$\Gamma = 环量 = \oint_c \boldsymbol{q} \cdot \mathrm{d}\boldsymbol{l} \tag{4.22}$$

式中,$\mathrm{d}\boldsymbol{l}$ 为跟随流体运动的封闭曲线 c 中的线段元。我们现在想要计算跟随流体元的回路环量 Γ 的时间变化率为 $\dfrac{\mathrm{D}\Gamma}{\mathrm{D}t}$,但是

$$\frac{\mathrm{D}\Gamma}{\mathrm{D}t} = \oint_c \frac{\mathrm{D}\boldsymbol{q}}{\mathrm{D}t} \cdot \mathrm{d}\boldsymbol{l} + \oint_c \boldsymbol{q} \cdot \frac{\mathrm{D}\mathrm{d}\boldsymbol{l}}{\mathrm{D}t}$$

在 δt 时间内,线段元长度在 x 方向上的变化为

$$\delta x' - \delta x = \frac{\partial u}{\partial x} \delta x \delta t$$

其时间变化率为 $\dfrac{\delta x' - \delta x}{\delta t} = \dfrac{\partial u}{\partial x} \delta x$,故而,

$$\frac{\mathrm{D}\Gamma}{\mathrm{D}t} = \oint_c \frac{\mathrm{D}\boldsymbol{q}}{\mathrm{D}t} \cdot \mathrm{d}\boldsymbol{l} + \oint_c \boldsymbol{q} \cdot \frac{\mathrm{D}\mathrm{d}\boldsymbol{l}}{\mathrm{D}t} = \oint \frac{\mathrm{D}\boldsymbol{q}}{\mathrm{D}t} \mathrm{d}\boldsymbol{l} + \oint (u\delta u + v\delta v + w\delta w)$$

但是

$$\oint (u\delta u + v\delta v + w\delta w) = \oint \frac{1}{2} \delta q^2 = 0$$

因此

$$\frac{\mathrm{D}\Gamma}{\mathrm{D}t} = \oint \frac{\mathrm{D}\boldsymbol{q}}{\mathrm{D}t} \cdot \mathrm{d}\boldsymbol{l} \tag{4.23}$$

利用式(4.10)和斯托克斯定理,由式(4.23)可得

$$\frac{\mathrm{D}\Gamma}{\mathrm{D}t} = -\oint \left(\frac{1}{\rho} \nabla p\right) \cdot \mathrm{d}\boldsymbol{l} = -\iint \left[\nabla \times \left(\frac{1}{\rho} \nabla p\right)\right] \cdot \mathrm{d}A$$

式中,A 是曲线 c 所包围的面积。

由于,$\nabla \times \left(\dfrac{1}{\rho} \nabla p\right) = \dfrac{1}{\rho} \nabla \times \nabla p + \nabla \left(\dfrac{1}{\rho}\right) \times \nabla p$,且 $\nabla \times \nabla p = 0$,我们得到

$$\frac{\mathrm{D}\Gamma}{\mathrm{D}t} = -\oint \left(\frac{1}{\rho} \nabla p\right) \cdot \mathrm{d}\boldsymbol{l} = -\iint \left[\left(\nabla \frac{1}{\rho}\right) \times \nabla p\right] \cdot \mathrm{d}A \tag{4.24}$$

使用式(4.15)可以获得方程的另一种形式,我们得到

$$\nabla \times \left(\frac{1}{\rho} \nabla p \right) = \nabla \times (\nabla h - T \nabla S)$$

$$= \nabla \times \nabla h - \nabla \times (T \nabla S)$$

但是，$\nabla \times \nabla h = 0$，并且

$$\nabla \times (T \nabla S) = \nabla T \times \nabla S + T \nabla \times \nabla S$$

$$= \nabla T \times \nabla S$$

因此

$$\frac{\mathrm{D}\Gamma}{\mathrm{D}t} = \iint (\nabla T \times \nabla S) \cdot \mathrm{d}A \qquad (4.25)$$

　　因此，一般来说，即使没有黏性力，环量也不是一个常数。这是可压缩流的一个特征,当流体中有热源(如伴有燃烧的流动)时,这一点很重要。这里的 h_0 和 S 对于空间或时间都不是常数,B. L. Hicks 称之为非绝热流。

　　对于较简单的流动情况,其中压力只是密度的函数,即所谓正压流, $p = p(\rho)$。 正压流的一个例子是等熵流,其中

$$p = C\rho^{\gamma},$$

式中,C 为常数。

　　对于这种流体运动,有

$$\frac{1}{\rho} \nabla p = \frac{1}{\rho} \frac{\mathrm{d}p}{\mathrm{d}\rho} \nabla \rho = \nabla f(\rho)$$

于是

$$\nabla \times \left(\frac{1}{\rho} \nabla p \right) = \nabla \times (\nabla f) = 0$$

因此,对于正压流,由式(4.24)可得

$$\frac{\mathrm{D}\Gamma}{\mathrm{D}t} = 0$$

　　这就是**开尔文定理**。开尔文定理表明:对于正压流,跟随流体元运动的任何封闭回路的环量都是一个相对于时间的常数。对于密度为常数的不可压缩流,开尔文定理成立。但对于可压缩流,只有在独特的压力-密度关系的限制下,环量是常数才成立。

4.3　亥姆霍兹定理

　　式(4.10)和式(4.13)给出

$$\frac{\mathrm{D}\boldsymbol{q}}{\mathrm{D}t} = \frac{\partial \boldsymbol{q}}{\partial t} + \nabla \left(\frac{1}{2}q^2 \right) - \boldsymbol{q} \times \boldsymbol{\omega}$$

通过取两侧的旋度，我们得到

$$\nabla \times \frac{\mathrm{D}\boldsymbol{q}}{\mathrm{D}t} = \nabla \times \frac{\partial \boldsymbol{q}}{\partial t} + \nabla \times \left(\nabla \frac{1}{2} q^2\right) - \nabla \times (\boldsymbol{q} \times \boldsymbol{\omega})$$

$$= \frac{\partial}{\partial t} \nabla \times \boldsymbol{q} - (\boldsymbol{\omega} \cdot \nabla)\boldsymbol{q} + (\boldsymbol{q} \cdot \nabla)\boldsymbol{\omega} - \boldsymbol{q}(\nabla \cdot \boldsymbol{\omega}) + \boldsymbol{\omega}(\nabla \cdot \boldsymbol{q})$$

$$= \frac{\partial}{\partial t} \boldsymbol{\omega} + (\boldsymbol{q} \cdot \nabla)\boldsymbol{\omega} - (\boldsymbol{\omega} \cdot \nabla)\boldsymbol{q} + \boldsymbol{\omega}(\nabla \cdot \boldsymbol{q})$$

或者

$$\frac{\mathrm{D}\boldsymbol{\omega}}{\mathrm{D}t} = (\boldsymbol{\omega} \cdot \nabla)\boldsymbol{q} - \boldsymbol{\omega}(\nabla \cdot \boldsymbol{q}) - \nabla \times \left(\frac{1}{\rho} \nabla p\right) \tag{4.26}$$

同样地，

$$\frac{\mathrm{D}\boldsymbol{\omega}}{\mathrm{D}t} = (\boldsymbol{\omega} \cdot \nabla)\boldsymbol{q} - \boldsymbol{\omega}(\nabla \cdot \boldsymbol{q}) + \nabla T \times \nabla S \tag{4.27}$$

如果流体为**正压**，即 $p = p(\rho)$，则

$$\nabla \times \left(\frac{1}{\rho} \nabla p\right) = 0$$

故而，对于正压流，式(4.26)变为

$$\frac{\mathrm{D}\boldsymbol{\omega}}{\mathrm{D}t} = (\boldsymbol{\omega} \cdot \nabla)\boldsymbol{q} - \boldsymbol{\omega}(\nabla \cdot \boldsymbol{q}) \qquad （正压流） \tag{4.28}$$

结合式(4.6)，有

$$\frac{\mathrm{D}\boldsymbol{\omega}}{\mathrm{D}t} = (\boldsymbol{\omega} \cdot \nabla)\boldsymbol{q} + \boldsymbol{\omega} \frac{1}{\rho} \frac{\mathrm{D}\rho}{\mathrm{D}t} \qquad （正压流） \tag{4.29}$$

　　式(4.26)～式(4.29)所表示的是随流体元一起运动的观察者所观察到的速度旋度或流体涡量的变化率。从这些方程中可以得出的一个基本概念：对于正压流体，如果在某一时刻整个流动是无旋的，或者说整个流场中涡量为零，那么在随后的所有时刻，它都是无旋的。也就是说，正压流中不能产生涡量。对于无黏和非导热流体，如果运动是连续的，没有激波，那么流动是等熵的，从而是正压的。因此，这种流动不会产生涡量。倘若物体在均匀流中运动，在这种重要的特定情况下，物体前方远处的流动在速度、压力、密度和温度上是均匀的，故而是无旋的。因此，流场中所有被源自物体前方远处的流体所覆盖的点，其涡量也为零。那么这就意味着，如果场中没有激波，物体在均匀流中的所有运动都将产生无旋流动。因此，除了边界层外，飞机机翼和机身周围的气流在所有亚声速运动中都是无旋的。这一重要事实允许考虑简化计算。

　　为了说明式(4.29)的物理意义，让我们考虑一下特定情况，在 $t = t_0$ 时刻，只有 ω_1，而 $\omega_2 = \omega_3 = 0$。那么这个方程要求如下。

对于第一分量：

$$\frac{\mathrm{D}\omega_1}{\mathrm{D}t} = \omega_1 \frac{\partial y}{\partial x} + \omega_1 \frac{1}{\rho} \frac{\mathrm{D}\rho}{\mathrm{D}t} \tag{4.30}$$

对于第二分量和第三分量：

$$\frac{\mathrm{D}\omega_1}{\mathrm{D}t} = \omega_1 \frac{\partial v}{\partial x} \tag{4.31}$$

$$\frac{\mathrm{D}\omega_3}{\mathrm{D}t} = \omega_1 \frac{\partial w}{\partial x} \tag{4.32}$$

如果我们假设涡量随流体流动，现在让我们计算一下结果。考虑流体元①～②（见图 4.1）：

在 $t = t_0$ 时，有：① x；② $x + l$

在 $t = t_0 + \delta t$ 时，有：① $x + u\delta t$；② $x + l +$
$\left(u + \dfrac{\partial u}{\partial t}\delta x\right)\delta t$

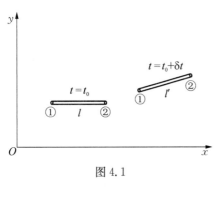

图 4.1

令 l' 为在 $t_0 + \delta t$ 时刻的长度，则 $l' = l + \dfrac{\partial u}{\partial x}l\delta t = l\left(1 + \dfrac{\partial u}{\partial x}\delta t\right)$。设 a 为在 $t = t_0$ 时管子的横截面积；a' 为在 $t_0 + \delta t$ 时管子的横截面积。然后用方程式列出在两个时刻管内流体质量的方程为

$$al\rho = a'l'\left(\rho + \frac{\mathrm{D}\rho}{\mathrm{D}t}\delta t\right) = a'l'\rho\left(1 + \frac{1}{\rho}\frac{\mathrm{D}\rho}{\mathrm{D}t}\delta t\right)$$

或者

$$\frac{a}{a'} = \frac{l'}{l}\left(1 + \frac{1}{\rho}\frac{\mathrm{D}\rho}{\mathrm{D}t}\delta t\right) = \left(1 + \frac{\partial u}{\partial x}\delta t\right)\left(1 + \frac{1}{\rho}\frac{\mathrm{D}\rho}{\mathrm{D}t}\delta t\right)$$

$$= 1 + \left(\frac{\partial u}{\partial x} + \frac{1}{\rho}\frac{\mathrm{D}\rho}{\mathrm{D}t}\right)\delta t$$

任何区域周围的环量 $\varGamma = \oint \boldsymbol{q} \cdot \mathrm{d}\boldsymbol{l} = \iint \boldsymbol{\omega} \cdot \mathrm{d}A$，

因此，基本区域周围的环量为 $\boldsymbol{\omega} \cdot \mathrm{d}A$。根据开尔文定理，对于正压流体，它是常数。故而

$$\omega_1 a = \omega_1' a', \quad \omega_1 = \omega_1'\frac{a'}{a}$$

$$\omega_1' = \omega_1\frac{a}{a'} = \omega_1\left[1 + \left(\frac{\partial u}{\partial x} + \frac{1}{\rho}\frac{\mathrm{D}\rho}{\mathrm{D}t}\right)\delta t\right]$$

$$\omega_1' - \omega_1 = \mathrm{D}\omega_1 = \omega_1\left(\frac{\partial u}{\partial x} + \frac{1}{\rho}\frac{\mathrm{D}\rho}{\mathrm{D}t}\right)\delta t$$

这与式（4.30）所要求的方程相同。因此式（4.30）表示涡管拉伸引起的涡量变化。同样，

式(4.31)和式(4.32)表示涡管变形引起的涡量变化。实际上,式(4.29)的物理意义即为**亥姆霍兹定理**:对于正压流体,涡量随流体一起运动。

4.4　二维定常有旋——脱体激波

我们现在要考虑流动的不同特殊情况。对于二维运动(见图 4.2),只有 ω_3 不是零。

$$\omega_3 = \frac{\partial v}{\partial x} - \frac{\partial u}{\partial y} \tag{4.33}$$

由式(4.17)和式(4.18)可得

$$\frac{\partial \boldsymbol{q}}{\partial t} - \boldsymbol{q} \times \boldsymbol{\omega} = T \nabla S - \nabla h_0$$

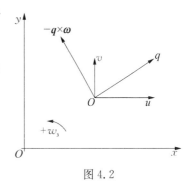

图 4.2

对于定常流, $\dfrac{\partial \boldsymbol{q}}{\partial t} = 0$,于是

$$-\boldsymbol{q} \times \boldsymbol{\omega} = T \nabla S - \nabla h_0 \tag{4.34}$$

现在连续性方程变为

$$\frac{\partial(\rho u)}{\partial x} + \frac{\partial(\rho v)}{\partial y} = 0 \tag{4.35}$$

将流函数 ψ 定义为

$$\rho u = \frac{\partial \psi}{\partial y}; \quad -\rho v = \frac{\partial \psi}{\partial x} \tag{4.36}$$

由于

$$\frac{\partial(pu)}{\partial x} = \frac{\partial^2 \psi}{\partial x \partial y}; \quad \frac{\partial(pv)}{\partial y} = -\frac{\partial^2 \psi}{\partial x \partial y}$$

ψ 满足连续性方程。对于 ψ 为常数,有

$$\mathrm{d}\psi = 0 = \frac{\partial \psi}{\partial x}(\mathrm{d}x)_\psi + \frac{\partial \psi}{\partial y}(\mathrm{d}y)_\psi$$

$$\left(\frac{\mathrm{d}y}{\mathrm{d}x}\right)_\psi = -\frac{\dfrac{\partial \psi}{\partial x}}{\dfrac{\partial \psi}{\partial y}} = \frac{v}{u}$$

因此,ψ 为常数的线是流线。

将 $\boldsymbol{n}$ 定义为垂直于流线 $\boldsymbol{q}$ 的矢量,那么由于 S 和 h_0 在任何流线上都必须是常数,式(4.19)给出

$$q\omega_3 = T\frac{\mathrm{d}s}{\mathrm{d}\boldsymbol{n}} - \frac{\mathrm{d}h_0}{\mathrm{d}\boldsymbol{n}}$$

但是

$$q\rho\,\mathrm{d}\boldsymbol{n} = -\mathrm{d}\psi$$

故而

$$q\omega_3 = T\frac{\mathrm{d}S}{\mathrm{d}\psi}\frac{\mathrm{d}\psi}{\mathrm{d}\boldsymbol{n}} - \frac{\mathrm{d}\psi}{\mathrm{d}\boldsymbol{n}}\frac{\mathrm{d}h_0}{\mathrm{d}\psi}$$

$$= \rho\boldsymbol{q}\left(T\frac{\mathrm{d}S}{\mathrm{d}\psi} - \frac{\mathrm{d}h_0}{\mathrm{d}\psi}\right)$$

因此

$$\omega_3 = \rho\left(T\frac{\mathrm{d}S}{\mathrm{d}\psi} - \frac{\mathrm{d}h_0}{\mathrm{d}\psi}\right) \tag{4.37}$$

这个方程给出了涡量作为沿垂直于 ψ 为常数方向的 S 和 h_0 的导数的函数。

作为这个方程的一个应用,让我们考虑一个物体在均匀流中随脱体激波一起的定常运动,如 3.5 节所述。

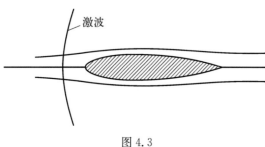

图 4.3

如图 4.3 所示,这里每条流线的 h_0 值在激波前肯定是恒定的。但由于激波不会改变 h_0 的值,故 h_0 在整个场中都是恒定的。因此有

$$\frac{\mathrm{d}h_0}{\mathrm{d}\psi} = 0$$

对于激波后面的流动区域,可得

$$\omega_3 = \rho T\frac{\mathrm{d}S}{\mathrm{d}\psi} \tag{4.38}$$

现在,如果我们可以通过用流函数表示 ω_3 来消掉它,那么将会得到一个关于 ψ 的方程。为此,我们将使用二维定常动力学方程

$$\rho u\frac{\partial u}{\partial x} + \rho v\frac{\partial u}{\partial y} = -\frac{\partial p}{\partial x}$$

$$\rho u\frac{\partial v}{\partial x} + \rho v\frac{\partial v}{\partial y} = -\frac{\partial p}{\partial y} \tag{4.39}$$

现在

$$\rho\omega_3 = \rho\frac{\partial v}{\partial x} - \rho\frac{\partial u}{\partial y}$$

$$= \frac{\partial\rho v}{\partial x} - \frac{\partial\rho u}{\partial y} - \left(v\frac{\partial\rho}{\partial x} - u\frac{\partial\rho}{\partial y}\right)$$

根据熵 S 的定义，对于完全气体，由式(3.20)可得

$$p = C \mathrm{e}^{S/c_V} \rho^{\gamma} \tag{4.40}$$

式中，C 为常数。因此，通过微分可得

$$\frac{\partial p}{\partial x} = p\left(\frac{\gamma}{\rho}\frac{\partial \rho}{\partial x} + \frac{1}{c_V}\frac{\mathrm{d}S}{\mathrm{d}\psi}\frac{\partial \psi}{\partial x}\right)$$

以及

$$\frac{\partial p}{\partial y} = p\left(\frac{\gamma}{\rho}\frac{\partial \rho}{\partial y} + \frac{1}{c_V}\frac{\mathrm{d}S}{\mathrm{d}\psi}\frac{\partial \psi}{\partial y}\right)$$

利用这些关系式，可以得出

$$v\frac{\partial \rho}{\partial x} - u\frac{\partial \rho}{\partial y} = \frac{1}{a^2}\left(v\frac{\partial p}{\partial x} - u\frac{\partial p}{\partial y}\right) + \frac{1}{c_p}\frac{\mathrm{d}S}{\mathrm{d}\psi}\left[\left(\frac{\partial \psi}{\partial x}\right)^2 + \left(\frac{\partial \psi}{\partial y}\right)^2\right]$$

式中，$a^2 = \gamma p/\rho$ 是与局部温度相对应的声速的平方。然而，使用式(4.39)，我们得到

$$v\frac{\partial p}{\partial x} - u\frac{\partial p}{\partial y} = \rho u^2\frac{\partial v}{\partial x} + \rho uv\frac{\partial v}{\partial y} - \rho uv\frac{\partial u}{\partial x} - \rho v^2\frac{\partial u}{\partial y}$$

$$= -\left(u^2\frac{\partial^2 \psi}{\partial x^2} + 2uv\frac{\partial^2 \psi}{\partial x\partial y} + v^2\frac{\partial^2 \psi}{\partial y^2}\right)$$

于是

$$\rho \omega_3 = \rho^2 T\frac{\mathrm{d}S}{\mathrm{d}\psi}$$

$$= -\left(\frac{\partial^2 \psi}{\partial x^2} + \frac{\partial^2 \psi}{\partial y^2}\right) + \frac{1}{a^2}\left(u^2\frac{\partial^2 \psi}{\partial x^2} + 2uv\frac{\partial^2 \psi}{\partial x\partial y} + v^2\frac{\partial^2 \psi}{\partial y^2}\right) -$$

$$\frac{1}{c_p}\frac{\mathrm{d}S}{\mathrm{d}\psi}\left[\left(\frac{\partial \psi}{\partial x}\right)^2 + \left(\frac{\partial \psi}{\partial y}\right)^2\right]$$

或者

$$\left(1 - \frac{u^2}{a^2}\right)\frac{\partial^2 \psi}{\partial x^2} - 2\frac{uv}{a^2}\frac{\partial^2 \psi}{\partial x\partial y} + \left(1 - \frac{v^2}{a^2}\right)\frac{\partial^2 \psi}{\partial y^2}$$

$$= -\rho^2 T\frac{\mathrm{d}S}{\mathrm{d}\psi}\left\{1 + \frac{\gamma - 1}{a^2\rho^2}\left[\left(\frac{\partial \psi}{\partial x}\right)^2 + \left(\frac{\partial \psi}{\partial y}\right)^2\right]\right\} \tag{4.41}$$

如果 T_0 是滞止温度，$c_p T_0 = h_0$ 在整个流场中均为常数，即 T_0 是常数。那么根据 h_0 的定义，如式(4.18)所列方程，可得

$$\frac{T}{T_0} = 1 - \frac{\gamma - 1}{2}\frac{1}{\rho^2 a_0^2}\left[\left(\frac{\partial \psi}{\partial x}\right)^2 + \left(\frac{\partial \psi}{\partial y}\right)^2\right] \tag{4.42}$$

因此，如果确定了 $\dfrac{\mathrm{d}S}{\mathrm{d}\psi}$，那么，式(4.41)与式(4.40)和式(4.42)一起均为流函数 ψ 的微分方程。

对于脱体激波问题，$\dfrac{dS}{d\psi}$ 由弯曲激波的形状来确定，而弯曲激波的形状本身必须通过使式 (4.41)计算的流量与第 3 章激波方程给出的流量一致方能确定。因此，这个问题确实很复杂。Crocco[†] 通过采用不同的流函数定义获得了一种略微不同的微分方程形式。

4.5　非定常无旋流动

我们现在研究另一类问题，即无旋等熵流问题。正如 4.3 节所述，这种类型的流动在许多飞行器问题中普遍存在。这里引入速度势 φ 以进行了简化。速度势的定义为

$$\nabla \varphi = \boldsymbol{q} \tag{4.43}$$

由于 $\nabla \times \nabla \varphi = 0$，

$$\boldsymbol{\omega} = \nabla \times \boldsymbol{q} = 0$$

所以，无旋性得以满足。

故而式(4.13)变为

$$\nabla \left(\frac{\partial \varphi}{\partial t} + \frac{1}{2} q^2 + \int \frac{dp}{\rho} \right) = 0$$

因此，

$$\frac{\partial \varphi}{\partial t} + \frac{1}{2} q^2 + \int \frac{dp}{\rho} = f(t)$$

但是，不用改变式(4.43)，函数 $f(t)$ 可以并入 φ。

因此，

$$\frac{\partial \varphi}{\partial t} + \frac{1}{2} q^2 + \int \frac{dp}{\rho} = 常数 \tag{4.44}$$

该方程称为伯努利方程。

通过将式(4.44)对 t 微分，我们得到

$$\frac{\partial^2 \varphi}{\partial t^2} + \boldsymbol{q} \cdot \frac{\partial \boldsymbol{q}}{\partial t} + a^2 \frac{1}{\rho} \frac{\partial \rho}{\partial t} = 0 \tag{4.45}$$

现在连续性方程(4.2)可以写为

$$\frac{1}{\rho} \frac{\partial \rho}{\partial t} + \nabla^2 \varphi + \frac{1}{\rho} \boldsymbol{q} \cdot \nabla \rho = 0$$

但是，

[†] Crocco, L. : ZAMM,[①] Vol. 17, pp. 1 - 7 (1937).

① ZAMM (Zeitschrift für Angewandte Mathematik und Mechanik, Berlin, ISSN 0044 - 2267)为 1921 年德国科学院力学研究所创办的英、德文期刊，在 Wiley Online Library 上的网址：https://onlinelibrary. wiley. com/journal/15214001,其中译名为《应用数学和力学杂志》，未见中文版。——译注

$$\boldsymbol{q} \cdot \frac{1}{\rho} \nabla \rho = \frac{1}{a^2} \boldsymbol{q} \cdot \frac{1}{\rho} \nabla p$$

$$= \frac{1}{a^2} \boldsymbol{q} \cdot \left[-\frac{\partial \boldsymbol{q}}{\partial t} - (\boldsymbol{q} \cdot \nabla) \boldsymbol{q} \right]$$

最后一步可以使用式(4.10)。因此式(4.45)可以写成

$$\frac{1}{a^2} \frac{\partial^2 \varphi}{\partial t^2} + \frac{2}{a^2} \boldsymbol{q} \cdot \frac{\partial \boldsymbol{q}}{\partial t} = \nabla^2 \varphi - \frac{1}{a^2} \boldsymbol{q} \cdot [(\boldsymbol{q} \cdot \nabla) \boldsymbol{q}]$$

或者

$$\left(1 - \frac{u^2}{a^2}\right) \frac{\partial^2 \varphi}{\partial x^2} + \left(1 - \frac{v^2}{a^2}\right) \frac{\partial^2 \varphi}{\partial y^2} + \left(1 - \frac{w^2}{a^2}\right) \frac{\partial^2 \varphi}{\partial z^2} - 2 \frac{uv}{a^2} \frac{\partial^2 \varphi}{\partial x \partial y} - 2 \frac{vw}{a^2} \frac{\partial^2 \varphi}{\partial y \partial t} -$$

$$2wu \frac{\partial^2 \varphi}{\partial x \partial t} = \frac{1}{a^2} \frac{\partial^2 \varphi}{\partial t^2} + 2 \frac{u}{a^2} \frac{\partial^2 \varphi}{\partial x \partial t} + 2 \frac{v}{a^2} \frac{\partial^2 \varphi}{\partial y \partial t} + 2 \frac{w}{a^2} \frac{\partial^2 \varphi}{\partial z \partial t} \qquad (4.46)$$

这是速度势的微分方程。这里因为流体的熵和 h_0 的值必须是常数,也就是说,流体在整个流场中是等熵的,那么声速 a 和速度 $\boldsymbol{q}$ 的关系由式(2.31)决定。

对于二维定常流的特定情况,

$$\frac{\partial}{\partial t} = \frac{\partial}{\partial z} = 0, \quad w = 0$$

那么速度势 $\varphi(x, y)$ 的微分方程为

$$\left(1 - \frac{u^2}{a^2}\right) \frac{\partial^2 \varphi}{\partial x^2} - 2 \frac{uv}{a^2} \frac{\partial^2 \varphi}{\partial x \partial y} + \left(1 - \frac{v^2}{a^2}\right) \frac{\partial^2 \varphi}{\partial y^2} = 0^{①} \qquad (4.47)$$

由 $\dfrac{\mathrm{d}S}{\mathrm{d}\psi} = 0$,可以很容易地由式(4.41)得到流函数 $\psi(x, y)$ 的微分方程。故而,

$$\left(1 - \frac{u^2}{a^2}\right) \frac{\partial^2 \psi}{\partial x^2} - 2 \frac{uv}{a^2} \frac{\partial^2 \psi}{\partial x \partial y} + \left(1 - \frac{v^2}{a^2}\right) \frac{\partial^2 \psi}{\partial y^2} = 0^{②} \qquad (4.48)$$

因此速度势和流函数的微分方程是完全相同的。

4.6　无旋亚声速等熵流的近似解方法

对于不可压缩流体,$a \to \infty$,则式(4.47)和式(4.48)都可以化简为拉普拉斯方程

$$\frac{\partial^2 \varphi}{\partial x^2} + \frac{\partial^2 \varphi}{\partial y^2} = 0$$

$$\frac{\partial^2 \psi}{\partial x^2} + \frac{\partial^2 \psi}{\partial y^2} = 0$$

拉普拉斯方程是一种线性方程,在特定的边界条件下极易求解。可压缩流动的难点在于

---

①②　此式原稿缺"= 0",系译者补充。——译注

微分方程是非线性的，很难求其精确解。为了克服这一困难，人们构建了各种近似解方法。本节的目的是简要介绍各种近似解方法，以便为后面章节的详细研究做准备。

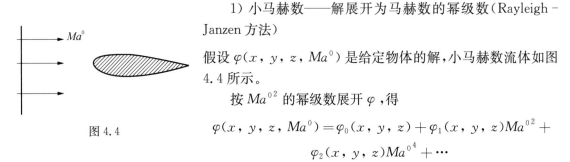

1) 小马赫数——解展开为马赫数的幂级数（Rayleigh-Janzen 方法）

假设 $\varphi(x, y, z, Ma^0)$ 是给定物体的解，小马赫数流体如图 4.4 所示。

按 Ma^{0^2} 的幂级数展开 φ，得

图 4.4

$$\varphi(x, y, z, Ma^0) = \varphi_0(x, y, z) + \varphi_1(x, y, z)Ma^{0^2} + \varphi_2(x, y, z)Ma^{0^4} + \cdots$$

首项对应于同一物体的不可压缩解，高阶项对应于修正项。同样，压力系数也可以按幂级数展开

$$C_p = \frac{\Delta p}{\frac{1}{2}p^2 u^2} = \left[1 - \left(\frac{v}{u}\right)^2\right] + Ma^{0^2}(\quad) + \cdots$$

2) 小厚度——解展开为厚度比的级数（普朗特-格劳特法则）

如果某一类物体 $\eta(\xi) = g\left(\dfrac{\xi}{c}, \dfrac{\delta}{2}\right)$ 在尖头部分没有驻点，则 $\varphi(x, y, z, Ma^0, \delta)$ 之解可以展开为厚度比 δ 的幂级数：

$$\varphi(x, y, z, Ma^0, \delta) = \varphi_0(x, y, z, Ma^0) + \varphi_1(x, y, z, Ma^0)\delta + \cdots$$

此方法是由普朗特和格劳特推导得出的。小厚度物体如图 4.5 所示。

3) $p(\rho)$——关系的线性化

等熵过程的 $p(\rho)$ 关系式为 $p = c\rho^\gamma$。然而，如果在 p 和 ρ 的小范围中用一条直线代替这个关系，那么我们也可以利用所谓的速度图法非常简单地获得运动方程的解（见图 4.6）。

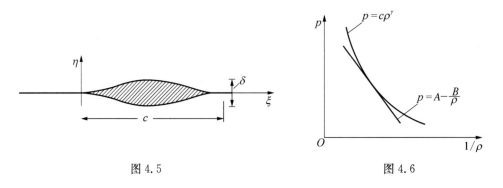

图 4.5　　　　　　　　　　　　　　　　图 4.6

附录　矢量微分

(1) 矢量 $\boldsymbol{V}$ 的定义为

$$\boldsymbol{V} = \boldsymbol{i}v_1 + \boldsymbol{j}v_2 + \boldsymbol{k}v_3$$

式中，i，j，k 是沿 x，y，z 轴的单位矢量，v_1，v_2，v_3 是矢量 V 的沿 x，y，z 的分量。

（2）两个矢量 V 和 U 的标量乘法写为 $V \cdot U$，定义为

$$V \cdot U = v_1 u_1 + v_2 u_2 + v_3 u_3$$

标量积是一个标量，而不是一个矢量。V 和 U 的书写顺序并不重要，即

$$V \cdot U = U \cdot V$$

（3）两个矢量 V 和 U 的矢量乘法写为 $V \times U$，定义为

$$V \times U = i(v_2 u_3 - v_3 u_2) + j(v_3 u_1 - v_1 u_3) + k(v_1 u_2 - v_2 u_1)$$

因此矢量积是矢量而不是标量。V 和 U 的书写顺序很重要。即

$$V \times U = -U \times V$$

（4）梯度算子 ∇（del）是矢量算子，定义为

$$\nabla = i \frac{\partial}{\partial x} + j \frac{\partial}{\partial y} + k \frac{\partial}{\partial z}$$

（5）空间坐标标量函数 $f(x，y，z)$ 的梯度是一个矢量：

$$\nabla f = i \frac{\partial f}{\partial x} + j \frac{\partial f}{\partial y} + k \frac{\partial f}{\partial z}$$

（6）空间坐标矢量函数 G 为

$$G(x，y，z) = i g_1(x，y，z) + j g_2(x，y，z) + k g_3(x，y，z)$$

的散度是一个标量：

$$\nabla \cdot G = \frac{\partial g_1}{\partial x} + \frac{\partial g_2}{\partial y} + \frac{\partial g_3}{\partial z}$$

（7）矢量函数 G 的旋度是一个矢量：

$$\nabla \times G = i\left(\frac{\partial g_3}{\partial y} - \frac{\partial g_2}{\partial z}\right) + j\left(\frac{\partial g_1}{\partial z} - \frac{\partial g_3}{\partial x}\right) + k\left(\frac{\partial g_2}{\partial x} - \frac{\partial g_1}{\partial y}\right)$$

（8）若 $G = \nabla f$，则 $\nabla \times G = \nabla \times (\nabla f) = 0$，因为

$$\frac{\partial g_3}{\partial y} - \frac{\partial g_2}{\partial z} = \frac{\partial^2 f}{\partial z \partial y} - \frac{\partial^2 f}{\partial y \partial z} = 0$$

$$\frac{\partial g_1}{\partial z} - \frac{\partial g_3}{\partial x} = \frac{\partial^2 f}{\partial x \partial z} - \frac{\partial^2 f}{\partial z \partial x} = 0$$

$$\frac{\partial g_2}{\partial x} - \frac{\partial g_1}{\partial y} = \frac{\partial^2 f}{\partial y \partial x} - \frac{\partial^2 f}{\partial x \partial y} = 0$$

（9）若 $G = \nabla \times H$，其中 H 为一矢量，则 $\nabla \cdot (\nabla \times H) = 0$

$$\nabla \cdot (\nabla \times \boldsymbol{H}) = \frac{\partial}{\partial x}\left(\frac{\partial h_3}{\partial y} - \frac{\partial h_2}{\partial z}\right) + \frac{\partial}{\partial y}\left(\frac{\partial h_1}{\partial z} - \frac{\partial h_3}{\partial x}\right) + \frac{\partial}{\partial z}\left(\frac{\partial h_2}{\partial x} - \frac{\partial h_1}{\partial y}\right) = 0$$

(10)

$$\nabla \cdot (f\boldsymbol{G}) = \frac{\partial fg_1}{\partial x} + \frac{\partial fg_2}{\partial y} + \frac{\partial tg_3}{\partial z}$$

$$= g_1\frac{\partial f}{\partial x} + g_2\frac{\partial f}{\partial y} + g_3\frac{\partial f}{\partial z} + f\left(\frac{\partial g_1}{\partial x} + \frac{\partial g_2}{\partial y} + \frac{\partial g_3}{\partial z}\right)$$

因此,

$$\nabla \cdot (f\boldsymbol{G}) = \boldsymbol{G} \cdot (\nabla f) + f(\nabla \cdot \boldsymbol{G})$$

(11)

$$\nabla \times (f\boldsymbol{G}) = \boldsymbol{i}\left(\frac{\partial fg_3}{\partial y} - \frac{\partial fg_2}{\partial z}\right) + \boldsymbol{j}\left(\frac{\partial fg_1}{\partial z} - \frac{\partial fg_3}{\partial x}\right) + \boldsymbol{k}\left(\frac{\partial fg_2}{\partial x} - \frac{\partial fg_1}{\partial y}\right)$$

$$= f\left[\boldsymbol{i}\left(\frac{\partial g_3}{\partial y} - \frac{\partial g_2}{\partial z}\right) + \boldsymbol{j}\left(\frac{\partial g_1}{\partial z} - \frac{\partial g_3}{\partial x}\right) + \boldsymbol{k}\left(\frac{\partial g_2}{\partial x} - \frac{\partial g_1}{\partial y}\right)\right] +$$

$$\boldsymbol{i}\left(\frac{\partial f}{\partial y}g_3 - \frac{\partial f}{\partial z}g_2\right) + \boldsymbol{j}\left(\frac{\partial f}{\partial z}g_1 - \frac{\partial f}{\partial x}g_3\right) + \boldsymbol{k}\left(\frac{\partial f}{\partial x}g_2 - \frac{\partial f}{\partial y}g_1\right)$$

因此,有

$$\nabla \times (f\boldsymbol{G}) = f(\nabla \times \boldsymbol{G}) + (\nabla f) \times \boldsymbol{G}$$

(12)

$$\nabla \cdot (\boldsymbol{V} \times \boldsymbol{U}) = \frac{\partial}{\partial x}(v_2 u_3 - v_3 u_2) + \frac{\partial}{\partial y}(v_3 u_1 - v_1 u_3) + \frac{\partial}{\partial z}(v_1 u_2 - v_2 u_1)$$

$$= -\left[v_1\left(\frac{\partial u_3}{\partial y} - \frac{\partial u_2}{\partial z}\right) + v_2\left(\frac{\partial u_1}{\partial z} - \frac{\partial u_3}{\partial x}\right) + v_3\left(\frac{\partial u_2}{\partial x} - \frac{\partial u_1}{\partial y}\right)\right] +$$

$$u_1\left(\frac{\partial v_3}{\partial y} - \frac{\partial v_2}{\partial z}\right) + u_2\left(\frac{\partial v_1}{\partial z} - \frac{\partial v_3}{\partial x}\right) + u_3\left(\frac{\partial v_2}{\partial x} - \frac{\partial v_1}{\partial y}\right)$$

因此,有

$$\nabla \cdot (\boldsymbol{V} \times \boldsymbol{U}) = -\boldsymbol{V} \cdot (\nabla \times \boldsymbol{U}) + \boldsymbol{U} \cdot (\nabla \times \boldsymbol{V})$$

(13) $\nabla \times (\boldsymbol{V} \times \boldsymbol{U})$ 的 x 分量为

$$\frac{\partial}{\partial y}(v_1 u_2 - v_2 u_1) - \frac{\partial}{\partial z}(v_3 u_1 - v_1 u_3)$$

$$= \left(u_2\frac{\partial}{\partial y}\right)v_1 - \left(v_2\frac{\partial}{\partial y}\right)u_1 + v_1\left(\frac{\partial u_3}{\partial z}\right) - u_1\left(\frac{\partial v_3}{\partial z}\right)$$

因此,有

$$\nabla \times (\boldsymbol{V} \times \boldsymbol{U}) = (\boldsymbol{U} \cdot \nabla)\boldsymbol{V} - (\boldsymbol{V} \cdot \nabla)\boldsymbol{U} + \boldsymbol{V}(\nabla \cdot \boldsymbol{U}) - \boldsymbol{U}(\nabla \cdot \boldsymbol{V})$$

（14）$\nabla (\boldsymbol{V} \cdot \boldsymbol{V})$ 的 x 分量为

$$\frac{\partial}{\partial x}(v_1^2 + v_2^2 + v_3^2) = 2v_1 \frac{\partial v_1}{\partial x} + 2v_2 \frac{\partial v_2}{\partial x} + 2v_3 \frac{\partial v_3}{\partial x}$$

$$= 2\left(v_1 \frac{\partial}{\partial x} + v_2 \frac{\partial}{\partial y} + v_3 \frac{\partial}{\partial z}\right)v_1 + 2\left[v_2\left(\frac{\partial v_2}{\partial x} - \frac{\partial v_1}{\partial y}\right) - v_3\left(\frac{\partial v_1}{\partial z} - \frac{\partial v_3}{\partial x}\right)\right]$$

因此,有

$$\nabla (\boldsymbol{V} \cdot \boldsymbol{V}) = 2(\boldsymbol{V} \cdot \nabla)\boldsymbol{V} + 2\boldsymbol{V} \times (\nabla \times \boldsymbol{V})$$

第 2 卷

二维流动

第 5 章 Rayleigh – Janzen 法

正如第 4 章简要讨论的那样，Rayleigh – Janzen 方法[†] 的原理是将精确解展开成一个特征马赫数 Ma^0 平方的幂级数。因此，这种方法在小马赫数下特别有用，因为这样一来，这个级数下所需的项数就很少了。事实上，计算高阶项的工作量如此之大，以至于对于一般物体而言，计算仅限于 Ma^{0^2}，而对于比较简单的圆柱体情况，计算仅限于 Ma^{0^6}。然而，该方法不仅限于小扰动，即均匀流中物体的厚度比不必很小。这是该方法的一个重要特点。

在下面的讨论中，我们将首先推导出一般微分方程和基于 Ma^{0^2} 阶项的显式解。在本章的结尾，我们将讨论圆柱绕流高阶近似的结果。

5.1 一般方程组

如果我们考虑物体绕流问题，离物体无限远的流速是匀速的，特征马赫数 Ma^0 就是来流马赫数。无需赘述，流动是等熵的，因为它是一个连续的绝热流动。

现在令 U 是自由流速度，a_0 是驻点条件下的声速。如果 q 是流动的局部速度，则相应的局部声速 a 可由式（2.31）给出，即

$$a^2 = a_0^2 - \frac{\gamma-1}{2}q^2$$

式中，$q^2 = u^2 + v^2$。当 $q = U$ 时，则 a 为 a^0，即自由流声速。因此，

$$a_0^2 = a^{0^2} + \frac{\gamma-1}{2}U^2, \ a^2 = a^{0^2} - \frac{\gamma-1}{2}(q^2 - U^2)$$

故而，有

$$\frac{a^2}{a^{0^2}} = 1 - \frac{\gamma-1}{2}Ma^{0^2}\left[\left(\frac{q}{U}\right)^2 - 1\right] \tag{5.1}$$

式中，Ma^0 为自由流马赫数。

令

$$\varphi = U(\varphi_0 + \varphi_1 Ma^{0^2} + \varphi_2 Ma^{0^4} + \cdots)$$

[†] Rayleigh, Lord：Phil. Mag. Vol. 32, p. 1 (1916).

Jansen, O. : Phys. Zeits. Vol. 14, p. 639 (1913).

式中，φ_0、φ_1、$\varphi_2 \cdots$ 为 (x, y, z) 的函数，不包括 Ma^0 并具有长度的量纲。

根据式(4.47)，运动方程为

$$\nabla^2 \varphi = \frac{1}{a^2}\left(u^2 \frac{\partial^2 \varphi}{\partial x^2} + 2uv \frac{\partial^2 \varphi}{\partial x \partial y} + v^2 \frac{\partial^2 \varphi}{\partial y^2}\right) \tag{5.2}$$

现在

$$\frac{u}{U} = \frac{1}{U}\frac{\partial \varphi}{\partial x} = \frac{\partial \varphi_0}{\partial x} + Ma^{0^2}\frac{\partial \varphi_1}{\partial x} + \cdots \tag{5.3}$$

$$\frac{v}{U} = \frac{1}{U}\frac{\partial \varphi}{\partial y} = \frac{\partial \varphi_0}{\partial y} + Ma^{0^2}\frac{\partial \varphi_1}{\partial y} + \cdots \tag{5.4}$$

因此，为了计算式(5.1)的右边，我们需要知道 U^2/a^2。根据式(5.1)，可知，

$$\frac{U^2}{a^2} = \frac{U^2}{a^{0^2}}\frac{a^{0^2}}{a^2} = Ma^{0^2}\bigg/\left\{1 - \frac{\gamma-1}{2}Ma^{0^2}\left[\left(\frac{\partial \varphi_0}{\partial x}\right)^2 + \left(\frac{\partial \varphi_0}{\partial y}\right)^2 + \cdots - 1 + \cdots\right]\right\} \tag{5.5}$$

于是，$\nabla^2 \varphi$ 的方程变为

$$\frac{1}{U}\nabla^2 \varphi = \nabla^2 \varphi_0 + Ma^{0^2}\nabla^2 \varphi_1 + Ma^{0^4}\nabla^2 \varphi_2 + \cdots$$

$$= Ma^{0^2}\left\{1 + \frac{\gamma-1}{2}Ma^{0^2}\left[\left(\frac{\partial \varphi_0}{\partial x}\right)^2 + \left(\frac{\partial \varphi_0}{\partial y}\right)^2 - 1\right] + \cdots\right\}\cdot$$

$$\left[\left(\frac{\partial \varphi_0}{\partial x} + Ma^{0^2}\frac{\partial \varphi_1}{\partial x} + \cdots\right)^2\left(\frac{\partial^2 \varphi_0}{\partial x^2} + Ma^{0^2}\frac{\partial^2 \varphi_1}{\partial x^2} + \cdots\right) + \right.$$

$$2\left(\frac{\partial \varphi_0}{\partial x} + Ma^{0^2}\frac{\partial \varphi_1}{\partial x} + \cdots\right)\left(\frac{\partial \varphi_0}{\partial y} + Ma^{0^2}\frac{\partial \varphi_1}{\partial y}\right)\left(\frac{\partial^2 \varphi_0}{\partial x \partial y} + Ma^{0^2}\frac{\partial^2 \varphi_1}{\partial x \partial y} + \cdots\right) + $$

$$\left.\left(\frac{\partial \varphi_0}{\partial y} + Ma^{0^2}\frac{\partial \varphi_1}{\partial y} + \cdots\right)^2\left(\frac{\partial^2 \varphi_0}{\partial y^2} + Ma^{0^2}\frac{\partial^2 \varphi_1}{\partial y^2} + \cdots\right)\right]$$

使 Ma^{0^2} 相同幂次的项相等，可得，

对于零阶项：

$$\nabla^2 \varphi_0 = 0 \tag{5.6}$$

对于一阶项：

$$\nabla^2 \varphi_1 = \left(\frac{\partial \varphi_0}{\partial x}\right)^2\frac{\partial^2 \varphi_0}{\partial x^2} + 2\frac{\partial \varphi_0}{\partial x}\frac{\partial \varphi_0}{\partial y}\frac{\partial^2 \varphi_0}{\partial x \partial y} + \left(\frac{\partial \varphi_0}{\partial y}\right)^2\frac{\partial^2 \varphi_0}{\partial y^2} \tag{5.7}$$

对于确定 φ 的初始边界条件，首先是在 ∞ 处，$u \to U$ 及 $v \to 0$，其次是速度矢量 $\boldsymbol{q}$ 必须与固体边界相切。将这些条件转换到新函数 φ_0 和 φ_1，我们可有以下条件：

(1) 对于 φ_0，

在 ∞ 处：

$$\frac{\partial \varphi_0}{\partial x} = 1 \text{ 且} \frac{\partial \varphi_0}{\partial y} = 0 \tag{5.8}$$

在固体表面处：
$$\frac{\partial \varphi_0}{\partial n} = 0 \tag{5.9}$$

式中, n 为与物体表面间的垂直距离。

（2）对于 φ_1,

在∞处：
$$\frac{\partial \varphi_1}{\partial x} = \frac{\partial \varphi_0}{\partial y} = 0 \tag{5.10}$$

在固体表面处：
$$\frac{\partial \varphi_1}{\partial n} = 0 \tag{5.11}$$

我们应该注意到,尽管原始微分方程(5.2)是非线性的,但是如果按照所示的顺序求解,则 φ_0 和 φ_1 的方程是线性的。也就是说,我们先把问题当作流体是不可压缩的来求解式(5.6),然后我们用已知的函数 φ_0 计算式(5.7)的右边作为可压缩性效应的修正,然后求解 φ_1。式(5.7)不包含 γ 的事实意味着气体的特殊属性不会影响一阶马赫数效应。

5.2　利用复变函数求解

令
$$z = x + \mathrm{i}y,\ \mathrm{i}^2 = -1 \tag{5.12}$$

$$\bar{z} = x - \mathrm{i}y \tag{5.13}$$

考虑
$$F(z) = \varphi_0 + \mathrm{i}\psi_0 \tag{5.14}$$

规定
$$\frac{\mathrm{d}F(z)}{\mathrm{d}z} = \lim_{\Delta z \to 0} \frac{F(z + \Delta z) - F(z)}{\Delta z}$$

若 $\Delta y = 0$, 则
$$\frac{\mathrm{d}F}{\mathrm{d}z} = \lim_{\Delta x \to 0} \frac{F(z + \Delta x) - F(z)}{\Delta x}$$

若 $\Delta x = 0$, 则
$$\frac{\mathrm{d}F}{\mathrm{d}z} = \lim_{\mathrm{i}\Delta y \to 0} \frac{F(z + \mathrm{i}\Delta y) - F(z)}{\mathrm{i}\Delta y}$$

对于第一种情况
$$\frac{\mathrm{d}F}{\mathrm{d}z} = \lim_{\Delta x \to 0} \frac{\left[\varphi_0(x + \Delta x,\ y) - \varphi_0(x,\ y)\right] + \mathrm{i}\left[\psi_0(x + \Delta x,\ y) - \psi_0(x,\ y)\right]}{\Delta x}$$
$$= \frac{\partial \varphi_0}{\partial x} + \mathrm{i}\frac{\partial \psi_0}{\partial x} \tag{5.15}$$

对于第二种情况

$$\frac{\mathrm{d}F}{\mathrm{d}z} = \lim_{\mathrm{i}\Delta y \to 0} \frac{\left[\varphi_0(x, y+\Delta y) - \varphi_0(x, y)\right] + \mathrm{i}\left[\psi_0(x, y+\Delta y) - \psi_0(x, y)\right]}{\mathrm{i}\Delta y}$$

$$= \frac{1}{\mathrm{i}} \frac{\partial \varphi_0}{\partial y} + \frac{\partial \psi_0}{\partial y} \tag{5.16}$$

由于无论如何接近极限,导数必然是唯一的,所以我们得到柯西-黎曼方程

$$\begin{cases} \dfrac{\partial \varphi_0}{\partial x} = \dfrac{\partial \psi_0}{\partial y} \\[2mm] \dfrac{\partial \varphi_0}{\partial y} = -\dfrac{\partial \psi_0}{\partial x} \end{cases} \tag{5.17}$$

因此,有

$$\frac{\partial^2 \varphi_0}{\partial x^2} = \frac{\partial^2 \psi_0}{\partial y \partial x}, \ \frac{\partial^2 \varphi_0}{\partial y^2} = -\frac{\partial^2 \psi_0}{\partial x \partial y}, \ \text{或} \ \nabla^2 \varphi_0 = 0$$

由此可见,作为一个复变量 z 的函数的实部,φ_0 满足拉普拉斯方程。

现在

$$\frac{\partial}{\partial x} = \frac{\partial z}{\partial x} \frac{\partial}{\partial z} + \frac{\partial \overline{z}}{\partial x} \frac{\partial}{\partial \overline{z}} = \frac{\partial}{\partial z} + \frac{\partial}{\partial \overline{z}} \tag{5.18}$$

$$\frac{\partial}{\partial y} = \frac{\partial z}{\partial y} \frac{\partial}{\partial z} + \frac{\partial \overline{z}}{\partial y} \frac{\partial}{\partial \overline{z}} = \mathrm{i}\frac{\partial}{\partial z} - \mathrm{i}\frac{\partial}{\partial \overline{z}} \tag{5.19}$$

由于 $x = \dfrac{z + \overline{z}}{2}$,并且 $y = \dfrac{z - \overline{z}}{2}$,所以函数 $\varphi_1(x, y)$ 可以看作是 z 和 $\overline{z}$ 的函数。

因此,

$$\frac{\partial \varphi_1}{\partial x} = \frac{\partial \varphi_1}{\partial z} + \frac{\partial \varphi_1}{\partial \overline{z}}; \quad \frac{\partial \varphi_1}{\partial y} = \mathrm{i}\frac{\partial \varphi_1}{\partial z} - \mathrm{i}\frac{\partial \varphi_1}{\partial \overline{z}}$$

且

$$\frac{\partial^2 \varphi_1}{\partial x^2} = \frac{\partial}{\partial x}\left(\frac{\partial \varphi_1}{\partial x}\right) = \frac{\partial^2 \varphi_1}{\partial z^2} + \frac{\partial^2 \varphi_1}{\partial z \partial \overline{z}} + \frac{\partial^2 \varphi_1}{\partial \overline{z} \partial z} + \frac{\partial^2 \varphi_1}{\partial \overline{z}^2}$$

$$\frac{\partial^2 \varphi_1}{\partial y^2} = \frac{\partial}{\partial y}\left(\frac{\partial \varphi_1}{\partial y}\right) = -\frac{\partial^2 \varphi_1}{\partial z^2} + \frac{\partial^2 \varphi_1}{\partial z \partial \overline{z}} + \frac{\partial^2 \varphi_1}{\partial \overline{z} \partial z} - \frac{\partial^2 \varphi_1}{\partial \overline{z}^2}$$

故而,

$$\nabla^2 \varphi_1 = 4\frac{\partial^2 \varphi_1}{\partial z \partial \overline{z}} \tag{5.20}$$

现在根据式(5.15),$\dfrac{\partial \varphi_0}{\partial x}$ 是 $\dfrac{\mathrm{d}F}{\mathrm{d}z}$ 的实部。因此,它同时也是复共轭的 $\dfrac{\mathrm{d}\overline{F}}{\mathrm{d}z}$ 的实部。所以,

$$\frac{\partial \varphi_0}{\partial x} = \frac{1}{2}\left(\frac{\mathrm{d}F}{\mathrm{d}z} + \frac{\mathrm{d}\overline{F}}{\mathrm{d}\overline{z}}\right) \tag{5.21}$$

同样地，

$$\frac{\partial \varphi_0}{\partial y} = \frac{1}{2\mathrm{i}}\left(\frac{\mathrm{d}\overline{F}}{\mathrm{d}\overline{z}} - \frac{\mathrm{d}F}{\mathrm{d}z}\right) = \frac{\mathrm{i}}{2}\left(\frac{\mathrm{d}F}{\mathrm{d}z} - \frac{\mathrm{d}\overline{F}}{\mathrm{d}\overline{z}}\right) \tag{5.22}$$

于是，有

$$\frac{\partial^2 \varphi_0}{\partial x^2} = \frac{1}{2}\left(\frac{\mathrm{d}^2 F}{\mathrm{d}z^2} + \frac{\mathrm{d}^2 \overline{F}}{\mathrm{d}\overline{z}^2}\right) \tag{5.23}$$

$$\frac{\partial^2 \varphi_0}{\partial y^2} = -\frac{1}{2}\left(\frac{\mathrm{d}^2 F}{\mathrm{d}z^2} + \frac{\mathrm{d}^2 \overline{F}}{\mathrm{d}\overline{z}^2}\right) \tag{5.24}$$

式(5.23)和式(5.24)再次证明 $\nabla^2 \varphi_0 = 0$。将计算出的导数代入 F 和 z，得到式(5.7)如下形式：

$$4\frac{\partial^2 \varphi_1}{\partial z \partial \overline{z}} = \frac{1}{8}\left(\frac{\mathrm{d}F}{\mathrm{d}z} + \frac{\mathrm{d}\overline{F}}{\mathrm{d}\overline{z}}\right)^2\left(\frac{\mathrm{d}^2 F}{\mathrm{d}z^2} + \frac{\mathrm{d}^2 \overline{F}}{\mathrm{d}\overline{z}^2}\right) - \frac{1}{4}\left(\frac{\mathrm{d}F}{\mathrm{d}z} - \frac{\mathrm{d}\overline{F}}{\mathrm{d}\overline{z}}\right)\left(\frac{\mathrm{d}F}{\mathrm{d}z} + \frac{\mathrm{d}\overline{F}}{\mathrm{d}\overline{z}}\right)\left(\frac{\mathrm{d}^2 F}{\mathrm{d}z^2} - \frac{\mathrm{d}^2 \overline{F}}{\mathrm{d}\overline{z}^2}\right) +$$

$$\frac{1}{8}\left(\frac{\mathrm{d}F}{\mathrm{d}z} - \frac{\mathrm{d}\overline{F}}{\mathrm{d}\overline{z}}\right)^2\left(\frac{\mathrm{d}^2 F}{\mathrm{d}z^2} + \frac{\mathrm{d}^2 \overline{F}}{\mathrm{d}\overline{z}^2}\right)$$

或者

$$4\frac{\partial^2 \varphi_1}{\partial z \partial \overline{z}} = \frac{1}{4}\left[\left(\frac{\mathrm{d}F}{\mathrm{d}z}\right)^2 + \left(\frac{\mathrm{d}\overline{F}}{\mathrm{d}\overline{z}}\right)^2\right]\left(\frac{\mathrm{d}^2 F}{\mathrm{d}z^2} + \frac{\mathrm{d}^2 \overline{F}}{\mathrm{d}\overline{z}^2}\right) - \frac{1}{4}\left[\left(\frac{\mathrm{d}F}{\mathrm{d}z}\right)^2 - \left(\frac{\mathrm{d}\overline{F}}{\mathrm{d}\overline{z}}\right)^2\right]\left(\frac{\mathrm{d}^2 F}{\mathrm{d}z^2} - \frac{\mathrm{d}^2 \overline{F}}{\mathrm{d}\overline{z}^2}\right)$$

$$= \frac{1}{2}\left(\frac{\mathrm{d}F}{\mathrm{d}z}\right)^2 \frac{\mathrm{d}^2 \overline{F}}{\mathrm{d}\overline{z}^2} + \frac{1}{2}\left(\frac{\mathrm{d}\overline{F}}{\mathrm{d}\overline{z}}\right)^2 \frac{\mathrm{d}^2 F}{\mathrm{d}z^2}$$

因此

$$4\frac{\partial^2 \varphi_1}{\partial z \partial \overline{z}} = R\left(\frac{\mathrm{d}F}{\mathrm{d}z}\right)^2 \frac{\mathrm{d}^2 \overline{F}}{\mathrm{d}\overline{z}^2} = R\left(\frac{\mathrm{d}\overline{F}}{\mathrm{d}\overline{z}}\right)^2 \frac{\mathrm{d}^2 F}{\mathrm{d}z^2} \tag{5.25①}$$

对 z 积分，

$$\frac{\partial \varphi_1}{\partial \overline{z}}^{②} = R\left[\frac{1}{4}\frac{\mathrm{d}^2 \overline{F}}{\mathrm{d}\overline{z}^2}\int\left(\frac{\mathrm{d}F}{\mathrm{d}z}\right)^2 \mathrm{d}z + f'(\overline{z})\right]$$

再对 $\overline{z}$ 积分，有

$$\varphi_1 = R\left[\frac{1}{4}\frac{\mathrm{d}\overline{F}}{\mathrm{d}\overline{z}}\int\left(\frac{\mathrm{d}F}{\mathrm{d}z}\right)^2 \mathrm{d}z + f(\overline{z}) + g(z)\right] \tag{5.26}$$

---

①　原稿未对此处的 R 做解释。——译注

②　原稿此处为对 z 的偏导数，但译者认为此处应为对 $\overline{z}$ 的偏导数，符合此积分和式(5.26)的积分。——译注

其中 $f(\bar{z})$ 和 $g(z)$ 是由边界条件式(5.10)和式(5.11)确定的任意函数。

　　因此,如果不可压缩解或 F 函数已知,则压缩性效应一阶近似的实际计算就变得相对简单。使用复变量还可以允许直接应用保角映射。在式(5.26)中,我们既写了 $f(\bar{z})$ 又写了 $g(z)$。但由于我们只对实部感兴趣,所以它们中的任何一个都是足够的。然而,对于实际计算而言,同时拥有这两者通常更为方便,这将在下一节中演示。在任何情况下,复变函数的实部都满足拉普拉斯方程,因此函数 $f(\bar{z})$ 和 $g(z)$ 是式(5.7)解的余函数,而积分是式(5.7)的特解。

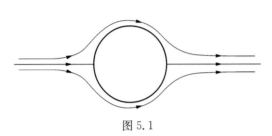

图 5.1

5.3　圆柱绕流

　　作为 Rayleigh‐Janzen 法的一个例子,我们将处理圆柱绕流的情况(见图 5.1)。圆柱的复势函数 F 是众所周知的。如果自由流是在 x 正方向上,则

$$F = \varphi_0 + i\psi_0 = z + \frac{1}{z} \tag{5.27}$$

这里

$$\begin{aligned} z &= x + iy = r\cos\theta + ir\sin\theta = r(\cos\theta + i\sin\theta) \\ &= re^{i\theta} \end{aligned} \tag{5.28}$$

所以

$$\frac{1}{z} = \frac{1}{r}e^{-i\theta} = \frac{1}{r}(\cos\theta - i\sin\theta) \tag{5.29}$$

于是

$$\varphi_0 + i\psi_0 = r(\cos\theta + i\sin\theta) + \frac{1}{r}(\cos\theta - i\sin\theta)$$

因此

$$\varphi_0 = \left(r + \frac{1}{r}\right)\cos\theta \tag{5.30}$$

且

$$\psi_0 = \left(r - \frac{1}{r}\right)\sin\theta \tag{5.31}$$

　　式(5.27)表明:在 $r \to \infty$ 处,$\dfrac{\partial\varphi_0}{\partial x} = 1$ 且 $\dfrac{\partial\varphi_0}{\partial y} = 0$,因此条件(5.8)得以满足。

　　速度的径向分量

$$\frac{\partial \varphi_0}{\partial r} = \left(1 - \frac{1}{r^2}\right)\cos\theta$$

在 $r=1$ 处为零,表明其满足边界条件(5.9)。根据式(5.31),在 $r=1$ 处,$\psi=0$,进一步说明圆柱是真正的流线。由式(5.27),可得

$$\frac{\mathrm{d}F}{\mathrm{d}z} = 1 - \frac{1}{z^2}, \quad \frac{\mathrm{d}\overline{F}}{\mathrm{d}\overline{z}} = 1 - \frac{1}{\overline{z}^2}$$

因此

$$\int\left(\frac{\mathrm{d}F}{\mathrm{d}z}\right)^2 \mathrm{d}z = \int\left(1 - \frac{1}{z^2}\right)^2 \mathrm{d}z = \int\left(1 - \frac{2}{z^2} + \frac{1}{z^4}\right)\mathrm{d}z$$

$$= z + \frac{2}{z} - \frac{1}{3}\frac{1}{z^3}$$

故而,对于这种情况,式(5.26)变为

$$\varphi_1 = R\left[\frac{1}{4}\left(1 - \frac{1}{\overline{z}^2}\right)\left(z + \frac{2}{z} - \frac{1}{3}\frac{1}{z^3}\right) + f(\overline{z}) + g(z)\right] \tag{5.32}$$

f、g 分别是 $\overline{z}$ 和 z 的函数,由适用于这种情况的边界条件确定。也就是说,

在 $r=1$ 处:
$$\frac{\partial \varphi_1}{\partial r} = 0 \tag{5.33}$$

在 $r=\infty$ 处:
$$\frac{\partial \varphi_1}{\partial r} = \frac{1}{r}\frac{\partial \varphi}{\partial \theta} = 0 \tag{5.34}$$

通过分离式(5.32)中仅为 z 的函数的部分,我们得到

$$\varphi_1 = R\left[\frac{1}{4}\left(z + \frac{2}{z} - \frac{1}{3}\frac{1}{z^3}\right) + g(z) - \frac{1}{4}\left(\frac{z}{\overline{z}^2} + \frac{2}{z\overline{z}^2} - \frac{1}{3}\frac{1}{\overline{z}^2 z^2}\right)\right]$$

因此,为了满足式(5.33)和式(5.34),必须有

$$g(z) = -\frac{1}{4}\left(z + \frac{2}{z} - \frac{1}{3}\frac{1}{z^2}\right) \tag{5.35}$$

于是

$$\varphi_1 = R\left[-\frac{1}{4}\left(\frac{z}{\overline{z}^2} + \frac{2}{\overline{z}^2 z} - \frac{1}{3}\frac{1}{\overline{z}^2 z^2}\right) + f(\overline{z})\right] \tag{5.36}$$

现在有

$$\frac{z}{\overline{z}^2} = \frac{r\mathrm{e}^{i\theta}}{r^2 \mathrm{e}^{-2i\theta}} = \frac{1}{r}\mathrm{e}^{3i\theta}, \quad \frac{1}{z\overline{z}^2} = \frac{1}{r^3}\mathrm{e}^{i\theta}, \quad \frac{1}{z^3\overline{z}^2} = \frac{1}{r^5}\mathrm{e}^{-i\theta}$$

因此,式(5.36)的前三项为

$$-\frac{1}{4}\left(\frac{1}{r}\cos 3\theta+\frac{2}{r^3}\cos\theta-\frac{1}{3}\frac{1}{r^5}\cos\theta\right)$$

为了满足式(5.33)，我们必须由 $f(\bar{z})$ 获得拥有 $\cos\theta$ 和 $\cos 3\theta$ 因子的函数。然后，此条件和式(5.34)指定的条件一起将 $f(\bar{z})$ 确定为

$$f(\bar{z})=\frac{A}{\bar{z}}+\frac{C}{\bar{z}^3} \tag{5.37}$$

于是

$$\varphi_1=\cos\theta\left(\frac{A}{r}-\frac{1}{2}\frac{1}{r^3}+\frac{1}{12}\frac{1}{r^5}\right)+\cos 3\theta\left(\frac{C}{r^3}-\frac{1}{4}\frac{1}{r}\right) \tag{5.38}$$

为了确定 A 和 C，我们看到

$$\frac{\partial\varphi_1}{\partial r}=\cos\theta\left(-\frac{A}{r^2}+\frac{3}{2}\frac{1}{r^4}-\frac{5}{12}\frac{1}{r^6}\right)+\cos 3\theta\left(-\frac{3C}{r^4}+\frac{1}{4}\frac{1}{r^2}\right) \tag{5.39}$$

对于式(5.33)指定的任何 θ 值，为了在 $r=1$ 处 $\dfrac{\partial\varphi_1}{\partial r}=0$，则常数应为

$$A=\frac{13}{12},\ C=\frac{1}{12} \tag{5.40}$$

于是

$$\varphi_1=\cos\theta\left(\frac{13}{12}\frac{1}{r}-\frac{1}{2}\frac{1}{r^3}+\frac{1}{12}\frac{1}{r^5}\right)+\cos 3\theta\left(\frac{1}{12}\frac{1}{r^3}-\frac{1}{4}\frac{1}{r}\right) \tag{5.41}$$

这是速度势 φ_1 修正的最终形式。为了计算绕圆柱表面的速度，我们需要知道在 $r=1$ 处的 $\dfrac{1}{r}\dfrac{\partial\varphi_1}{\partial\theta}$。

因此

$$\begin{aligned}\frac{1}{r}\frac{\partial\varphi_1}{\partial r}\bigg|_{r=1}&=-\sin\theta\left(\frac{13-6+1}{12}\right)-3\sin 3\theta\left(\frac{1-3}{12}\right)\\&=-\frac{2}{3}\sin\theta+\frac{1}{2}\sin 3\theta\end{aligned} \tag{5.42}$$

但是

$$\varphi_0=\left(r+\frac{1}{r}\right)\cos\theta$$

故而

$$\frac{1}{r}\frac{\partial\varphi_0}{\partial\theta}\bigg|_{r=1}=-2\sin\theta \tag{5.43}$$

所以

$$\frac{1}{r}\frac{\partial\varphi}{\partial\theta}\bigg|_{r=1}=-U\left[2\sin\theta+Ma^{0^2}\left(\frac{2}{3}\sin\theta-\frac{1}{2}\sin3\theta\right)+\cdots\right]$$

在 $0<\theta<\pi$ 处,表面的周向速度 q 为(沿顺时针方向为正)

$$q=U\left[2\sin\theta+Ma^{0^2}\left(\frac{2}{3}\sin\theta-\frac{1}{2}\sin3\theta\right)+\cdots\right]\tag{5.44}$$

最大速度 $q_{\max}$ 明显地出现在圆柱顶部,或者在 $\theta=\dfrac{\pi}{2}$ 处。

因此

$$q_{\max}=U\left[2+Ma^{0^2}\left(\frac{2}{3}+\frac{1}{2}\right)+\cdots\right]$$
$$=U\left(2+\frac{7}{6}Ma^{0^2}+\cdots\right)\tag{5.45}$$

因此,当马赫数 Ma^0 为 0.4 时,空气的可压缩性能使最大速度增加约 10%。

5.4　以 Ma^{0^2} 的级数表示压力系数

压力系数 C_p 在第 2 章中表示为

$$C_p=\frac{2}{\gamma Ma^{0^2}}\left[\left(\frac{p}{p^0}\right)-1\right]$$
$$=\frac{2}{\gamma Ma^{0^2}}\left\{\left[1+\frac{\gamma-1}{2}Ma^{0^2}\left(1-\frac{q^2}{U^2}\right)\right]^{\frac{\gamma}{\gamma-1}}-1\right\}$$

如果我们根据由 Rayleigh‑Janzen 方法得到的解来计算速度比 (q/U),那么 (q/U) 呈现为与速度势 φ 相同的 Ma^{0^2} 幂级数。现在,如果 φ 已确定达到了 Ma^{0^6},则

$$\frac{q}{U}=q_0+Ma^{0^2}q_1+Ma^{0^4}q_2+Ma^{0^6}q_3+O(Ma^{0^8})$$

其中,$O(Ma^{0^8})$ 表示其量级大小与 Ma^{0^8} 同阶。于是

$$1-\frac{q^2}{U^2}=(1-q_0^2)-Ma^{0^2}(2q_0q_1)-Ma^{0^4}(2q_0q_2+q_1^2)-$$
$$Ma^{0^6}(2q_0q_3+2q_1q_2)+O(Ma^{0^8})$$

然后,在忽略 $Ma^{0^{10}}$ 阶小量的情况下,$1+\dfrac{\gamma-1}{2}Ma^{0^2}\left(1-\dfrac{q^2}{U^2}\right)$ 的量值是精确到了 Ma^{0^8}。

因此

$$\left[1+\frac{\gamma-1}{2}Ma^{0^2}\left(1-\frac{q^2}{U^2}\right)\right]^{\frac{\gamma}{\gamma-1}}=\left[1+\frac{\gamma-1}{2}Ma^{0^2}(1-q_0^2)-\frac{\gamma-1}{2}Ma^{0^4}(2q_0q_1)-\right.$$

$$\frac{\gamma-1}{2}Ma^{0^6}(2q_0q_2+q_1{}^2)-$$

$$\left.\frac{\gamma-1}{2}Ma^{0^8}(2q_0q_3+2q_1q_2)+O(Ma^{0^{10}})\right]^{\frac{\gamma}{\gamma-1}}$$

$$=1+\frac{\gamma Ma^{0^2}}{2}\left\{(1-q_0^2)+Ma^{0^2}\left[\frac{1}{4}(1-q_0^2)^2-2q_0q_1\right]+\right.$$

$$Ma^{0^4}\left[\frac{2-\gamma}{24}(1-q_0^2)^3-q_0q_1(1-q_0^2)-(2q_0q_2+q_1{}^2)\right]+$$

$$Ma^{0^6}\left[\frac{(2-\gamma)(3-2\gamma)}{192}(1-q_0^2)^4-\frac{2-\gamma}{6}q_0q_1(1-q_0^2)^2-\right.$$

$$\frac{1}{2}(2q_0q_2+q_1{}^2)(1-q_0^2)+$$

$$\left.\left.q_0{}^2q_1{}^2-(2q_0q_3+2q_1q_2)\right]+O(Ma^{0^8})\right\}$$

因此,压力系数 C_p 为

$$C_p=(1-q_0^2)+Ma^{0^2}\left[\frac{1}{4}(1-q_0^2)^2-2q_0q_1\right]+Ma^{0^4}\left[\frac{2-\gamma}{24}(1-q_0^2)^3-q_0q_1(1-q_0^2)-\right.$$

$$(2q_0q_2+q_1{}^2)\bigg]+Ma^{0^6}\left[\frac{(2-\gamma)(3-2\gamma)}{192}(1-q_0^2)^4-\frac{2-\gamma}{4}q_0q_1(1-q_0^2)^2-\right.$$

$$\frac{1}{2}(2q_0q_2+q_1{}^2)(1-q_0^2)+q_0{}^2q_1{}^2-(2q_0q_3+2q_1q_2)\bigg]+O(Ma^{0^8}) \tag{5.46}$$

这表明,压力系数可以计算到与速度势 φ 同阶的精度。毋庸赘言,如果像上一节所做的那样,把速度势确定到 Ma^{0^2},那么在计算 C_p 时应只包括式(5.46)的第一项和第二项。

5.5　圆柱的高阶近似

Imai[†] 计算了圆柱绕流的三阶近似解。其结果可以写为

$$\frac{q}{U}=q_0^{(0)}+Ma^{0^2}q_1^{(0)}+Ma^{0^4}\left[q_2^{(0)}+(\gamma-1)q_2^{(1)}\right]+$$

$$Ma^{0^4}\left[q_3^{(0)}+(\gamma-1)q_3^{(1)}+(\gamma-1)^2q_3^{(2)}\right]+O(Ma^{0^8}) \tag{5.47}$$

式中,q 类表达式为位置函数。特别是在圆柱体表面,给出

$$q_0^{(0)}=2\sin\theta$$

---

† 见本章参考文献。

$$q_1^{(0)} = \frac{2}{3} \sin \theta - \frac{1}{2} \sin 3\theta$$

$$q_2^{(0)} = \frac{37}{40} \sin \theta - \frac{25}{24} \sin 3\theta + \frac{3}{8} \sin 5\theta$$

$$q_2^{(1)} = \frac{23}{120} \sin \theta - \frac{11}{40} \sin 3\theta + \frac{1}{8} \sin 5\theta$$

$$q_3^{(0)} = \frac{139}{84} \sin \theta - \frac{2\,467}{1\,008} \sin 3\theta + \frac{9\,503}{6\,048} \sin 3\theta - \frac{37}{96} \sin 7\theta$$

$$q_3^{(1)} = \frac{2\,813}{3\,360} \sin \theta - \frac{23\,441}{16\,800} \sin 3\theta + \frac{1\,591}{1\,680} \sin 5\theta - \frac{25}{96} \sin 7\theta$$

$$q_3^{(2)} = \frac{103}{840} \sin \theta - \frac{57}{280} \sin 3\theta + \frac{11}{84} \sin 5\theta - \frac{1}{24} \sin 7\theta$$

图 5.2 提供了在任何给定 θ 作为 Ma^{0^2} 的函数的相应压力系数 C_p，其中虚线是一阶近似。结果表明,高阶项对高马赫数尤为重要。

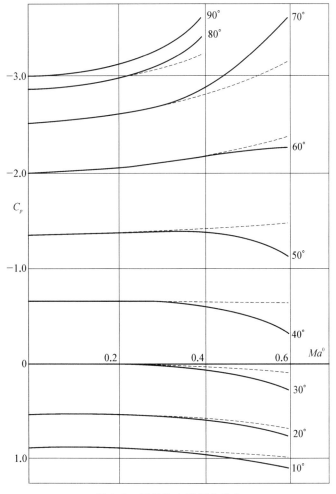

图 5.2　圆柱体上的压力分布

参考文献

以下是关于 Rayleigh‐Janzen 方法的论文清单。最后一篇文章讨论了自由射流问题。

［1］Demtchenko，B.："Quelques problèmes d'hydrodynamique bidimensionnelle des fluides compressibles". Publ. Sc. Tech. Min. Air, No. 144(1939)

［2］Glauert，H.："The Effect of Compressibility on the Lift of an Airfoil". Proc. R. Soc. Lond. A, Vol. 118, p. 113(1928)

［3］Hooker，S. G.："The Two-Dimensional Flow of Compressible Fluids at Subsonic Speeds past Elliptic Cylinders". British R & M No. 1684(1936)

［4］Imai，I.："On the Flow of a Compressible Fluid Past a Circular Cylinder，Ⅰ". Proc. Phys. -Math. Soc. Japan, Vol. 20, p. 636(1938)①

［5］Imai，I.："On the Flow of a Compressible Fluid Past a Circular Cylinder，Ⅱ". Proc. Phys. -Math. Soc. Japan, Vol. 23, p. 180(1941)②

［6］Imai，I. and Aihara，T.："On the Subsonic Flow of a Compressible Fluid Past an Elliptic Cylinder". Rep. Aeron. Res. Inst. Tokyo Imp. Univ. No. 194(1940)

［7］Kaplan，C.："Compressible Flow About Symmetrical Joukowski Profiles". NACA TR No. 621(1938)

［8］Kaplan，C.："Two Dimensional Subsonic Flow Past Elliptic Cylinders". NACA TR No. 624(1938)

［9］Kaplan，C.："A Theoretical Study of the Moments on a Body in a Compressible Fluid". NACA TR No. 671(1939)

［10］Pistolesi，E.："Sulla corrente di fluido compressibile attorno ad un cilindro circolare". L' Aerotecnica, Vol. 17, p. 1054(1939)

［11］Poggi，L.："Campo di velocità in una corrente piana di fluido compressibile". L'Aerotecnica, Vol. 12, p. 1579(1932)

［12］Poggi，L.："Campo di velocità in una corrente piana di fluido compressibile, Part Ⅱ, Caso di profili ottenuti con rappresentasione conforme dal cerchio ed in particolare dei profili Joukowski". L'Aerotecnica, Vol. 14, p. 532(1934)

［13］Tamada，K. and Saito，Y.："Note on the Flow of a Compressible Fluid Past a Circular Cylinder". Proc. Phys. -Math. Soc. Japan, Vol. 21, p. 403(1939)

［14］Tomotika，S. and Tamada，K.："Studies on the Subsonic flow of a Compressible Fluid Past an Elliptic Cylinder". Rep. Aeron. Res. Inst. Tokyo Imp. Univ. No. 201(1940)

［15］Tomotika，S. and Umemoto，H.："On the Subsonic Flow of a Compressible Fluid Past a Symmetrical Joukowski Aerofoil". Rep. Aeron. Res. Inst. Tokyo Imp. Univ. No. 205(1941)

［16］Imai，I.："On the Subsonic Flow of A Compressible Fluid Past a General Joukowski Profile". Rep. Aeron. Res. Inst. Tokyo Imp. Univ. No. 216(1941)

［17］Schmieden，C. and Kawalki，K. H.："Beitrage zum Umetrömungprobleme bei hohen Geschwindigkeiten". Bericht S 13/1, Teil der Lilienthal Gesellschaft für Luftfahrtforschung, pp. 40‐68 (1942)

［18］Jacob，C.："Sur La Methode Approchée de M. Lamla en Dynamique des Fluides Compressibles". Bull. de la Section Scientifique, Academie Roumaine, Tome 28, No. 10(1945)

---

① 原稿此处年代错为 1936,已修改。——译注
② 原稿此处刊名有误,已修改。——译注

第6章 普朗特-格劳特(Prandtl – Glauert)方法

我们在第4章已经解释过,普朗特-格劳特方法是一种针对小扰动的方法,其中速度势 φ 可展开为均匀自由流中细长体的厚度比 δ 的幂级数。然而,幂级数展开式只对没有驻点的二维流动有效。这一事实被 Kaplan[†] 用来研究曲面上的流动和圆弧形剖面上的流动。对于具有驻点的二维流动,如椭圆圆柱绕流或常规翼型绕流,在速度势 φ 的展开式中最终会出现与 $\delta^n \log \delta$ 成正比的项。而且,在得到解之前,很难预测级数的准确形式。这个难点加上满足固体表面边界条件的要求,导致了采用流函数 ψ 代替速度势以改进作为一种迭代方法的普朗特-格劳特方法。我们将推导这个迭代过程的方程,直到二阶近似。然后,我们将详细地计算一阶近似,而将二阶近似的细节留给 Kaplan 和 Hantzsche 的原始论文。不管怎样,一阶近似非常有用,它导出了速度和压力修正公式中重要的普朗特-格劳特法则。

6.1 迭代的基本方程组

二维流函数 ψ 的微分方程如下所示:

$$\left(1 - \frac{u^2}{a^2}\right)\frac{\partial^2 \psi}{\partial x^2} - 2\frac{uv}{a^2}\frac{\partial^2 \psi}{\partial x \partial y} + \left(1 - \frac{v^2}{a^2}\right)\frac{\partial^2 \psi}{\partial y^2} = 0 \tag{6.1}$$

我们将通过引入自由流的密度 ρ^0,对 ψ 的定义稍做修正。因此,

$$\frac{\rho}{\rho^0}u = \frac{\partial \psi}{\partial y}, \quad \frac{\rho}{\rho^0}v = -\frac{\partial \psi}{\partial x} \tag{6.2}$$

由于 ρ^0 是一个常数,所以其引入实际上不会干扰微分方程(6.1)。现在,如果 U 是平行于 x 轴的自由流的速度,那么我们可以写出

$$\frac{\psi}{U} = y + \psi_1 + \psi_2 + \cdots \tag{6.3}$$

我们只做了一个限制条件,即 ψ_2 可视为比 ψ_1 高阶的量,ψ_1 的平方可视为与 ψ_2 同阶的量。

为了得到 ψ_1 和 ψ_2 的方程,我们首先用 ψ 计算密度比 ρ^0/ρ。由式(5.1),可得

$$a^2 + \frac{\gamma - 1}{2}(u^2 + v^2) = a^{0^2} + \frac{\gamma - 1}{2}U^2 \tag{6.4}$$

———————————

[†] 见本章参考文献。

但对于等熵流,方程如下:

$$\left(\frac{a}{a^0}\right)^2 = \left(\frac{T}{T^0}\right) = \left(\frac{\rho}{\rho^0}\right)^{\gamma-1} \tag{6.5}$$

因此式(6.4)可以写成

$$\left(\frac{\rho}{\rho^0}\right)^{\gamma-1} + \frac{\gamma-1}{2}Ma^{0^2}\left(\frac{u^2+v^2}{U^2}\right) = 1 + \frac{\gamma-1}{2}Ma^{0^2} \tag{6.6}$$

现在令

$$1 + \Theta = \frac{1}{U^2}\left[\left(\frac{\partial\psi}{\partial x}\right)^2 + \left(\frac{\partial\psi}{\partial y}\right)^2\right] = \left(\frac{\rho}{\rho^0}\right)^2 \frac{u^2+v^2}{U^2} \tag{6.7}$$

且

$$\frac{\rho^0}{\rho} = 1 + \zeta \tag{6.8}$$

那么式(6.6)可以写成

$$(1+\zeta)^{-(\gamma-1)} + \frac{\gamma-1}{2}Ma^{0^2}(1+\zeta)^2(1+\Theta) = 1 + \frac{\gamma-1}{2}Ma^{0^2}$$

或者

$$\Theta = \frac{1}{(1+\zeta)^2}\left\{\frac{2}{(\gamma-1)Ma^{0^2}}\left[1 - (1+\zeta)^{-(\gamma-1)}\right] + 1\right\} - 1$$

将方程右侧展开为 ζ 的升幂级数,可得

$$\Theta = 2\left(\frac{1}{Ma^{0^2}} - 1\right)\zeta + \cdots \tag{6.9}$$

因此,通过将此方程改写,我们就有

$$\zeta = \frac{1}{2}\frac{Ma^{0^2}}{1 - Ma^{0^2}}\Theta + \cdots \tag{6.10}$$

但是,现在根据式(6.3),有

$$\Theta = \left(\frac{1}{U}\frac{\partial\psi}{\partial x}\right)^2 + \left(\frac{1}{U}\frac{\partial\psi}{\partial y}\right)^2 - 1$$

$$= \left(\frac{\partial\psi_1}{\partial x}\right)^2 + \left(1 + \frac{\partial\psi_1}{\partial y}\right)^2 + \cdots - 1 = 2\frac{\partial\psi_1}{\partial y} + \cdots \tag{6.11}$$

因此

$$\frac{\rho^0}{\rho} = 1 + \frac{Ma^{0^2}}{1 - Ma^{0^2}}\frac{\partial\psi_1}{\partial y} + \cdots \tag{6.12}$$

现在我们可以计算速度 u 和 v。因此

$$\frac{u}{U} = \frac{\rho^0}{\rho}\frac{1}{U}\frac{\partial \psi}{\partial y} = \left(1 + \frac{Ma^{0^2}}{1 - Ma^{0^2}}\frac{\partial \psi_1}{\partial y} + \cdots\right)\left(1 + \frac{\partial \psi_1}{\partial y} + \cdots\right)$$

$$= 1 + \frac{1}{1 - Ma^{0^2}}\frac{\partial \psi_1}{\partial y} + \cdots \tag{6.13}$$

并且

$$\frac{v}{U} = \left(1 + \frac{Ma^{0^2}}{1 - Ma^{0^2}}\frac{\partial \psi_1}{\partial y} + \cdots\right)\left(-\frac{\partial \psi_1}{\partial x} + \cdots\right)$$

$$= -\frac{\partial \psi_1}{\partial x} + \cdots \tag{6.14}$$

此外,根据式(6.4)

$$\frac{U^2}{a^2} = \frac{U^2}{a^{0^2} - \frac{\gamma - 1}{2}U^2\left[\left(\frac{u^2 + v^2}{U^2}\right) - 1\right]} = \frac{Ma^{0^2}}{1 - \frac{\gamma - 1}{2}Ma^{0^2}\left(\frac{u^2 + v^2}{U^2} - 1\right)}$$

利用式(6.13)和式(6.14),我们马上可以得到

$$\frac{U^2}{a^2} = Ma^{0^2}\left[1 + (\gamma - 1)\frac{Ma^{0^2}}{1 - Ma^{0^2}}\frac{\partial \psi_1}{\partial y} + \cdots\right] \tag{6.15}$$

现在式(6.1)可以写成

$$\frac{\partial^2 \psi}{\partial x^2} + \frac{\partial^2 \psi}{\partial y^2} = \frac{U^2}{a^2}\left[\left(\frac{u}{U}\right)^2\frac{\partial^2 \psi}{\partial x^2} + 2\frac{uv}{U^2}\frac{\partial^2 \psi}{\partial x \partial y} + \left(\frac{v}{U}\right)^2\frac{\partial^2 \psi}{\partial y^2}\right] \tag{6.16}$$

因此,根据得到的结果,我们得出

$$\left(\frac{\partial^2 \psi_1}{\partial x^2} + \frac{\partial^2 \psi_1}{\partial y^2}\right) + \left(\frac{\partial^2 \psi_1}{\partial x^2} + \frac{\partial^2 \psi_1}{\partial y^2}\right) + \cdots$$

$$= Ma^{0^2}\left[1 + (\gamma - 1)\frac{Ma^{0^2}}{1 - Ma^{0^2}}\frac{\partial \psi_1}{\partial y} + \cdots\right] \times$$

$$\left[\left(1 + 2\frac{1}{1 - Ma^{0^2}}\frac{\partial \psi_1}{\partial y} + \cdots\right)\left(\frac{\partial^2 \psi_1}{\partial x^2} + \frac{\partial^2 \psi_2}{\partial x^2} + \cdots\right) - 2\frac{\partial \psi_1}{\partial x}\frac{\partial^2 \psi_1}{\partial x \partial y} + \cdots\right]$$

$$= Ma^{0^2}\frac{\partial^2 \psi_1}{\partial x^2} + Ma^{0^2}\frac{\partial^2 \psi_2}{\partial x^2} + \cdots + \frac{Ma^{0^2}}{1 - Ma^{0^2}}\left[2 + (\gamma - 1)Ma^{0^2}\right]\frac{\partial \psi_1}{\partial y}\frac{\partial^2 \psi_1}{\partial x^2} - $$

$$2Ma^{0^2}\frac{\partial \psi_1}{\partial x}\frac{\partial^2 \psi_1}{\partial x \partial y} + \cdots$$

由于平方项 ψ_1^2 被认为是与 ψ_2 同阶的二阶项,所以,给出一阶项如下:

$$(1-Ma^{0^2})\frac{\partial^2\psi_1}{\partial x^2}+\frac{\partial^2\psi_1}{\partial y^2}=0 \tag{6.17}$$

二阶项如下：

$$(1-Ma^{0^2})\frac{\partial^2\psi_2}{\partial x^2}+\frac{\partial^2\psi_2}{\partial y^2}=\frac{Ma^{0^2}}{1-Ma^{0^2}}[2+(\gamma-1)Ma^{0^2}]\frac{\partial\psi_1}{\partial y}\frac{\partial^2\psi_1}{\partial x^2}-2Ma^{0^2}\frac{\partial\psi_1}{\partial x}\frac{\partial^2\psi_1}{\partial x\partial y}$$

$$\tag{6.18}$$

这是一阶摄动 ψ_1 和二阶摄动 ψ_2 的微分方程。

为了将这些方程转化为迭代过程，我们赋予

$$\psi^{(1)}=U(y+\psi_1) \tag{6.19}$$

$$\psi^{(2)}=U(y+\psi_1+\psi_2) \tag{6.20}$$

于是，式(6.17)可以写成

$$(1-Ma^{0^2})\frac{\partial^2\psi^{(1)}}{\partial x^2}+\frac{\partial^2\psi^{(1)}}{\partial y^2}=0 \tag{6.21}$$

通过将式(6.17)和式(6.18)相加，可得

$$(1-Ma^{0^2})\frac{\partial^2\psi^{(2)}}{\partial x^2}+\frac{\partial^2\psi^{(2)}}{\partial y^2}$$

$$=\frac{Ma^{0^2}}{1-Ma^{0^2}}[2+(\gamma-1)Ma^{0^2}]\left(\frac{\partial\psi^{(1)}}{\partial y}-1\right)\frac{\partial^2\psi^{(1)}}{\partial x^2}-2Ma^{0^2}\frac{\partial\psi^{(1)}}{\partial x}\frac{\partial^2\psi^{(1)}}{\partial x\partial y} \tag{6.22}$$

于是，式(6.21)成为修正后的流函数 $\psi^{(1)}$ 的一阶近似微分方程。式(6.22)成为流函数 $\psi^{(2)}$ 的二阶近似方程。与原始的非线性方程式(6.1)相比，这些方程是线性的。此外，一阶近似与 γ 值无关。但是，二阶近似取决于该值。

由于二阶近似是通过将一阶近似代入式(6.22)的右侧得到的，因此该过程是迭代的。要满足的边界条件始终要保证：

在表面，
$$\psi^{(1)}\approx\psi^{(2)}=0 \tag{6.23}$$

且在∞处，
$$\psi^{(1)}\approx\psi^{(2)}=U_y \tag{6.24}$$

6.2　一阶近似——普朗特-格劳特法则(Prandtl - Glauert Rule)

如果我们只考虑一阶近似，那么使用式(6.17)更为方便。当 $Ma^0=0$ 时，或者对于不可压缩流而言，有

$$\frac{\partial^2\psi_1}{\partial x^2}+\frac{\partial^2\psi_1}{\partial y^2}=0$$

然后方程退化为熟悉的拉普拉斯方程。然而，式(6.17)亦可通过代换转换为拉普拉斯方程

$$\begin{cases} x = \xi \\ y = \dfrac{1}{\sqrt{1 - Ma^{0^2}}} \eta \end{cases} \tag{6.25}$$

于是

$$\frac{\partial \psi_1}{\partial x} = \frac{\partial \psi_1}{\partial \xi}, \quad \frac{\partial^2 \psi_1}{\partial x^2} = \frac{\partial^2 \psi_1}{\partial \xi^2} \tag{6.26}$$

$$\frac{\partial \psi_1}{\partial y} = \sqrt{1 - Ma^{0^2}} \, \frac{\partial \psi_1}{\partial \eta}, \quad \frac{\partial^2 \psi_1}{\partial y^2} = (1 - Ma^{0^2}) \frac{\partial^2 \psi_1}{\partial \eta^2} \tag{6.27}$$

那么式(6.12)变成

$$\frac{\partial^2 \psi_1}{\partial \xi^2} + \frac{\partial^2 \psi_1}{\partial \eta^2} = 0 \tag{6.28}$$

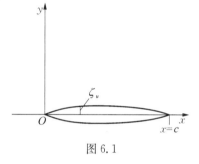

图 6.1

现在,如果固体的上表面有一个坐标 ζ_u (见图 6.1),并且物体的弦或长度占据了 x 轴从 $x=0$ 到 $x=c$ 的部分,那么

$$\zeta_u = \delta h(x), \quad 0 \leqslant x \leqslant c \tag{6.29}$$

式中,δ 为厚度比;$h(x)$ 为纵坐标分布函数。那么上表面的坡度为

$$\frac{\mathrm{d}\zeta_u}{\mathrm{d}x} = \delta \frac{\mathrm{d}h}{\mathrm{d}x}, \quad 0 \leqslant x \leqslant c \tag{6.30}$$

表面速度的 y 分量是 v,根据式(6.14)

$$v = -U \frac{\partial \psi_1}{\partial x} = -U \frac{\partial \psi_1}{\partial \xi}$$

现在,由于 $\dfrac{\partial \psi_1}{\partial \xi}$ 的值在 x 轴附近是有限的,我们可以把它展开成 y 的泰勒级数,或 v_u 的泰勒级数,则上表面的垂直速度分量为

$$\begin{aligned} v_u &= -U\left[\left(\frac{\partial \psi_1}{\partial \xi} \right)_{y = \eta = 0} + \delta h(x) \frac{\partial^2 \psi_1}{\partial \xi \partial y} + \cdots \right] \\ &= -U\left[\left(\frac{\partial \psi_1}{\partial \xi} \right)_{\eta = 0} + \delta h(\xi) \sqrt{1 - Ma^{0^2}} \, \frac{\partial^2 \psi_1}{\partial \xi \partial \eta} + \cdots \right] \end{aligned} \tag{6.31}$$

现在上表面的速度必须与表面相切,或者

$$\frac{\mathrm{d}\zeta_u}{\mathrm{d}x} = \frac{v_u}{u_u} \tag{6.32}$$

式中,u_u 是表面上的速度的 x 分量。

通过使用式(6.13)和式(6.31),并且只保留一阶项,由式(6.32)可以得出

$$\frac{\mathrm{d}\zeta_u}{\mathrm{d}x} = -\left(\frac{\partial\psi_1}{\partial\xi}\right)_{\eta=0} = -\left(\frac{\partial\psi_1}{\partial x}\right)_{y=0}, \quad 0 \leqslant x \leqslant c \tag{6.33}$$

这是 ψ_1 的边界条件，在 ∞ 处 $\psi_1 \to 0$。

由于式（6.33）不包括马赫数 Ma^0，所以，如果某个 (x, y) 上的函数 $\psi_1^{(i)}$ 满足 (x, y) 平面上的拉普拉斯方程以及条件式（6.33），从而成为给定物体的不可压缩绕流解，那么这时只要将变量 (x, y) 替换为 (ξ, η)，它也将变为可压缩绕流解。换句话说，如果

$$\psi_1^{(i)}(x, y) \text{ 为不可压缩解，} \tag{6.34}$$

那么 $\qquad\qquad \psi_1^{(i)}(\xi, \eta) = \psi_1(x, y)$ 为可压缩解。[1]

现在我们可以计算压力系数 C_p。在任何情况下，根据式（2.42），有

$$C_p = -2\left(\frac{u}{U} - 1\right)$$

对于不可压缩流动而言，有

$$\frac{u_i}{U} - 1 = \frac{\partial\psi_1^{(i)}}{\partial y}$$

故而

$$C_{p_i} = -2\frac{\partial\psi_1^{(i)}}{\partial y}$$

特别是，如果我们对表面上的压力系数感兴趣，那么，基于与式（6.31）类似的考虑，$\dfrac{\partial\psi_1^{(i)}}{\partial y}$ 可以采用在轴线上的数值。因此

$$C_{p_i} = -2\left(\frac{\partial\psi_1^{(i)}}{\partial y}\right)_{y=0} \tag{6.35}$$

对于可压缩流，由式（6.27）和式（6.13）可得

$$C_p = -2\frac{1}{\sqrt{1 - Ma^{0^2}}}\left(\frac{\partial\psi_1^{(i)}}{\partial y}\right)_{y=0} \tag{6.36}$$

通过比较式（6.35）和式（6.36），我们获得了重要的关系式

$$C_p = C_{p_i}\frac{1}{\sqrt{1 - Ma^{0^2}}} \tag{6.37}$$

这就是普朗特-格劳特法则，它规定可压缩压力系数 C_p 等于不可压缩压力系数 C_{p_i} 乘以系数 $1/\sqrt{1 - Ma^{0^2}}$。此关系式与物体形状无关，为所谓的修正公式之一。下一章将对这些公式进行一般性讨论。

这里必须指出的是，式（6.37）的简单公式仅对无限大范围的气流中的细长体严格成立。

---

[1] 在 6.2 节和 6.3 节中，上标和下标中的 i 代表不可压缩流体。——译注

如果除了物体本身以外还有其他固体边界,情况就要复杂得多。例如,如果一个物体被放置在两个平行壁之间,那么对于 (ξ, η) 平面中相应的不可压缩流动,平行壁之间的距离就会按 $\sqrt{1-Ma^{0^2}}$ 这个系数减少。那么就不存在像式(6.37)这样简单的公式了。Tsien 和 Lees 考虑到了这种情况[†]。

6.3 采用速度势的一阶近似

利用速度势 φ 也可以得到上一节的结果。φ 的微分方程由式(4.47)给出,如下所示:

$$\left(1-\frac{u^2}{a^2}\right)\frac{\partial^2 \varphi}{\partial x^2} - 2\frac{uv}{a^2}\frac{\partial^2 \varphi}{\partial x \partial y} + \left(1-\frac{v^2}{a^2}\right)\frac{\partial^2 \varphi}{\partial y^2} = 0$$

现在令

$$\varphi = U(x + \varphi_1) \tag{6.38}$$

式中,φ_1 为扰动势,被认为很小。

于是,

$$\frac{u^2}{a^2} = Ma^{0^2} + \cdots \tag{6.39}$$

因此,如果只保留一阶项,那么

$$(1-Ma^{0^2})\frac{\partial^2 \varphi_1}{\partial x^2} + \frac{\partial^2 \varphi_1}{\partial y^2} = 0 \tag{6.40}$$

此方程与式(6.17)类似。

对于不可压缩流动,$Ma^0 = 0$,扰动势 $\varphi_1^{(i)}$ 必须满足

$$\frac{\partial^2 \varphi_1^{(i)}}{\partial x^2} + \frac{\partial^2 \varphi_1^{(i)}}{\partial y^2} = 0 \tag{6.41}$$

以及边界条件

$$\frac{d\zeta_u}{dx} = \left(\frac{\partial \varphi_1^{(i)}}{\partial y}\right)_{y=0} \tag{6.42}$$

对于可压缩流动,式(6.40)可通过式(6.25)中给出的替换式转化为拉普拉斯方程,于是有

$$\frac{\partial^2 \varphi_1}{\partial \xi^2} + \frac{\partial^2 \varphi_1}{\partial \eta^2} = 0 \tag{6.43}$$

现在令

$$\varphi_1(x, y) = \frac{1}{\sqrt{1-Ma^{0^2}}}\varphi_1^{(i)}(\xi, \eta) \tag{6.44}$$

那么,φ_1 显然满足微分方程式(6.43),因为 $\varphi_1^{(i)}(x, y)$ 满足微分方程式(6.41)。因此,我们通

[†] 见本章参考文献。

过用 (ξ,η) 代替 $\varphi_1^{(i)}$ 中的 (x,y)，然后将其结果除以 $\sqrt{1-Ma^{0^2}}$ 就构建了可压缩解。现在，对于上表面，必须使得

$$\frac{\mathrm{d}\zeta_u}{\mathrm{d}x}=\left(\frac{\partial\varphi_1}{\partial y}\right)_{y=0}=\frac{1}{\sqrt{1-Ma^{0^2}}}\left(\frac{\partial\varphi_1^{(i)}}{\partial\eta}\right)_{\eta=0}\frac{\mathrm{d}\eta}{\mathrm{d}y}$$

$$=\left(\frac{\partial\varphi_1^{(i)}}{\partial\eta}\right)_{\eta=0}$$

由于函数 $\varphi_1^{(i)}(x,y)$ 满足式 (6.42)，所以这一点可以得到满足。当然，无穷大时的条件也是满足的。因此，我们证明了这样构造的可压缩解确实符合所有的要求。

但现在对于不可压缩流而言，有

$$\frac{u_i}{U}-1=\frac{\partial\varphi_1^{(i)}}{\partial x}$$

对于可压缩流动而言，有

$$\frac{u}{U}-1=\frac{\partial\varphi_1}{\partial x}=\frac{1}{\sqrt{1-Ma^{0^2}}}\left(\frac{\partial\varphi_1^{(i)}}{\partial\xi}\right)$$

因此，根据式 (2.42)，可压缩流动的压力系数和不可压缩流动的压力系数之间的关系由式 (6.37) 确定。当 $Ma^0\rightarrow1$ 时，系数 $1/\sqrt{1-Ma^{0^2}}\rightarrow\infty$。所以，当 $Ma^0\rightarrow1$ 时，式 (6.37) 会给出无穷大的压力系数。这当然是荒谬的，因为对于可压缩流体来说，如果单位质量流体的能量含量是有限的，那么作用在物体上的压力永远不可能是无限的。产生这种矛盾的原因是，简单的线性方程式 (6.17) 或式 (6.40) 不能代表跨声速范围内的物理事实。适用于跨声速流动的规律将在第 11 章中给出。

6.4　高阶近似

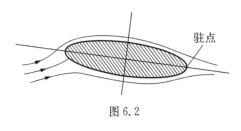

图 6.2

Hantzsche 和 Kaplan 研究了椭圆柱体的情形，直到三阶近似，即一种超越 $\varphi^{(2)}$ 的近似。Hantzsche 和 Wendt 也给出了茹科夫斯基对称翼型的计算结果。我们将不讨论解决办法的细节，因为它非常烦琐且冗长。然而，引述 Kaplan 关于有攻角的椭圆柱体的结果还是很有意义的。环量的调整要使椭圆主轴的后部末端成为一个驻点（见图 6.2）。升力曲线的斜率比为

$$\left(\frac{\mathrm{d}C_l}{\mathrm{d}\alpha}\right)\Big/\left(\frac{\mathrm{d}C_l}{\mathrm{d}\alpha}\right)_i=\mu+\frac{\delta}{1+\delta}\left[\mu(\mu-1)+\frac{1}{4}\sigma(\mu^2-1)\right]+$$

$$\frac{1}{16}\frac{\mu^2-1}{\mu}\left(\frac{\delta}{1+\delta}\right)^2\left(\frac{1}{3}(\mu^2-1)(\sigma+4)^2+\right.$$

$$\left.\frac{1}{8}(3-\log4)\{8(\sigma+2)^2+(\mu^2-1)[\sigma^2+2(\sigma+2)(3\sigma+8)]\}\right)\quad(6.45)$$

式中,C_L 为截面升力系数;α 为攻角。同时

$$\begin{cases} \mu^2 = \dfrac{1}{1 - Ma^{0^2}} \\ \sigma = (\gamma + 1)(\mu^2 - 1) \end{cases} \tag{6.46}$$

因此,正如式(6.37)所预测的那样,当厚度比 $\delta \to 0$ 时,升力斜率随自由流马赫数 $\mu = 1/\sqrt{1 - Ma^{0^2}}$ 而增加。对于小而有限的厚度比,升力斜率的增加速率比 μ 快。而且,该增长率是 δ 的函数。

类似地,相对于翼弦中点的力矩系数 $C_{m_{1/2}}$ 的比值由下式给出:

$$\frac{C_{m_{1/2}}}{(C_{m_{1/2}})_i} = \mu - \frac{1}{32} \frac{\mu^2 - 1}{\mu} \frac{\delta^2}{1 - \delta^2} \left\{ 16(\sigma + 2)^2 + (\mu^2 - 1)[\sigma^2 + 12(\sigma + 2)^2] - \right.$$

$$\left. \{ 8(\sigma + 2)^2 + (\mu^2 - 1)[\sigma^2 + 2(\sigma + 2)(3\sigma + 8)] \} \log \frac{\mu}{\delta} \right\} \tag{6.47}$$

值得注意的是,式(6.47)中存在一个 $\delta^2 \log \delta$ 项,这给本章引言中提到的严谨的摄动方法造成了困难。

表 6.1 给出了使用式(6.45)和式(6.47)计算的数值。

表 6.1 可压缩流和不可压缩流的升力曲线斜率之比和力矩系数之比

Ma^0	μ	$(dC_l/d\alpha)/(dC_l/d\alpha)_i$				$C_{m_{1/2}}/(C_{m_{1/2}})_i$			
		$\delta = 0.05$	$\delta = 0.10$	$\delta = 0.15$	$\delta = 0.20$	$\delta = 0.05$	$\delta = 0.10$	$\delta = 0.15$	$\delta = 0.20$
0.10	1.005 0	1.005 3	1.005 6	1.005 8	1.006 0	1.005 1	1.005 1	1.005 0	1.004 9
0.20	1.020 6	1.021 7	1.022 8	1.023 8	1.024 8	1.020 7	1.020 8	1.020 6	1.020 2
0.30	1.048 3	1.051 1	1.053 9	1.056 6	1.059 2	1.048 6	1.048 8	1.047 8	1.046 7
0.40	1.091 1	1.097 2	1.103 2	1.109 3	1.115 2	1.092 0	1.092 5	1.091 4	1.088 0
0.45	1.119 8	1.128 5	1.137 3	1.146 0	1.154 7	1.121 2	1.122 7	1.120 8	1.115 8
0.50	1.154 7	1.167 2	1.179 9	1.192 2	1.205 2	1.157 0	1.158 7	1.157 0	1.149 9
0.55	1.197 4	1.215 3	1.233 7	1.252 4	1.271 1	1.201 2	1.204 4	1.202 3	1.192 3
0.60	1.250 0	1.276 0	1.303 3	1.331 2	1.359 4	1.256 4	1.262 5	1.260 5	1.246 1
0.65	1.315 9	1.354 6	1.396 1	1.439 2	1.483 1	1.327 4	1.339 2	1.338 5	1.317 7
0.70	1.400 3	1.460 0	1.525 9	1.595 7	1.667 7	1.422 2	1.446 9	1.451 1	1.421 1
0.75	1.511 9	1.609 4	1.721 2	1.842 7	1.970 4	1.558 0	1.614 7	1.635 8	1.594 6
0.80	1.666 7	1.840 7	2.052 4	2.290 1	2.545 5	1.778 9	1.929 4	2.013 5	1.970 7
0.85	1.898 3	2.261 4	2.744 0	3.312 1	3.939 7	2.243 8	2.749 9	3.121 1	3.189 5
0.90	2.294 2	3.332 7	4.930 4	6.935 3	9.230 8	3.931 5	6.574 1	8.970 9	10.427 1

参考文献

[1] Ackeret, J.:"Über Luftkräfte bei sehr grossen Gescwindigkeiten insbesondere bei ebenen Strömungen".

Helvetia Physica Acta, Vol. 1, fasc. 5, pp. 301 – 322 (1928)

[2] Hantzsche, W. and Wendt, H. : "Der Kompressibilitätseinfluss für dünne wenig gekrümmte Profile bei Unterschallgeschwindigkeit". ZAMM, Bd. 22, Nr. 2, pp. 72 – 86 (1942)

[3] Hantzsche, W. : "Die Prandtl Glauertsche Näherung als Grundlage für ein Iterationsverfahren zur Berechnung kompressibler Unterschallströmungen". ZAMM, Bd. 23, Nr. 4, pp. 185 – 199 (1943)

[4] Kaplan, C. : "The Flow of a Compressible Fluid Past a Curved Surface". NACA ARR No. 3K02 (1943)

[5] Kaplan, C. : "The Flow of a Compressible Fluid Past a Circular Arc Profile". NACA ARR No. L4615 (1944)

[6] Kaplan, C. : "Effect of Compressibility at High Subsonic Velocities on the Lifting Force Acting on an Elliptic Cylinder". NACA TN No. 1118 (1946)

[7] Kaplan, C. : "Effect of Compressibility at High Subsonic Velocities on the Moment Acting on an Elliptic Cylinder". NACA TN No. 1218 (1947)

[8] Glauert, H. : "The Effect of Compressibility on the Lift of an Airfoil". British R. & M. No. 1135 (1927)

[9] Prandtl, L. : "Über Strömungen, deren Geschwindigkeiten mit der Schallgeschwindigkeit vergleichbar sind". J. Aeronaut. Res. Inst. Tokyo Imp. Univ. , No. 6, p. 14 (1930)

[10] Gothert, B. : "Ebene und räumliche Strömung bei hohen Unterschallgeschwindigkeit (Erweiterung der Prandtlschen Regel)". Bericht 127 der Lilienthal Genellschaft für Luftfahrtforschung, pp. 97 – 101 (1940). Also available as NACA TM No. 1105.

[11] Goldstein, S. and Young, A. D. : "The Linear Perturbation Theory of Compressible Flow with Applications to Wind Tunnel Interference". British R. & M. No. 1909 (1943)

[12] Tsien, H. S. and Lees, L. : "The Glauert-Prandtl Approximation for Subsonic Flows of a Compressible Fluid". J. Aeronaut. Sci. , Vol. 12, No. 2, pp. 173 – 187 (1945)

[13] Lees, L. : "A Discussion of the Application of the Prandtl-Glauert Method to Subsonic Compressible Flow over a Slender Body of Revolution". NACA TN No. 1127 (1946)

第7章　速度图法和卡门-钱近似

正确求解可压缩流微分方程的难点在于方程的非线性特性。在第5章和第6章中,我们研究了将基本方程线性化所得到的近似解。在本章中,我们将首先证明,在二维流动的情况下,方程也可以通过使用速度分量(u, v)代替空间坐标(x, y)作为自变量进行线性化。这就是速度图法。

例如,对于椭圆绕流,"零"流线包含椭圆。现在我们只考虑(x, y)平面的上半部分,将远离椭圆的点标为1,前驻点标为2,顶点标为3,后驻点标为4(见图7.1)。然后在速度图平面上,零流线的起点$u=U$,对应于无穷远处的速度。在点2,速度为零;因此,速度图平面上点2为原点。零流线在物理平面上沿着x轴,因此不改变方向。故在速度图平面中,这部分流线由u轴从原点到$u=U$的部分给出。在点3,速度再次平行于x轴;因此在速度图平面中,点3再次位于u轴上。但其速度远大于自由流速度U,所以在u轴上点3越过点1。在点2和点3之间,速度向上倾斜,使在速度图平面中,这部分流线位于u轴上方。在点3和点4之间,速度向下倾斜,因此在速度图平面中,这部分流线位于u轴下方。其他流线沿其路径具有较小的最大速度,故在速度图平面上位于零流线内(见图7.2)。

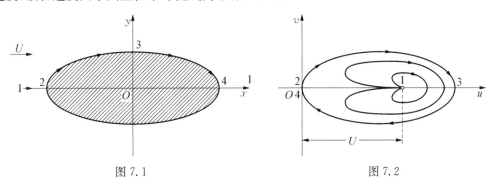

图 7.1　　　　　　　　　　　　　　　图 7.2

从这个讨论中我们不难发现,从速度图平面的解中,确实很难看出物理平面中相应的固体边界。事实上,正如我们将在本章后面所看到的那样,从速度平面到物理平面的转换确实非常复杂。这是用速度图法求解边界问题的主要难点。此外,速度图平面上奇点1的存在以及物理平面的一半对应于整个速度图平面的事实带来了数学上的难题,这是需要极大的技巧和细心方能解决的难题。基于这些原因,我们在本章中将只讨论这种方法的一个简单应用——卡门-钱近似。

7.1　速度图变量法的基本方程组

速度势φ和流函数ψ由以下方程定义:

$$u = \frac{\partial \varphi}{\partial x}, \quad v = \frac{\partial \varphi}{\partial y} \tag{7.1}$$

和

$$\frac{\rho}{\rho_0}u=\frac{\partial \psi}{\partial y}, \quad \frac{\rho}{\rho_0}v=-\frac{\partial \psi}{\partial x} \tag{7.2}^{\dagger}$$

这些方程表现了流动的无旋性和连续性。动力学方程和能量方程由满足如下的伯努利方程：

$$\frac{1}{2}q^2+\int \frac{\mathrm{d}p}{\rho}=常数 \tag{7.3}$$

且具有指定的 $p=p(\rho)$ 关系。根据这些信息，我们希望推导出以 φ、ψ 作为因变量，(u,v) 作为自变量的方程。采用平面极坐标表达速度图平面更方便，即

$$\begin{cases} u=q\cos\theta \\ v=q\sin\theta \end{cases} \tag{7.4}$$

式中，θ 为速度矢量相对于 x 轴的倾角。

由式(7.1)、式(7.2)和式(7.4)，我们可以得到

$$\begin{aligned} \mathrm{d}\varphi &=\frac{\partial \varphi}{\partial x}\mathrm{d}x+\frac{\partial \varphi}{\partial y}\mathrm{d}y \\ &=q(\cos\theta\mathrm{d}x+\sin\theta\mathrm{d}y) \end{aligned}$$

和

$$\mathrm{d}\psi=\frac{\rho}{\rho_0}q(-\sin\theta\mathrm{d}x+\cos\theta\mathrm{d}y)$$

我们现在可以解这个方程组的 $\mathrm{d}x$ 和 $\mathrm{d}y$ 了。结果如下：

$$\begin{cases} \mathrm{d}x=\dfrac{\cos\theta}{q}\mathrm{d}\varphi-\dfrac{\rho_0}{\rho}\dfrac{\sin\theta}{q}\mathrm{d}\psi \\ \mathrm{d}y=\dfrac{\sin\theta}{q}\mathrm{d}\varphi+\dfrac{\rho_0}{\rho}\dfrac{\cos\theta}{q}\mathrm{d}\psi \end{cases} \tag{7.5}$$

我们现在将 φ 和 ψ 看作是新的自变量 q 和 θ 的函数，则

$$\mathrm{d}\varphi=\frac{\partial \varphi}{\partial q}\mathrm{d}q+\frac{\partial \varphi}{\partial \theta}\mathrm{d}\theta \tag{7.6}$$

和

$$\mathrm{d}\psi=\frac{\partial \psi}{\partial q}\mathrm{d}q+\frac{\partial \psi}{\partial \theta}\mathrm{d}\theta \tag{7.7}$$

那么

---

† 式(7.2)中用驻点的密度 ρ_0 代替第 6 章中的 ρ^0。

$$dx = \left(\frac{\cos\theta}{q}\ \frac{\partial\varphi}{\partial q} - \frac{\rho_0}{\rho}\ \frac{\sin\theta}{q}\ \frac{\partial\psi}{\partial q}\right)dq + \left(\frac{\cos\theta}{q}\ \frac{\partial\varphi}{\partial\theta} - \frac{\rho_0}{\rho}\ \frac{\sin\theta}{q}\ \frac{\partial\psi}{\partial\theta}\right)d\theta$$

$$dy = \left(\frac{\sin\theta}{q}\ \frac{\partial\varphi}{\partial q} + \frac{\rho_0}{\rho}\ \frac{\cos\theta}{q}\ \frac{\partial\psi}{\partial q}\right)dq + \left(\frac{\sin\theta}{q}\ \frac{\partial\varphi}{\partial\theta} + \frac{\rho_0}{\rho}\ \frac{\cos\theta}{q}\ \frac{\partial\psi}{\partial\theta}\right)d\theta \qquad (7.8)$$

现在让我们构建 $dx + idy = dz$

$$dz = e^{i\theta}\left[\left(\frac{1}{q}\ \frac{\partial\varphi}{\partial q} + i\ \frac{\rho_0}{\rho}\ \frac{1}{q}\ \frac{\partial\psi}{\partial q}\right)dq + \left(\frac{1}{q}\ \frac{\partial\varphi}{\partial\theta} + i\ \frac{\rho_0}{\rho}\ \frac{1}{q}\ \frac{\partial\psi}{\partial\theta}\right)d\theta\right]$$

那么

$$\frac{\partial z}{\partial q} = e^{i\theta}\left(\frac{1}{q}\ \frac{\partial\varphi}{\partial q} + i\ \frac{\rho_0}{\rho}\ \frac{1}{q}\ \frac{\partial\psi}{\partial q}\right), \qquad \frac{\partial z}{\partial\theta} = e^{i\theta}\left(\frac{1}{q}\ \frac{\partial\varphi}{\partial\theta} + i\ \frac{\rho_0}{\rho}\ \frac{1}{q}\ \frac{\partial\psi}{\partial\theta}\right)$$

由于 ρ 只是 q 的函数，而不是 θ 的函数，所以我们通过微分获得关于 θ 的第一个表达式为

$$\frac{\partial^2 z}{\partial q\partial\theta} = e^{i\theta}\left[\left(\frac{1}{q}\ \frac{\partial^2\theta}{\partial q\partial\theta} - \frac{\rho_0}{\rho}\ \frac{1}{q}\ \frac{\partial\psi}{\partial q}\right) + i\left(\frac{\rho_0}{\rho}\ \frac{1}{q}\ \frac{\partial^2\psi}{\partial q\partial\theta} + \frac{1}{q}\ \frac{\partial\varphi}{\partial q}\right)\right]$$

同样地，有

$$\frac{\partial^2 z}{\partial\theta\partial q} = e^{i\theta}\left\{\left(\frac{1}{q}\ \frac{\partial^2\varphi}{\partial\theta\partial q} - \frac{1}{q^2}\ \frac{\partial\varphi}{\partial\theta}\right) + i\left[\frac{\rho_0}{\rho}\ \frac{1}{q}\ \frac{\partial^2\psi}{\partial\theta\partial q} + \frac{d}{dq}\left(\frac{\rho_0}{\rho}\ \frac{1}{q}\right)\frac{\partial\psi}{\partial\theta}\right]\right\}$$

但是，由于 $\dfrac{\partial^2 z}{\partial q\partial\theta} = \dfrac{\partial^2 z}{\partial\theta\partial q}$，通过分离实部和虚部，可得

$$\begin{cases} \dfrac{\rho_0}{\rho}\ \dfrac{\partial\psi}{\partial q} = \dfrac{1}{q}\ \dfrac{\partial\varphi}{\partial\theta} \\[3mm] \dfrac{\partial\varphi}{\partial q} = q\ \dfrac{d}{dq}\left(\dfrac{\rho_0}{\rho}\ \dfrac{1}{q}\right)\dfrac{\partial\psi}{\partial\theta} \end{cases} \qquad (7.9)$$

利用伯努利方程式(7.3)，可以用不同的方式表达式(7.9)第二个方程右边的第一个因子，得到

$$q\ \frac{d}{dq}\left(\frac{\rho_0}{\rho}\ \frac{1}{q}\right) = \frac{d}{dq}\left(\frac{\rho_0}{\rho}\right) - \frac{\rho_0}{\rho}\ \frac{1}{q} = -\frac{\rho_0}{\rho}\ \frac{1}{q}\left(1 + \frac{q}{\rho}\ \frac{d\rho}{dq}\right)$$

但是，将式(7.3)相对于 q 进行微分，我们得到

$$q + \frac{1}{p}\ \frac{dp}{d\rho}\ \frac{d\rho}{dq} = 0$$

或者

$$\frac{q}{\rho}\ \frac{d\rho}{dq} = -\frac{q^2}{\dfrac{dp}{d\rho}} = -\frac{q^2}{a^2} = -Ma^2 \qquad (7.10)$$

因此

$$q\,\frac{\mathrm{d}}{\mathrm{d}q}\left(\frac{\rho_0}{\rho}\,\frac{1}{q}\right)=-\left(1-Ma^2\right)\frac{\rho_0}{\rho}\,\frac{1}{q} \tag{7.11}$$

于是，式(7.9)可以写成

$$\begin{cases}\dfrac{\rho_0}{\rho}\,\dfrac{\partial\psi}{\partial q}=\dfrac{1}{q}\,\dfrac{\partial\varphi}{\partial\theta}\\[3mm]-\dfrac{\rho_0}{\rho}\left(1-Ma^2\right)\dfrac{1}{q}\,\dfrac{\partial\psi}{\partial\theta}=\dfrac{\partial\varphi}{\partial q}\end{cases} \tag{7.12}$$

这组方程还可以利用无旋性和连续性概念以**另一种更直接的方式推导出来**[†]。

考虑两条相邻的流线 ψ 和 $\psi+\mathrm{d}\psi$ 以及两条相邻的速度势 φ 和 $\varphi+\mathrm{d}\varphi$。设沿 ψ 的速度势之间的距离用 $\mathrm{d}s$ 表示，沿 φ 的流线之间的距离用 $\mathrm{d}n$ 表示。此外，设流线的曲率为 $\dfrac{1}{R}$。如果沿 ψ 的速度为 q，则沿 $\psi+\mathrm{d}\psi$ 的速度为 $q+\dfrac{\partial q}{\partial n}\mathrm{d}n$。沿 $\psi+\mathrm{d}\psi$ 的速度势之间的距离为 $\mathrm{d}s+\dfrac{\mathrm{d}s}{R}\mathrm{d}n$（见图7.3和图7.4）。因此，沿微面积 $\mathrm{d}s\cdot\mathrm{d}n$ 边界的环量为

$$q\,\mathrm{d}s-\left(q+\frac{\partial q}{\partial n}\mathrm{d}n\right)\left(\mathrm{d}s+\frac{\mathrm{d}s}{R}\mathrm{d}n\right)$$

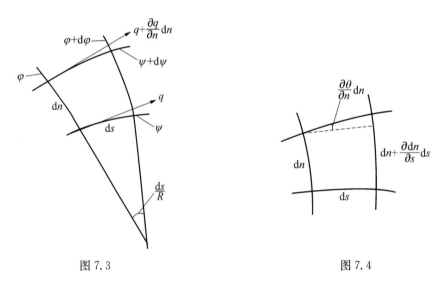

图7.3　　　　　　　　　　　　图7.4

这等于涡度 ω_3 乘以面积 $\mathrm{d}s\,\mathrm{d}n$。

因此

$$\omega_3\,\mathrm{d}s\,\mathrm{d}n=-\left(\frac{\partial q}{\partial n}+\frac{q}{R}\right)\mathrm{d}s\,\mathrm{d}n-\frac{\partial q}{\partial n}\,\frac{1}{R}\,\mathrm{d}s\,\mathrm{d}n\,\mathrm{d}n$$

[†] 由冯·卡门于1941年推导，见本章参考文献。

或者

$$\omega_3 = -\left(\frac{\partial q}{\partial n} + \frac{q}{R}\right) - \frac{\partial q}{\partial n}\frac{1}{R}\mathrm{d}n$$

当 $\mathrm{d}n \to 0$ 时,我们得到

$$\omega_3 = -\left(\frac{\partial q}{\partial n} + \frac{q}{R}\right)$$

但是由于无旋性,$\omega_3 = 0$,同时,$\dfrac{1}{R} = -\dfrac{\partial \theta}{\partial S}$,因此有

$$\frac{\partial q}{\partial n} - q\frac{\partial \theta}{\partial s} = 0 \tag{7.13}$$

由式(2.34)可知,连续性方程要求

$$\frac{\mathrm{d}A}{A} = -(1 - Ma^2)\frac{\mathrm{d}q}{q}$$

沿横截面积为 A 的流管。这里 A 等于 $\mathrm{d}n$。所以,我们得到

$$\frac{1}{\mathrm{d}n}\frac{\partial(\mathrm{d}n)}{\partial s} = -(1 - Ma^2)\frac{\partial q}{\partial s}$$

但是

$$\frac{\partial \mathrm{d}n}{\partial s}\mathrm{d}s = \frac{\partial \theta}{\partial n}\mathrm{d}n\,\mathrm{d}s$$

因此

$$\frac{\partial \theta}{\partial n} = -(1 - Ma^2)\frac{\partial q}{\partial s} \tag{7.14}$$

式(7.13)和式(7.14)表达了可压缩无旋流动的基本关系。为了引入势函数 φ 和流函数 ψ,我们注意到

$$q\,\mathrm{d}s = \mathrm{d}\varphi$$

和

$$\frac{\rho}{\rho_0}q\,\mathrm{d}n = \mathrm{d}\psi$$

或者

$$\mathrm{d}s = \frac{1}{q}\mathrm{d}\varphi$$

和

$$\mathrm{d}n = \frac{1}{q} \frac{\rho_0}{\rho} \mathrm{d}\psi$$

通过将这些关系代入式(7.13)和式(7.14),我们得到

$$\begin{cases} \dfrac{1}{q} \dfrac{\rho}{\rho_0} \dfrac{\partial q}{\partial \psi} = \dfrac{\partial \theta}{\partial \varphi} \\[3mm] \dfrac{\rho}{\rho_0} \dfrac{\partial \theta}{\partial \psi} = -(1 - Ma^2) \dfrac{1}{q} \dfrac{\partial q}{\partial \varphi} \end{cases} \tag{7.15}$$

现在自变量是 (φ, ψ),因变量是 (q, θ)。因此,与式(7.12)相比,这些变量的角色是相反的。为了逆转依赖关系,我们注意到

$$\frac{\partial q}{\partial q} = 1 = \frac{\partial q}{\partial \varphi} \frac{\partial \varphi}{\partial q} + \frac{\partial q}{\partial \psi} \frac{\partial \psi}{\partial q}$$

$$\frac{\partial q}{\partial \theta} = 0 = \frac{\partial q}{\partial \varphi} \frac{\partial \varphi}{\partial \theta} + \frac{\partial q}{\partial \psi} \frac{\partial \psi}{\partial \theta}$$

通过求解 $\dfrac{\partial q}{\partial \varphi}$ 和 $\dfrac{\partial q}{\partial \psi}$,我们得到

$$\frac{\partial q}{\partial \varphi} = \frac{\dfrac{\partial \psi}{\partial \theta}}{J}, \quad \frac{\partial q}{\partial \psi} = -\frac{\dfrac{\partial \varphi}{\partial \theta}}{J} \tag{7.16}$$

式中,J 为 $\dfrac{\partial(\varphi, \psi)}{\partial(q, \theta)}$,$J = \dfrac{\partial \varphi}{\partial q} \dfrac{\partial \psi}{\partial \theta} - \dfrac{\partial \psi}{\partial q} \dfrac{\partial \varphi}{\partial \theta}$

类似地,我们得到

$$\frac{\partial \theta}{\partial \varphi} = -\frac{\dfrac{\partial \psi}{\partial q}}{J}, \quad \frac{\partial \theta}{\partial \psi} = \frac{\dfrac{\partial \varphi}{\partial q}}{J} \tag{7.17}$$

将式(7.16)和式(7.17)代入式(7.15),我们再次得到式(7.12)。

7.2 速度图平面中的问题表述

式(7.12)是速度图法的基本方程。为了得到 ψ 的微分方程,我们可以从方程中消去 φ。将 $\dfrac{\partial \varphi}{\partial \theta}$ 相对于 q 进行微分,我们得到

$$\frac{\partial^2 \varphi}{\partial \theta \partial q} = \frac{\partial}{\partial q} \left(\frac{\rho_0}{\rho} q \frac{\partial \psi}{\partial q} \right)$$

将 $\dfrac{\partial \varphi}{\partial q}$ 相对于 θ 进行微分,我们得到

$$\frac{\partial^2 \varphi}{\partial q \partial \theta} = \frac{\partial}{\partial \theta} \left[-\frac{\rho_0}{\rho} (1 - Ma^2) \frac{1}{q} \frac{\partial \psi}{\partial \theta} \right] = -\frac{\rho_0}{\rho} (1 - Ma^2) \frac{1}{q} \frac{\partial^2 \psi}{\partial \theta^2}$$

通过把这两个表达式列为等式,我们得到 ψ 的线性微分方程为

$$\frac{\rho_0}{\rho}q\,\frac{\partial}{\partial q}\left(\frac{\rho_0}{\rho}q\,\frac{\partial \psi}{\partial q}\right)+\left(\frac{\rho_0}{\rho}\right)^2(1-Ma^2)\,\frac{\partial^2 \psi}{\partial \theta^2}=0 \tag{7.18}$$

对于任何流经置于速度为 U 的均匀流中的物体的绕流,式(7.18)必须在 $q=U$, $\theta=0$ 处存在奇点的情况下求解。但除此之外,我们在速度图平面上没有任何规定。边界条件是给定在物理平面内的,其中我们希望在物体表面 ψ 值保持恒定,即流动与物体表面相切。因此,在计算出物理坐标 (x,y) 之前,我们无法预测式(7.18)的解是否令人满意。通过将式(7.12)代入式(7.8)得到下列方程式,然后对下列方程式进行积分从而得到物理坐标。

$$\mathrm{d}x=\frac{\rho_0}{\rho}\,\frac{1}{q}\left\{-\left[(1-Ma^2)\,\frac{\cos\theta}{q}\,\frac{\partial \psi}{\partial \theta}+\sin\theta\,\frac{\partial \psi}{\partial q}\right]\mathrm{d}q+\left(q\cos\theta\,\frac{\partial \psi}{\partial q}-\sin\theta\,\frac{\partial \psi}{\partial \theta}\right)\mathrm{d}\theta\right\}$$

$$\mathrm{d}y=\frac{\rho_0}{\rho}\,\frac{1}{q}\left\{-\left[(1-Ma^2)\,\frac{\sin\theta}{q}\,\frac{\partial \psi}{\partial \theta}-\cos\theta\,\frac{\partial \psi}{\partial q}\right]\mathrm{d}q+\left(q\sin\theta\,\frac{\partial \psi}{\partial q}+\cos\theta\,\frac{\partial \psi}{\partial \theta}\right)\mathrm{d}\theta\right\} \tag{7.19}$$

或者更简洁地从式(7.9)获得:

$$\mathrm{d}z=\mathrm{d}x+\mathrm{i}\,\mathrm{d}y=\frac{\rho_0}{\rho}\,\frac{\mathrm{e}^{\mathrm{i}\theta}}{q}\left\{-\left[(1-Ma^2)\,\frac{1}{q}\,\frac{\partial \psi}{\partial \theta}-\mathrm{i}\,\frac{\partial \psi}{\partial q}\right]\mathrm{d}q+\left(q\,\frac{\partial \psi}{\partial q}+\mathrm{i}\,\frac{\partial \psi}{\partial \theta}\right)\mathrm{d}\theta\right\} \tag{7.20}$$

假设有了 $\psi(q,\theta)$,积分的结果将是作为 (q,θ) 函数的 x、y 或 z。如果满足边界条件,则解 $\psi(q,\theta)$ 是符合要求的。因此,问题是解不能直接得到。这就是速度图法的难点。

7.3　卡门-钱近似

由式(7.18)给出的速度图平面上 ψ 的微分方程虽然是线性的,但仍然很难求解。然而,我们注意到,当 $Ma=0$,且 $\rho_0/\rho=1$ 时,即对于不可压缩流动来说,式(7.18)简化为

$$q_i\,\frac{\partial}{\partial q_i}\left(q_i\,\frac{\partial \psi^{(i)}}{\partial q_i}\right)+\frac{\partial^2 \psi^{(i)}}{\partial \theta^2}=0$$

通过下列代换将其进一步简化为拉普拉斯方程

$$\Lambda_i=\int\frac{\mathrm{d}q_i}{q_i} \tag{7.21}$$

于是得到

$$\frac{\partial^2 \psi^{(i)}}{\partial \Lambda_i^2}+\frac{\partial^2 \psi^{(i)}}{\partial \theta^2}=0 \tag{7.22}$$

这是一个极大的简化。如果我们令

$$\Lambda = \int \frac{\rho}{\rho_0} \frac{\mathrm{d}q}{q} \tag{7.23}$$

并且,如果

$$\left(\frac{\rho_0}{\rho}\right)^2 (1 - Ma^2) = 1 \tag{7.24}$$

那么式(7.18)也可以简化为拉普拉斯方程

$$\frac{\partial^2 \psi}{\partial \Lambda^2} + \frac{\partial^2 \psi}{\partial \theta^2} = 0 \tag{7.25}$$

由于到目前为止我们还没有具体说明 $p = p(\rho)$ 关系,我们现在或许会问:什么样的 $p = p(\rho)$ 关系将会使式(7.24)以及式(7.25)成为可能?

现在

$$Ma^2 = \frac{q^2}{a^2} = \frac{q^2}{\dfrac{\mathrm{d}p}{\mathrm{d}\rho}}$$

因此式(7.24)相当于

$$\left[1 - \left(\frac{\rho}{\rho_0}\right)^2\right] \frac{\mathrm{d}p}{\mathrm{d}\rho} = q^2$$

通过这个表达式对 ρ 进行微分,我们得到

$$\left[1 - \left(\frac{\rho}{\rho_0}\right)^2\right] \frac{\mathrm{d}^2 p}{\mathrm{d}\rho^2} - 2\left(\frac{\rho}{\rho_0}\right) \frac{1}{\rho_0} \frac{\mathrm{d}p}{\mathrm{d}\rho} = 2q \frac{\mathrm{d}q}{\mathrm{d}\rho}$$

现在伯努利方程式(7.3)可以对 ρ 进行微分,于是有

$$q \frac{\mathrm{d}q}{\mathrm{d}\rho} + \frac{1}{\rho} \frac{\mathrm{d}p}{\mathrm{d}\rho} = 0$$

通过从上面两个方程中消去 $\dfrac{\mathrm{d}q}{\mathrm{d}\rho}$,我们得到

$$\left[1 - \left(\frac{\rho}{\rho_0}\right)^2\right] \left(\frac{\mathrm{d}^2 p}{\mathrm{d}\rho^2} + \frac{2}{\rho} \frac{\mathrm{d}p}{\mathrm{d}\rho}\right) = 0 \tag{7.26}$$

因此,为了使式(7.24)成立,必须满足式(7.26)。这意味着,要么

$$1 - (\rho/\rho_0)^2 = 0, \quad \rho = \rho_0 = 常数 \tag{7.27}$$

要么

$$\frac{\mathrm{d}^2 p}{\mathrm{d}\rho^2} + \frac{2}{\rho} \frac{\mathrm{d}p}{\mathrm{d}\rho} = 0 \tag{7.28}$$

由式(7.27)所代表的情况是不可压缩流的平凡情况,我们不需要进一步考虑它。然而,式

(7.28)却是引人关注的。式(7.28)可以写成

$$\frac{d}{d\rho}\left(\log\frac{dp}{d\rho}\right)=-\frac{2}{\rho}$$

或者

$$\frac{dp}{d\rho}=\frac{B}{\rho^2} \tag{7.29}$$

通过又一次积分,我们得到了期望的 $p=p(\rho)$ 关系:

$$p=A-\frac{B}{\rho} \tag{7.30}$$

如果 B 为正值,那么这个 $p=p(\rho)$ 关系在 $p\text{-}V$ 图中给出一条斜率为负的直线(见图 7.5)。目前已知没有任何真实气体具有这种特殊的 $p\text{-}V$ 关系。然而,正如 Demtchenko 首先指出的那样,这条直线可以与真实气体的真实等熵曲线相切,因此它可以很好地近似接近切点条件下的真实气体。

对于计算机翼绕流的应用,我们尤其关注的是抽吸区域,即压力小于自由流压力 p^0、密度小于自由流密度 ρ^0 的区域。正是考虑到这一事实,冯·卡门和钱学森建议,切点应该是对应于自由流条件的点。于是,由式(7.29)就可以得到

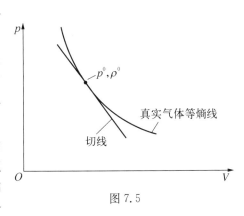

图 7.5

$$B=\rho^2 a^2-\rho^{0^2}a^{0^2}=\rho_0{}^2a_0{}^2 \tag{7.31}$$

这里我们必须记住,只有 ρ^0、a^0 是真正流体的量。ρ 和 a 的所有其他值都是通过近似 $p(\rho)$ 关系计算出来的近似值。

现在可以显式计算伯努利方程中的积分。借助于式(7.31),有

$$\int\frac{dp}{\rho}=\int_0\frac{dp}{d\rho}\frac{1}{\rho}d\rho=\int_0\frac{a^2}{\rho}d\rho$$

$$=\rho_0{}^2a_0{}^2\int_0\frac{d\rho}{\rho^3}=\rho_0{}^2a_0{}^2\left[-\frac{1}{2}\frac{1}{\rho^2}\right]_0=\rho_0{}^2a_0{}^2\frac{1}{2}\left(\frac{1}{\rho_0{}^2}-\frac{1}{\rho^2}\right)$$

因此,伯努利方程给出

$$q^2+\rho_0{}^2a_0{}^2\left(\frac{1}{\rho_0{}^2}-\frac{1}{\rho^2}\right)=0$$

或者

$$\left(\frac{\rho_0}{\rho}\right)^2=1+\frac{q^2}{a_0{}^2} \tag{7.32}$$

那么,式(7.31)也给出

$$\left(\frac{\rho}{\rho_0}\right)^2 = 1 - \frac{q^2}{a^2} = 1 - Ma^2 \tag{7.33}$$

这清楚地表明,式(7.24)规定的条件得到了满足。

式(7.32)表明:随速度 q 的增加流体密度减小。式(7.31)则要求声速 a 随 q 的增大而增大。流体的这一性质与真实流体相矛盾。然而,式(7.33)表明马赫数 Ma 实际上随着 q 的增大而增大。但由于 $(\rho/\rho_0)^2$ 始终为正,局部马赫数 Ma 必须保持亚声速。因此,在这种近似下永远不可能有任何跨声速流动。

7.4　速度和压力修正公式

在上一节中,我们发现了一个特殊的近似关系 $p(\rho)$,它可将以 Λ 和 θ 表示的 ψ 的微分方程简化为与不可压缩流中以 Λ_i 和 θ 表示的 $\psi^{(i)}$ 相同的形式。这一事实不仅大大简化了 ψ 的求解,而且更重要的是,它开辟了一种在 (x,y) 平面内构造满足所需物理边界条件的解 ψ 的方法。具体来说,如果我们在期望的物体形状周围有了不可压缩解 $\psi^{(i)}(x,y)$,我们首先将这个解转化为速度图变量 Λ_i 和 θ。这就是 $\psi^{(i)}(\Lambda_i, \theta)$。然后我们将可压缩解 ψ 构造为

$$\psi = \psi^{(i)}(\Lambda, \theta) \tag{7.34}$$

在此使用

$$\Lambda = \Lambda_i \tag{7.35}$$

即我们只要用 Λ 简单替换不可压缩解中的 Λ_i 即可。由于 $\psi^{(i)}$ 满足式(7.22),所以 ψ 满足式(7.25)。如果我们做额外的限制,即

$$当\ Ma^0 \to 0\ 时,q \to q_i \tag{7.36}$$

那么,如此构造的可压缩解的参数为 Ma^0,进而

$$当\ Ma^0 \to 0\ 时,\psi(q, \theta) \to \psi^{(i)}(q_i, \theta)$$

这就意味着物体形状在可压缩流中和不可压缩流中是相似的。在可压缩流动中,虽然我们可能无法得到期望的形状,但是肯定不会相差太多。

我们注意到

$$\Lambda_i = \log q_i \tag{7.37}$$

于是,由于式(7.35),我们从式(7.32)得到

$$\log q_i = \int \frac{\rho}{\rho_0} \frac{\mathrm{d}q}{q} = \int \frac{\mathrm{d}q}{q\sqrt{1 + \frac{q^2}{a_0^2}}}$$

因此,

$$\log q_i = \frac{1}{2} \int \frac{\mathrm{d}\left(\frac{q^2}{a_0^2}\right)}{\frac{q^2}{a_0^2}\sqrt{1 + \frac{q^2}{a_0^2}}} = \frac{1}{2} \log \frac{\sqrt{1 + \frac{q^2}{a_0^2}} - 1}{\sqrt{1 + \frac{q^2}{a_0^2}} + 1} + \log(Ca_0)$$

式中, C 为积分常数。所以

$$q_i = \frac{Cq}{\sqrt{1 + \dfrac{q^2}{a_0{}^2}} + 1}$$

现在为了满足式(7.35), 当 $a_0 \to \infty$ 时, $q = q_i$, 因此, $C = 2$, 并且, 最后

$$q_i = \frac{2q}{\sqrt{1 + \dfrac{q^2}{a_0{}^2}} + 1} \tag{7.38}$$

反过来,

$$q = \frac{4a_0{}^2 q_i}{4a_0{}^2 - q_i{}^2} \tag{7.39}$$

现在我们必须确定 a_0。 如果 U 是可压缩流的自由流速度, U_i 是不可压缩流的自由流速度, 那么

$$U = \frac{4a_0{}^2 U_i}{4a_0{}^2 - U_i{}^2} \tag{7.40}$$

将式(7.39)除以式(7.40), 得

$$\frac{q}{U} = \frac{q_i}{U_i} \frac{1 - \lambda}{1 - \lambda \left(\dfrac{q_i}{U_i}\right)^2} \tag{7.41}$$

其中

$$\lambda = U_i{}^2 / 4a_0{}^2$$

但是式(7.38)表明

$$U_i = \frac{2U}{\sqrt{1 + \left(\dfrac{U}{a_0}\right)^2} + 1}$$

因此

$$\lambda = \left[\frac{U/a_0}{\sqrt{1 + \left(\dfrac{U}{a_0}\right)^2} + 1} \right]^2$$

另一方面, 根据式(7.31)和式(7.33), 有

$$\left(\frac{a_0}{a^0}\right)^2 = 1 - \left(\frac{U}{a^0}\right)^2 = 1 - Ma^{0^2}$$

故而

$$\lambda = \frac{Ma^{0^2}}{(1+\sqrt{1-Ma^{0^2}})^2} \tag{7.42}$$

于是,式(7.41)和式(7.42)通过参数 Ma^{0^2}(即自由流马赫数)将速度比 q/U 与相应的不可压缩值 q_i/U_i 相关联,于是,构成了速度修正公式。

为了得到压力系数 C_p 的类似公式,我们注意到,根据式(7.30),有

$$p-p^0 = a^{0^2}\rho^0\left[1-\left(\frac{\rho^0}{\rho}\right)\right]$$

因此

$$C_p = \frac{p-p^0}{\frac{1}{2}\rho^0 U^2} = \frac{2}{Ma^{0^2}}\left[1-\left(\frac{\rho^0}{\rho_0}\right)\left(\frac{\rho_0}{\rho}\right)\right] \tag{7.43}$$

但是式(7.33)给出

$$\frac{\rho^0}{\rho_0} = \sqrt{1-Ma^{0^2}} \tag{7.44}$$

式(7.32)和式(7.39)给出

$$\left(\frac{\rho_0}{\rho}\right)^2 = 1+\frac{q^2}{a_0^2} = 1+\left(\frac{4a_0 q_i}{4a_0^2-q_i^2}\right)^2 = \left(\frac{4a_0^2+q_i^2}{4a_0^2-q_i^2}\right)^2 \tag{7.45}$$

或者

$$\frac{\rho_0}{\rho} = \frac{1+\lambda\left(\dfrac{q_i}{U_i}\right)^2}{1-\lambda\left(\dfrac{q_i}{U_i}\right)^2}$$

于是,式(7.43)可以改写为

$$C_p = \frac{2}{Ma^{0^2}}\left[1-\sqrt{1-Ma^{0^2}}\,\frac{1+\lambda\left(\dfrac{q_i}{U_i}\right)^2}{1-\lambda\left(\dfrac{q_i}{U_i}\right)^2}\right] \tag{7.46}$$

但根据式(2.40),对于不可压缩流动,压力系数 C_p 为

$$C_{p_i} = 1-\left(\frac{q_i}{U_i}\right)^2 \tag{7.47}$$

因此式(7.46)和式(7.47)直接给出压力修正公式为

$$C_p = \frac{2}{Ma^{0^2}} \left[1 - \sqrt{1 - Ma^{0^2}} \, \frac{(1+\lambda) - \lambda C_{p_i}}{(1-\lambda) + \lambda C_{p_i}} \right]$$

$$= \frac{2}{Ma^{0^2}} \left[\frac{(1-\lambda) - (1+\lambda)\sqrt{1 - Ma^{0^2}} + \lambda(1 + \sqrt{1 - Ma^{0^2}}) C_{p_i}}{(1-\lambda) + \lambda C_{p_i}} \right]$$

借助于式(7.42)进行简化,我们最终得到

$$C_p = \frac{C_{p_i}}{\sqrt{1 - Ma^{0^2}} + \dfrac{Ma^{0^2}}{1 + \sqrt{1 - Ma^{0^2}}} \dfrac{C_{p_i}}{2}} \tag{7.48}$$

这就是著名的卡门-钱压力修正公式。数值如图 7.6 所示[①]。

7.5　坐标校正

我们现在来看看卡门-钱近似中的最后一个任务。速度和压力修正公式将可压缩流和不可压缩流在第三个修正公式,即坐标修正公式所指定的两个流场中的点的值联系起来。换句话说,假设 (x, y) 为可压缩流中的点,(x_i, y_i) 为不可压缩流中的点,那么我们需要推导出一个公式将 $z = x + iy$ 和 $z_i = x_i + iy_i$ 联系起来。

我们知道对于不可压缩流体而言,复速度势是共轭复速度的函数。也就是说,

$$\varphi_i + i\psi_i = F(\bar{w}_i) \quad \text{和} \quad \bar{w}_i = \frac{\mathrm{d}F}{\mathrm{d}z_i} \tag{7.49}$$

其中

$$\bar{w}_i = u_i - iv_i = q_i \mathrm{e}^{-i\theta} \tag{7.50}$$

在卡门-钱近似中,我们采用

$$\begin{cases} \varphi + i\psi = F(\bar{w}_i) \\ \varphi - i\psi = \overline{F}(w_i) \end{cases} \tag{7.51}$$

式中,$w_i = q_i \mathrm{e}^{i\theta}$,$q_i$ 通过式(7.38)与可压缩流速度 q 相关联。借助于式(7.39)和式(7.45),我们可以将式(7.5)这一通式写成如下形式:

$$\mathrm{d}x = \frac{\cos\theta}{4a_0^2 q_i}(4a_0^2 - q_i^2)\mathrm{d}\varphi - \frac{\sin\theta}{4a_0^2 q_i}(4a_0^2 + q_i^2)\mathrm{d}\psi$$

$$\mathrm{d}y = \frac{\sin\theta}{4a_0^2 q_i}(4a_0^2 - q_i^2)\mathrm{d}\varphi + \frac{\cos\theta}{4a_0^2 q_i}(4a_0^2 + q_i^2)\mathrm{d}\psi$$

因此

---

① 图 7.6 中未见 C_{p_i},多了 Ma_i,与式(7.48)不一致。——译注

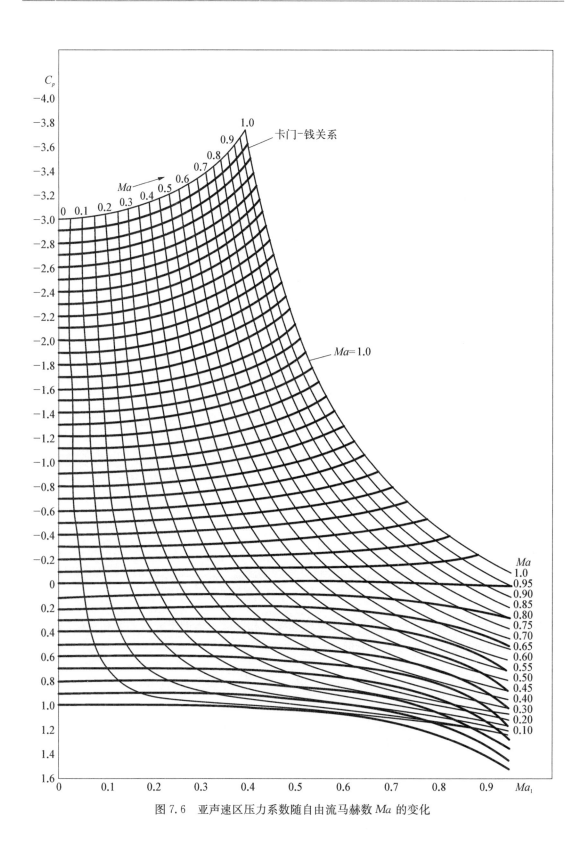

图 7.6 亚声速区压力系数随自由流马赫数 Ma 的变化

$$dz = dx + idy = \frac{e^{i\theta}}{q_i}\left[\left(1 - \frac{q_i^2}{4a_0^2}\right)d\varphi + i\left(1 + \frac{q_i^2}{4a_0^2}\right)d\psi\right]$$

$$= \frac{dF}{q_i e^{-i\theta}} - \frac{U_i^2}{4a_0^2}\left(\frac{q_i e^{i\theta}}{U_i}\right)^2 \frac{d\overline{F}}{q_i e^{i\theta}}$$

但是,由于

$$q_i e^{-i\theta} = \frac{dF}{dz_i}, \quad q_i e^{i\theta} = \frac{d\overline{F}}{d\overline{z}_i}$$

上面的方程式可以写成

$$dz = dz_i - \lambda\left(\frac{1}{U_i}\frac{d\overline{F}}{d\overline{z}_i}\right)^2 d\overline{z}_i \tag{7.52}$$

让我们引入函数 $G(z_i)$,其定义为

$$F(Z_i) = U_i G(z_i) \tag{7.53}$$

则式(7.52)可以积分为

$$z = z_i - \lambda\int\left(\frac{d\overline{G}}{d\overline{z}_i}\right)^2 d\overline{z}_i \tag{7.54}$$

这就是预期的坐标修正公式,再次以 λ 或 Ma^0 为参数。我们看到,式(7.54)中的积分常数并不改变物体的形状或流型,因为这个常数只会使坐标系的原点发生偏移。

7.6　椭圆柱体绕流的应用

我们现在将所发展的方法应用于椭圆柱体绕流的情况。对于不可压缩流动,可以通过对 ζ 平面内半径为 b 的圆柱体的流动进行茹科夫斯基(Joukowski)变换来生成流型。

$$z_i = \zeta + \frac{1}{\zeta} \tag{7.55}$$

现在,ζ 平面内半径为 b 的圆由 $\zeta_s = be^{i\theta}$ 给出。将其代入到式(7.55)中,圆上的点被转化为

$$z_{i_s} = be^{i\theta} + \frac{1}{b}e^{-i\theta}$$

$$= \left(b + \frac{1}{b}\right)\cos\theta + i\left(b - \frac{1}{b}\right)\sin\theta$$

因此

$$x_{i_s} = \left(b + \frac{1}{b}\right)\cos\theta, \quad y_{i_s} = \left(b - \frac{1}{b}\right)\sin\theta$$

因此,如果消去 θ,我们就得到如下的椭圆方程:

$$\left(\frac{x_{i_s}}{b + \frac{1}{b}}\right)^2 + \left(\frac{y_{i_s}}{b - \frac{1}{b}}\right)^2 = 1$$

　　因此,椭圆的半长轴是 $(b+1/b)$, 椭圆的半短轴是 $(b-1/b)$。厚度比 δ_i 为

$$\delta_i = \frac{b-\dfrac{1}{b}}{b+\dfrac{1}{b}} = \frac{b^2-1}{b^2+1} \tag{7.56}$$

所以, δ_i 随着 b 的增加而增加。

　　ζ 平面内绕半径为 b 的圆的流动如图 7.7 所示,由式(7.57)给出

$$G(\zeta) = \zeta + \frac{b^2}{\zeta} \tag{7.57}$$

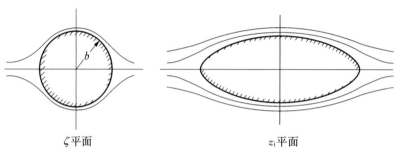

ζ平面　　　　　　　　　　z_i平面

图 7.7

于是

$$\overline{G} = \overline{\zeta} + \frac{b^2}{\overline{\zeta}}$$

并且

$$\frac{\mathrm{d}\overline{G}}{\mathrm{d}\overline{z}_i} = \frac{\mathrm{d}\overline{G}}{\mathrm{d}\overline{\zeta}} \Big/ \frac{\mathrm{d}\overline{z}_i}{\mathrm{d}\overline{\zeta}}$$

因此式(7.54)可以写成

$$Z = Z_i - \lambda \int \frac{\left(\dfrac{\mathrm{d}\overline{G}}{\mathrm{d}\overline{\zeta}}\right)^2}{\left(\dfrac{\mathrm{d}\overline{Z}_i}{\mathrm{d}\overline{\zeta}}\right)^2} \mathrm{d}\overline{\zeta}$$

这个积分不难计算,为

$$\int \frac{\left(\dfrac{\mathrm{d}\overline{G}}{\mathrm{d}\overline{\zeta}}\right)^2}{\left(\dfrac{\mathrm{d}\overline{z}_i}{\mathrm{d}\overline{\zeta}}\right)^2} \mathrm{d}\overline{\zeta} = \int \frac{\left(1-\dfrac{b^2}{\overline{\zeta}^2}\right)^2}{1-\dfrac{1}{\overline{\zeta}^2}} \mathrm{d}\overline{\zeta} = \int \frac{\overline{\zeta}^2 - 2b^2 + \dfrac{b^4}{\overline{\zeta}^2}}{\overline{\zeta}^2 - 1} \mathrm{d}\overline{\zeta}$$

$$= \overline{\zeta} + \frac{b^4}{\overline{\zeta}} + \frac{(b^2-1)^2}{2} \log \frac{\overline{\zeta}-1}{\overline{\zeta}+1}$$

故而,可压缩流的物理平面坐标为

$$z = \left(\zeta + \frac{1}{\zeta}\right) - \lambda\left[\overline{\zeta} + \frac{b^4}{\zeta} + \frac{(b^2-1)^2}{2}\log\frac{\overline{\zeta}-1}{\overline{\zeta}+1}\right] \tag{7.58}$$

对于椭圆表面上的点,$\zeta_s = be^{i\theta}$ 和 $\overline{\zeta}_s = be^{-i\theta}$。
因此

$$z_s = b(\cos\theta + i\sin\theta) + \frac{1}{b}(\cos\theta - i\sin\theta) - \lambda\left[b(\cos\theta - i\sin\theta) + \right.$$
$$\left. b^3(\cos\theta + i\sin\theta) + \frac{(b^2-1)^2}{2}\log\frac{(b\cos\theta - 1) - ib\sin\theta}{(b\cos\theta + 1) - ib\sin\theta}\right] \tag{7.59}$$

通过分离上述方程的实部和虚部,我们可以确定可压缩流中物体的表面坐标。然而,我们对厚度比的变化尤其关注。为此,我们注意到,x_s 的最大值出现在 $\theta = 0$ 处,因此

$$x_{s_{\max}} = \left(b + \frac{1}{b}\right) - \lambda\left[b(b^2+1) + \frac{(b^2-1)^2}{2}\log\frac{b-1}{b+1}\right]$$

类似地,$y_{s_{\max}}$ 出现在 $\theta = \dfrac{\pi}{2}$ 处,并且

$$y_{s_{\max}} = \left(b - \frac{1}{b}\right) - \lambda\left[b(b^2-1) - \frac{(b^2-1)^2}{2}\tan^{-1}\frac{2b}{b^2-1}\right]$$

因此,厚度比 $\delta = y_{s_{\max}}/x_{s_{\max}}$ 为

$$\delta = \delta_i\,\frac{1 - \lambda\left[b^2 - \dfrac{b(b^2-1)}{2}\tan^{-1}\dfrac{2b}{b^2-1}\right]}{1 - \lambda\left[b^2 - \dfrac{b(b^2-1)^2}{2(b^2+1)}\log\dfrac{b+1}{b-1}\right]} \tag{7.60}$$

或者由于式(7.42)所示的 λ 为正,如果

$$\frac{b(b^2-1)}{2}\tan^{-1}\frac{2b}{b^2-1} > \frac{b(b^2-1)^2}{2(b^2+1)}\log\frac{b+1}{b-1}$$

$\delta > \delta_i$,或者,由于 $b > 1$,如果

$$\tan^{-1}\frac{2b}{b^2-1} > \frac{b^2-1}{b^2+1}\log\frac{b+1}{b-1} \tag{7.61}$$

则厚度比 δ 会增加。

让我们研究 δ_i 较小和 δ_i 接近 1 的两种情况。若 δ_i 较小,则 b 非常接近 1,如式(7.56)所示。然后令 $b = 1 + \varepsilon$,ε 是一个小量。于是,

$$\tan^{-1}\frac{2b}{b^2-1} = \tan^{-1}\frac{1+\varepsilon}{\varepsilon\left(1+\dfrac{\varepsilon}{2}\right)} \approx \frac{\pi}{2} - \frac{1}{3}\varepsilon^3 + \cdots$$

并且

$$\frac{b^2-1}{b^2+1}\log\frac{b+1}{b-1}=\frac{\varepsilon\left(1+\dfrac{\varepsilon}{2}\right)}{1+\varepsilon+\dfrac{\varepsilon^2}{2}}\log\frac{2\left(1+\dfrac{\varepsilon}{2}\right)}{\varepsilon}$$

$$\approx\varepsilon\log\frac{1}{\varepsilon}+\varepsilon\log 2+\cdots$$

因此,当 δ_i 较小时,满足条件式(7.61),同时, δ 大于 δ_i。

如果 δ_i 接近1,如式(7.56)所示,则 b 非常大。那么

$$\tan^{-1}\frac{2b}{b^2-1}=\tan^{-1}\frac{2\dfrac{1}{b}}{1-\dfrac{1}{b^2}}\approx\frac{2}{b}\left(1+\frac{5}{3}\frac{1}{b^2}+\cdots\right)$$

并且

$$\frac{b^2-1}{b^2+1}\log\frac{b+1}{b-1}\approx\frac{2}{b}\left(1-\frac{5}{3}\frac{1}{b^2}+\cdots\right)①$$

因此,这里再次满足条件式(7.61),而且 $\delta>\delta_i$。

我们由此得出结论:在所有情况下,可压缩流中物体的厚度比都大于不可压缩流中物体的厚度比。因此,如果我们忽略了从不可压缩流到可压缩流时厚度比的增加,我们就会高估了可压缩性效应,因为我们知道,物体越厚,抽吸压力越大。另一方面,由于我们用切线来近似真正的等熵 p-V 曲线,我们降低了流体的可压缩性,因此低估了可压缩性效应。这种情况表明向实际应用迈进了重要一步。我们可以将速度和压力修正式(7.41)和式(7.48)应用于同一物体的同一表面点,忽略坐标校正,从而让两个方向相反的误差相互补偿。这确实就是卡门-钱近似的使用方法。我们将在下一章讨论细节。

7.7　卡门-钱近似的进一步发展

尽管在椭圆柱体的绕流中并不明显,但如果不可压缩体周围存在环量,那么坐标修正式(7.54)将不会得到闭合的实体周线。这一数学缺陷首先由 Bers 通过推广变换来弥补。然而,后来 Lin 用更简单的方法做出了更令人满意的理论。这些改进使理论更加完整,在数学上更容易接受。

本方法的另一个推广是由 Poritsky 提出的,他使用一系列直线段来获得与等熵 p-V 曲线更接近的近似。然而,计算变得复杂得多,因为必须将图中不同直线段对应的解的不同区域连接起来。

---

①　经查,式中级数展开第二项子数有误,应为 $-\dfrac{4}{3}$ 和 $\dfrac{1}{3}$。——译注

参考文献

［1］Demtohenko，B．："Sur les mouvements lents des fluides compressibles". Comptes Rendus，Vol. 194，p. 1218 (1932)

［2］Demtchenko，B．："Variation de la résistance aux faibles vitesses sous l'influence de la compressibité". Comptes Rendus，Vol. 194，p. 1720 (1932)

［3］Busemann，A．："Die Expansionsberichtigung der kontraktionssiffer von Blenken". Forschung a. Geb. In.，Vol. 4，pp. 186 - 187 (1933)

［4］Busemann，A．："Hodographenmethode der Gasdynamik". ZAMM，Vol. 17，pp. 73 - 79 (1937)[①]

［5］Tsien，H. S．："Two Dimensional Subsonic Flows of Compressible Fluids". J. Aeronaut. Sci.，Vol. 6，pp. 399 - 407 (1939)

［6］von Kármán，Th．："Compressibility Effects in Aerodynamics". J. Aeronaut. Sci.，Vol. 8，pp. 337 - 356 (1941)

［7］Tamada，K．："Application of the Hodograph Method to the Flow of a Compressible Fluid Past a Circular Cylinder". Proc. Phys. -Math. Soc. Japan (3)，Vol. 22，pp. 208 - 219 (1940)

［8］Bers，L．："On a Method of Constructing Two Dimensional Subsonic Compressible Flows Around a Closed Profile". NACA TN No. 969 (1945)

［9］Lin，C. C．："On an Extension of the von Kármán-Tsien Method to Two Dimensional Subsonic Flows with Circulation Around Closed Profiles". Quart. Appl. Math.，Vol. 4，pp. 291 - 297 (1946)

［10］Poritsky，H．："Polygonal Approximation Method in the Hodograph Plane". Reprint ASME Applied Mechanics Division Meeting，June 19 - 20 (1948)

---

① 原稿此处卷数错误，已修改。——译注

第8章 速度和压力修正公式

在高速飞行器的设计中,了解高速飞行时物体表面绕流的速度和压力分布是至关重要的。然而,这种设计信息很难通过试验来获得,主要是因为第2章中提到的风洞壁面的收缩效应非常大。因此,十分期待一种计算压力分布和气动力的方法,尤其是在飞机的初步设计中。为此最有用的方法是速度和压力修正公式。前面已经提出了各种公式,本章的目的是通过将预测值与试验数据和精确的理论计算进行比较,以便选出最佳公式。然而,试验数据取决于壁面效应,因此我们首先将更深入细致地讨论这个现实情况。

8.1 亚声速流动边界效应的修正

考虑二维风洞中零攻角对称体的情况。假设流体不可压缩,而对称体非常细长。众所周知,在这种情况下,物体可以被沿其弦长的源和汇的分布所代替。如果试验段是封闭的,壁面上的速度必须与弦长平行,即源分布引起的壁面上速度的法向分量必须通过某个映象系统来抵消掉。换句话说,壁面的影响可以从源分布的映象系统来计算,如图 8.1 所示。在这个系统

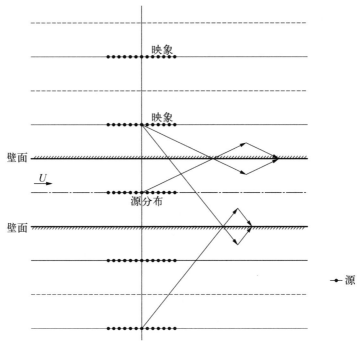

图 8.1

中,壁面上的诱导法向速度分量为零,因此满足边界条件(无跨壁流动)。在试验体上,映象源系统将引入一个附加速度。这可以通过最简单的源-汇计算,即偶极子来图示说明。

如图 8.2 所示,在封闭风洞的情况下,正确的映象是具有相同符号的偶极子,它们在物体的位置诱导出自由流方向的附加速度。因此,在这种情况下,壁面的作用是增加试验体附近的流速。

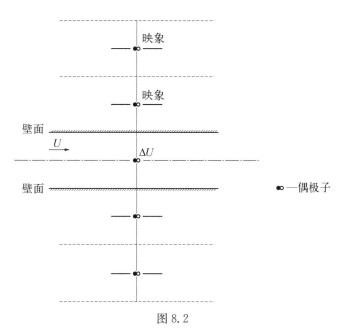

图 8.2

如果与风洞高度相比,试验体的弦长较小,则物体弦长上任何点与映象系统之间的距离大致相同,因为弦站之间的距离与弦站和映象系统之间的正常距离相比较小。因此,允许将映象分布的源和汇合并成单偶极子,如图 8.3 所示。

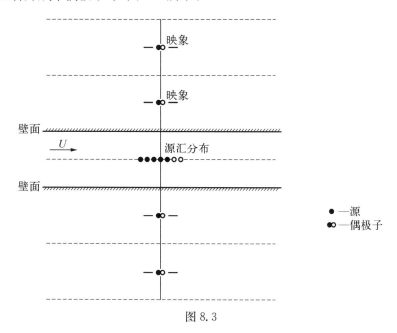

图 8.3

　　此外,由该映象系统产生的干扰速度沿弦长可以认为是恒定的,其垂直于弦长的分量可以忽略不计。如果 U 为来流速度或风洞速度,ΔU 为干扰速度,u 和 v 是由于弦长上的源分布引起的诱导速度分量,那么,物体表面上的有效速度在风洞轴线方向上的分量等于 $U+\Delta U+u=U(1+\Delta U/U)+u$,垂直于该轴线的分量等于 v。在速度为 U 的自由流情况下,$\Delta U=0$,即速度分量变为 $U+u$ 和 v。同理,如果自由流速度等于 U',那么物体表面上的流速的分量等于 $U'+u'$,与表面相切,表面的分量力矩等于 v'。现在,如果 U' 等于 $U(1+\Delta U/U)$,那么由于 ΔU 很小(由于所考虑的试验体细长,与 U 相比,其本身为小量),速度 u' 和 v' 可以分别近似等于 u 和 v。因此,如果自由流速度 $U'=U(1+\Delta U/U)$,则表面速度的弦向分量为 $U(1+\Delta U/U)+u$,法向分量为 v。换言之,如果自由流速度与风洞速度之比等于 $1+\Delta U/U$,则风洞中试验物体的绕流可被视为等同于自由流中相同物体的绕流。$1+\Delta U/U$ 这个量通常称为因风洞壁面产生的干扰因子。

　　虽然前几段给出的推理只适用于无攻角的二维流动,但其结果也适用于其他情况。一般而言,可以说,如果满足以下两个条件:

(1) 试验体非常细长;

(2) 与风洞高度相比,试验体的长度较小。

那么风洞壁的影响可以用系数 $1+\Delta U/U$ 来估算。换句话说,如果在风洞速度为 U 的情况下测量试验体上的速度和压力,那么相同的数据适用于自由流中速度为 $U(1+\Delta U/U)$ 的相同物体。

　　如果风洞试验段中的气流没有风洞壁面,而是有一个自由边界,则边界条件是在自由边界两端没有压降,这与射流边界处诱导速度的切向分量为零的条件相同。对于零攻角的细长对称体,适当的映象系统如图 8.4 所示。

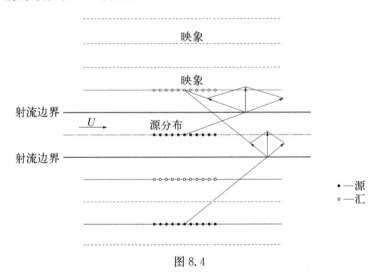

图 8.4

　　如果物体的弦长与风洞的高度相比很小,这些映象系统就可以组合成偶极子。然而,在这种情况下,偶极子将改变符号。因此,干扰速度 ΔU 为负值,而不是像在封闭试验段中的情况那样为正值。然而,一个与封闭试验段相同的推理可以表明,自由射流效应可以通过缩减因子 $1+\Delta U/U$ 来估算。

　　现在,如果流体是可压缩的,并且马赫数小于1,那么可以采用普朗特-格劳特方法来计算由于流动的边界的存在而引起的干扰速度。这是由 Goldstein、Thom 以及 Tsien 和 Lees 研究得出的。如第 6 章所示,可压缩性的影响相当于收缩了不可压缩风洞的高度。因此,可压缩性的影响是增加校正系数 $\Delta U/U$。

对于同一个试验体,马赫数越大,风洞修正越大。这对于解释高速下的风洞试验数据具有重要意义。

8.2　修正公式的局限性

设 q 是物体表面任意一点的流体速度,q_1 是无穷远处的流体速度,即自由流速度。此外,令下标 M 表示自由流马赫数为 Ma_1 的可压缩流,下标 o 表示不可压缩流。那么可以用式 (8.1)表达可压缩流的速度修正的思路:

$$\frac{(q/q_1)_{\mathrm{M}}}{(q/q_1)_{\mathrm{o}}} = (q/q_1)_{\mathrm{o}} \text{ 和 } Ma_1 \text{ 的函数} \tag{8.1}$$

换句话说,物体表面上给定点处的 $(q/q_1)_{\mathrm{M}}$ 和 $(q/q_1)_{\mathrm{o}}$ 之比只是 $(q/q_1)_{\mathrm{o}}$ 和自由流马赫数 Ma_1 的函数,但与几何形状无关。因此,如果厚椭圆在相当接近驻点的某点上的 $(q/q_1)_{\mathrm{o}}$ 的值与薄椭圆在最大厚度点上的 $(q/q_1)_{\mathrm{o}}$ 值相同,则在自由流的任何其他马赫数下,这两个点的 $(q/q_1)_{\mathrm{M}}$ 的值将相同,尽管一个物体是厚椭圆,而另一个是薄椭圆。当然,这是对实际情况的一种简化,不能指望完全适用于一般情况。例如,如果自由流马赫数足够小,那么对于椭圆,Kaplan 给出以下结果:

$$\frac{(q/q_1)_{\mathrm{M}}}{(q/q_1)_{\mathrm{o}}} = 1 + \frac{Ma_1^2}{2} \frac{1-\sigma^2}{\sigma^2} \Big[\sin\delta - \frac{1-\sigma^2}{(1-2\sigma^2\cos^2\delta+\sigma^4)^2} \Big\{ \frac{1-\sigma^2}{2\sigma^2} \Big[(1+3\sigma^2+\sigma^4)\sin\delta +$$

$$\sigma^2\sin^3\sigma \Big] \log\frac{1+\sigma^2}{1-\sigma^2} - \frac{(1+\sigma^2)(1-\sigma^2)^2}{2\sigma}\sin 2\sigma \log\frac{1+2\sigma\cos\delta+\sigma^2}{1-2\sigma\cos\delta+\sigma^2} +$$

$$\frac{1-\sigma^2}{\sigma^4}\Big[(1+\sigma^4)\cos 2\delta - 2\sigma^2 \Big] \tan^{-1}\frac{2\sigma\sin\delta}{1-\sigma^2} + 2\Big[(1+\sigma^2+\sigma^4)\sin\delta - \sigma^2\sin 3\delta \Big] \Big\} \Big]$$

$$\tag{8.2}$$

这里椭圆的长轴是 $A(1+\sigma^2)$,椭圆的短轴是 $A(1-\sigma^2)$。椭圆表面上某一点的坐标 (x, y) 由式(8.3)给出:

$$x = A(1+\sigma^2)\cos\delta \tag{8.3}$$
$$y = A(1-\sigma^2)\sin\delta$$

此外,有

$$\left(\frac{q}{q_1}\right)_{\mathrm{o}} = \frac{2\sin\delta}{(1-2\sigma^2\cos 2\delta+\sigma^4)^{1/2}} \tag{8.4}$$

通过对 $\sin\delta$ 的求解,由式(8.4)可得

$$\sin\delta = \frac{(q/q_1)_{\circ}(1-\sigma^2)}{2\sqrt{1-\sigma^2(q/q_1)_{\circ}{}^2}}; \quad \cos\delta = \frac{1}{2}\sqrt{\frac{4-(1+\sigma^2)^2(q/q_1)_{\circ}{}^2}{1-\sigma^2(q/q_1)_{\circ}{}^2}}$$

$$\frac{1}{1-2\sigma^2\cos^2\delta+\sigma^4} = \frac{1-\sigma^2(q/q_1)_{\circ}{}^2}{1-\sigma^2} \tag{8.5}$$

式(8.5)中 δ 的函数值可以代入式(8.2)。那么最后的结果可以表示为

$$\frac{(q/q_1)_{\mathrm{M}}}{(q/q_1)_{\circ}} = 1+Ma_1{}^2 f((q/q_1)_{\circ},\sigma) \tag{8.6}$$

式(8.6)表明,即使 Ma_1 的值很小,但严格来讲,修正系数不仅是 Ma_1 和 $(q/q_1)_{\circ}$ 的函数,而且也是形状参数 σ 的函数。不过,形状参数的影响很小,在近似计算中可以忽略不计。这是一个很大的简化,冯·卡门(von Kármán)由此首先提出了一个简单的速度校正公式的想法。此外,如果物体引起的扰动与自由流速度相比很小,则著名的普朗特-格劳特方法给出如式(8.7)所示公式:

$$\frac{(q/q_1)_{\mathrm{M}}}{(q/q_1)_{\circ}} = \frac{1}{\sqrt{1-Ma_1{}^2}} - \frac{1}{(q/q_1)_{\circ}}\left(\frac{1}{\sqrt{1-Ma_1{}^2}}-1\right) \tag{8.7}$$

因此,单项速度修正公式的概念严格适用于小扰动情况。Garrick 和 Kaplan 指出了这一点。除此之外,该方法仅仅是一种近似方法。

当该方法用于计算翼型上的速度分布的时候,会出现又一个有关近似的状况。众所周知,随着自由流马赫数的增加,翼型周围的环量的增加将大于自由流速度的增加。换句话说,可压缩流中的环量强度要相对大于不可压缩流中的环量强度。因此,随着自由流马赫数的增加,机翼的驻点在机翼表面的位置往往会发生变化。速度校正方法没有考虑这一现象。但一般认为,驻点位置的移动只有在靠近机头的地方才有明显的影响,忽略它只会带来很小的误差,而这种误差在该方法的精度范围内。

速度修正的思路也可以很容易地应用于压力系数。如果 p 是流体中任意一点的压力,p_1 是自由流中的压力,ρ_1 是自由流的密度,那么对于可压缩流而言,系数 $C_{p,\mathrm{M}}$ 定义为

$$C_{p,\mathrm{M}} = \left(\frac{p-p_1}{\frac{1}{2}\rho_1 q_1{}^2}\right)_{\mathrm{M}} \tag{8.8}$$

对于不可压缩流而言,

$$C_{p,\circ} = \left(\frac{p-p_1}{\frac{1}{2}\rho_1 q_1{}^2}\right)_{\circ} = 1-(q/q_1)_{\circ}{}^2 \tag{8.9}$$

利用伯努利方程,式(8.1)可写为

$$\frac{C_{p,\text{M}}}{C_{p,\text{o}}} = f(C_{p,\text{o}}, Ma) \qquad\qquad (8.10)$$

由于式(8.1)和式(8.10)是基于同一个概念,所以,式(8.10)这种单项的压力修正公式的想法,严格来说只能对小扰动成立。另外,该方法只是一种近似方法。这个事实在第 5 章所引用的圆柱绕流的计算中得到了清楚的证明。我们看到,对于抽吸压力较小的点,压力系数的大小实际上随着自由流马赫数的增加而减小。这与所有压力修正公式的预测完全相反。我们由此得出结论:修正公式不适用于厚体。

8.3　推荐的修正公式

自从冯·卡门提出将不可压缩流"修正"为可压缩流的方法以来,除了式(8.7)所给出的普朗特-格劳特公式外,还发展出了几个公式。它们是:

(1) "卡门-钱近似"公式;

(2) Temple-Yarwood 公式;

(3) Garrick-Kaplan 公式。

第一个公式是通过用等熵压力-密度曲线的切线对等熵压力-密度曲线近似而得到的。切点对应于自由流的状态。由于没有考虑等熵曲线的曲率,这种近似往往低估了可压缩性的影响。Temple-Yarwood 公式是用简单函数对速度图上微分方程精确解中的超几何函数作近似而导出的。Garrick-Kaplan 公式是利用涡量压缩流的点涡解和点源解,用直观的论证推导出来的。在这三种方法中,第三种可能是最难证明其合理性的。

这三种方法都以速度图平面作为数学分析的平面。所建立的公式实际上把某一物体的可压缩绕流和相关联物体的不可压缩绕流联系起来。换句话说,这两种流动的物体并不完全相同。一般来说,从不可压缩流到可压缩流,物体会增厚,而物体增厚往往会提高流过表面的流速。这可以从以下事实看出:对于不可压缩流,厚度比为 0.5 的椭圆上的最大速度是自由流速度的 1.5 倍,而圆柱体上的最大速度是自由流速度的 2 倍。因此,忽略从不可压缩流到可压缩流过程中物体的增厚,必定会过高估计可缩性效应。"卡门-钱近似"公式的优点就在于此,由于使用切线代替等熵关系的实际曲线所引入的近似导致了对密度变化的估计不足,相反会补偿由于忽略形状畸变而过高估计可压缩性效应的影响。

当然,只有在准确的理论结果或试验数据的基础上,才能选择最合适的修正公式。由于试验数据一般都是在风洞中获得的,它们受到边界效应的不确定性影响。然而,可以说,对于亚声速流动,在封闭的喉道风洞中进行的试验往往会给出过高的速度,而在开放式喉道风洞中进行的试验往往给出过低的速度。此外,相对于马赫数,这些影响并不均匀,而马赫数越大,影响就越大。因此,如果将适用于自由飞行条件的可压缩性修正公式与封闭的喉道风洞试验数据进行比较,就会发现在高速端的修正太小。同样,如果将适用于自由飞行条件的可压缩性修正公式与开放式喉道风洞试验数据进行比较,就会发现高速端的修正太大。图 8.5 显示了压力系数的各种可压缩性修正公式与在封闭的喉道风洞中获得的 NACA 4412 翼型试验数据的比较。图 8.6 显示了各种修正公式与在开放式喉道风洞中获得的意大利螺旋桨翼型试验数据的比较。可以看出,"卡门-钱近似"公式似乎满足了封闭风洞和开放式风洞获得的数据之间取平均值的要求,因此是自由飞行条件下的最佳公式。

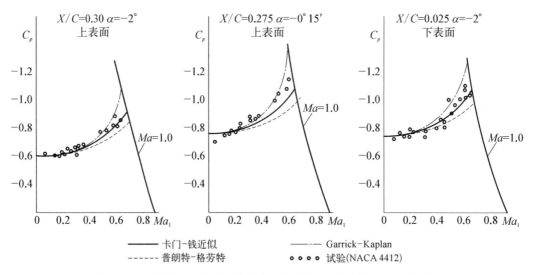

图 8.5　几种可压缩性修正公式与封闭式喉道风洞试验数据的比较

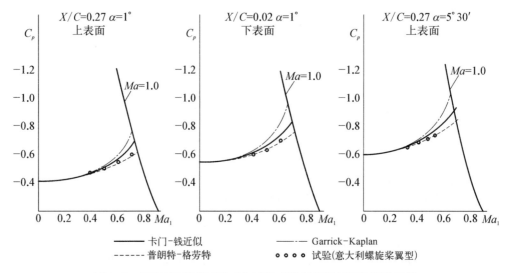

图 8.6　几种压缩性修正公式与开放式喉道风洞试验数据的比较

　　Kaplan 对曲面绕流的精确计算与"卡门-钱近似"公式非常吻合,进一步证明了"卡门-钱近似"公式的优点(见图 8.7)。Kaplan 的解即使在超过声速之后也是精确的,这也提供了机会,可以检验单项修正公式这个基本概念的准确性。在不同厚度的凸起上选择相应的点,使得它们的系数 $C_{p,o}$ 相同。然后就可以计算出 $C_{p,M}$ 的精确值。图 8.8 表明:如果以 Ma_1 和 $C_{p,M}$ 作为横坐标和纵坐标作图,则这些点所对应的曲线非常接近。因此,物体几何结构的影响确实是次要的。另一方面,这些曲线并不完全重合,特别是当局部马赫数接近于 1 时,这一事实似乎阻碍了"改进""卡门-钱近似"公式的任何进一步的尝试。

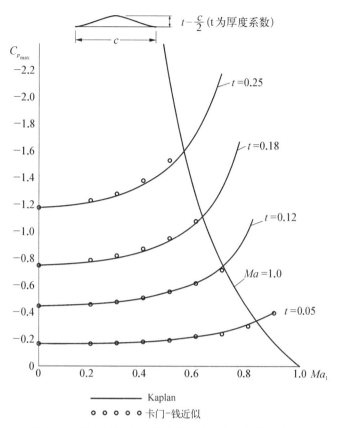

图 8.7　凸起处最大压力系数与自由流马赫数的关系

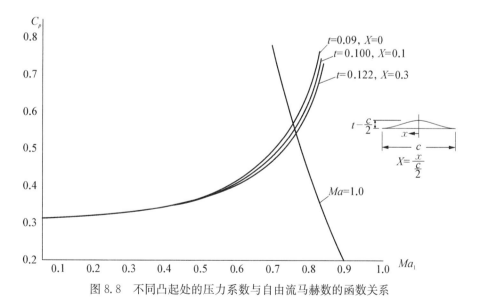

图 8.8　不同凸起处的压力系数与自由流马赫数的函数关系

参考文献

[1] Tsien，H. S. and Fejer，A. ："A Method for Predicting the Transonic Flow Over Airfoils and Similar Bodies from Data Obtained at Small Mach Numbers". Galcit Report (1944)

［2］Goldstein，S. and Young，A. D.："The Linear Perturbation Theory of Compressible Flow with Application to Wind Tunnel Interference". British A. R. C. 6865，Aero. 2262 F. M. 601 (1943)

［3］Thom，A.:"Blockage Corrections and Choking in the R. A. E. High Speed Tunnel". British R. A. E. Report No. Aero. 1891 (1943)

［4］Tsien，H. S. and Lees，L.:"The Glauert-Prandtl Approximation for Subsonic Flows of a Compressible Fluid". J. Aeronaut. Sci. , Vol. 12, No. 2 (1945)

［5］Kaplan，C.:"Two-Dimensional Subsonic Compressible Flow Past Elliptic Cylinders". NACA TR No. 724 (1938)

［6］Garrick，I. E. , and Kaplan，C.:"On the Flow of a Compressible Fluid by the Hodograph Method. I. Unification and Extension of Present Day Results". NACA ACR No. L4024 (1944)[①]

［7］Temple，G. , and Yarwood，T.:"The Approximate Solution of the Hodograph Equations for Compressible Flow". Report No. S. M. E. 3201, R. A. E. (1942)

［8］Stack，T. , Lindsey，W. F. , and Littell，R. E.:"The Compressibility Burble and the Effect of Compressibility on Pressures and Forces Acting on an Airfoil". NACA TR No. 646 (1938)

［9］Ferri，A.:"Investigations and Experiments in the Guidonia Supersonic Wind Tunnel". Reprint of paper presented at a meeting of the Lilienthat Gesellschaft fuer Luftfahrtforschung, October 1938, Berlin. NACA TM No. 901 (1939)

［10］Kaplan，C.:"The Flow of a Compressible Fluid Past a Curved Surface". NACA ARR No. 3K02 (1943)[②]

---

① 又见 NACA TR No. 789 (1944)。——译注
② 又见 NACA TR No. 768 (1943)。——译注

第 9 章　等熵无旋流动的精确解

在前几章中,我们研究了二维无旋流的各种近似解。当流场完全为亚声速时,这些方法是非常可靠的。当流场为部分超声速或跨声速时,逐次近似的收敛性相当值得怀疑。一般认为,这些方法在亚声速自由流马赫数足够高时变得发散,同时,等熵流随着激波的出现而中断。为了更详细地研究跨声速流动,并了解等熵流动中断的可能原因,我们必须研究微分方程的精确解。在本章中,我们将只给出一个详细的例子,并讨论极限线的重要概念。然后,我们将简要勾勒一种获得圆柱绕流精确解的通用方法。但由于其数学复杂性,我们不打算对它进行详细的研究。

9.1　180°转弯流动

根据式(7.18),ψ 的微分方程为

$$\frac{\rho_0}{\rho}q\ \frac{\partial}{\partial q}\left(\frac{\rho_0}{\rho}q\ \frac{\partial\psi}{\partial q}\right)+\left(\frac{\rho_0}{\rho}\right)^2(1-Ma^2)\ \frac{\partial^2\psi}{\partial\theta^2}=0$$

现在我们令

$$\psi=la_0{}^2\ \frac{1}{q}\cos\theta \tag{9.1}$$

式中,l 为某个长度,是一个尺度参数。于是有

$$\left(\frac{\rho_0}{\rho}\right)^2(1-Ma^2)\ \frac{\partial^2\psi}{\partial\theta^2}=-\left(\frac{\rho_0}{\rho}\right)^2\ \frac{1-Ma^2}{q}\cos\theta\cdot la_0{}^2$$

同时

$$\frac{\rho_0}{\rho}q\ \frac{\partial}{\partial q}\left(\frac{\rho_0}{\rho}q\ \frac{\partial\psi}{\partial q}\right)=-\cos\theta\ \frac{\rho_0}{\rho}q\ \frac{\mathrm{d}}{\mathrm{d}q}\left(\frac{\rho_0}{\rho}\ \frac{1}{q}\right)\cdot la_1{}^2$$

由于根据式(7.11),我们得到

$$\frac{\mathrm{d}}{\mathrm{d}q}\left(\frac{\rho_0}{\rho}\ \frac{1}{q}\right)=-\frac{1}{q^2}(1-Ma^2)\ \frac{\rho_0}{\rho}$$

那么式(9.1)给出了 ψ 的微分方程的精确解。这最早是由 Ringleb 发现的[†]。

---

　† 见本章参考文献。

由于式(9.1)表明

$$q = \frac{la_0^2}{\psi} \cos\theta$$

对于任何流线,在 $\theta = 0$ 处速度为最大值。将此最大值记为 q_0,一个 ψ 的函数。

$$q_0 = \frac{la_0^2}{\psi} \tag{9.2}$$

于是

$$q = q_0 \cos\theta \tag{9.3}$$

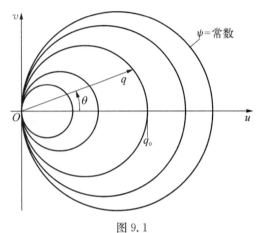

图 9.1

因此,该流线是一族直径为 q_0,以 u 轴为中心,经过原点的速度图平面上的圆(见图 9.1)。

我们现在计算对应于速度图变量 q 和 θ 的坐标 (x, y)。 这里

$$\frac{\partial \psi}{\partial q} = -la_0^2 \frac{\cos\theta}{q^2}, \quad \frac{\partial \psi}{\partial \theta} = -la_0^2 \frac{\sin\theta}{q} \tag{9.4}$$

因此,通过代入式(7.20),我们得到

$$dz = -la_0^2 \frac{\rho_0}{\rho} \frac{e^{i\theta}}{q} \left\{ -\left[(1-Ma^2) \frac{\sin\theta}{q^2} - i\frac{\cos\theta}{q^2} \right] dq + \left(\frac{\cos\theta}{q} + i\frac{\sin\theta}{q} \right) d\theta \right\} \tag{9.5}$$

我们现在可以引入完全气体等熵流的比密度和速度的关系。也就是说,根据式(2.30)

$$\frac{\rho_0}{\rho} = \frac{1}{\left(1 - \frac{\gamma-1}{2} \frac{q^2}{a_0^2} \right)^{1/\gamma-1}}$$

同时

$$Ma^2 = \frac{\dfrac{q^2}{a^2}}{1 - \dfrac{\gamma-1}{2} \dfrac{q^2}{a_0^2}}$$

使用变量 τ 很方便,τ 的定义为

$$\tau = \frac{\gamma-1}{2} \frac{q^2}{a_0^2} = \frac{q^2}{\dfrac{2}{\gamma-1} a_0^2} \tag{9.6}$$

因此,τ 等于 q 与最大速度 q_{max} 之比的平方,这里的 q_{max} 是将气流膨胀到真空而获得的。因此,τ 的最大值为 1。通过使用 τ 作为变量,我们得到

$$\frac{\rho_0}{\rho} = \frac{1}{(1-\tau)^{1/\gamma-1}} \tag{9.7}$$

以及

$$1 - Ma^2 = \frac{1 - \frac{\gamma+1}{\gamma-1}\tau}{1-\tau} \tag{9.8}$$

因此式(9.5)可以写成

$$\begin{aligned}
\mathrm{d}z = {}& l\,\frac{\mathrm{e}^{i\theta}}{\tau(1-\tau)^{1/\gamma-1}}\Big[\frac{1}{4(1-\tau)}\Big\{\big[(\gamma-1)-(\gamma+1)\tau\big]\sin\theta - \\
& i\big[(\gamma-1)-(\gamma-1)\tau\big]\cos\theta\Big\}\frac{\mathrm{d}\tau}{\tau} - \frac{\gamma-1}{2}\mathrm{e}^{i\theta}\mathrm{d}\theta\Big] \\
= {}& -\frac{l}{4}\,\frac{i\mathrm{d}\tau}{\tau(1-\tau)^{\gamma/\gamma-1}} + \frac{\gamma-1}{4}l\,\frac{i\mathrm{e}^{2i\theta}}{\tau(1-\tau)^{1/\gamma-1}}\Big[\frac{\big(\frac{\gamma}{\gamma-1}\tau-1\big)\mathrm{d}\tau}{\tau(1-\tau)} + 2i\mathrm{d}\theta\Big] \\
= {}& -\frac{l}{4}i\,\frac{\mathrm{d}\tau}{\tau(1-\tau)^{\gamma/\gamma-1}} + \frac{\gamma-1}{4}l\,i\mathrm{d}\Big[\frac{\mathrm{e}^{2i\theta}}{\tau(1-\tau)^{1/\gamma-1}}\Big]
\end{aligned} \tag{9.9}$$

于是,式(9.9)就可以毫无困难地进行积分。其结果为

$$z = x + iy = \frac{\gamma-1}{4}l\,i\,\frac{\mathrm{e}^{2i\theta}}{\tau(1-\tau)^{1/\gamma-1}} - \frac{l}{4}\,i\!\int\frac{\mathrm{d}\tau}{\tau(1-\tau)^{\gamma/\gamma-1}} \tag{9.10}$$

令式(9.10)的实部和虚部分别相等,我们最终得到

$$\begin{cases}
x = -\dfrac{\gamma-1}{4}l\,\dfrac{\sin 2\theta}{\tau(1-\tau)^{1/\gamma-1}} \\[3mm]
y = \dfrac{\gamma-1}{4}l\,\dfrac{\cos 2\theta}{\tau(1-\tau)^{1/\gamma-1}} - \dfrac{l}{4}\!\int\dfrac{\mathrm{d}\tau}{\tau(1-\tau)^{\gamma/\gamma-1}}
\end{cases} \tag{9.11}$$

　　式(9.11)中的最后一个积分可用 $lg(\tau)$ [①] 表示。那么

$$g(\tau) = -\frac{1}{4}\!\int\frac{\mathrm{d}\tau}{\tau(1-\tau)^{\gamma/\gamma-1}} \tag{9.12}$$

当 γ 为任意值时, $g(\tau)$ 是不完全贝塔函数。倘若 $\gamma=1.4$, $\gamma/(\gamma-1)=\dfrac{7}{2}$,则该函数可用初等函数表示。在这种情况下进行积分,我们得到

$$g(\tau) = \frac{1}{2}\tanh^{-1}\sqrt{1-\tau} - \frac{1}{10}\frac{1}{(1-\tau)^{5/2}} - \frac{1}{6}\frac{1}{(1-\tau)^{3/2}} - \frac{1}{2}\frac{1}{(1-\tau)^{1/2}} \quad (\gamma=1.4) \tag{9.13}$$

---

　　① 原稿此处漏 l。——译注

于是,式(9.11)可以写成

$$\frac{y}{l} - g(\tau) = \frac{\gamma-1}{4} \frac{\cos 2\theta}{\tau(1-\tau)^{1/\gamma-1}}$$

和

$$\frac{x}{l} = -\frac{\gamma-1}{4} \frac{\sin 2\theta}{\tau(1-\tau)^{1/\gamma-1}}$$

通过从这些方程中消去 θ,我们得到

$$\left(\frac{x}{l}\right)^2 + \left[\frac{y}{l} - g(\tau)\right]^2 = \left[\frac{\gamma-1}{4} \frac{1}{\tau(1-\tau)^{1/\gamma-1}}\right]^2 \tag{9.14}$$

因此,τ 或 q 为常数值的线是物理平面上的圆。也就是 $(x/l, y/l)$ 落在半径等于

$$\frac{\gamma-1}{4} \frac{1}{\tau(1-\tau)^{1/\gamma-1}}$$

的圆上,其圆心在点 $x/l = 0$,$y/l = g(\tau)$ 上。

对于不可压缩流动,a_0 趋于无穷大。然而,我们可以通过调整尺度参数 l,使 $la_0{}^2$ 趋于1。那么除了物理平面原点的常数值漂移外,我们得到不可压缩流坐标如式(9.15):

$$x_i = -\frac{1}{2} \frac{\sin 2\theta}{q^2}, \quad y_i = \frac{1}{2} \frac{\cos 2\theta}{q^2} \tag{9.15}$$

如图 9.2 所示,180°转弯的流动可以很容易识别。

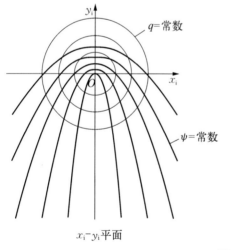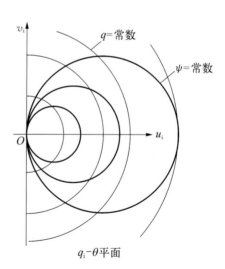

图 9.2

如图 9.3 所示,可压缩流的性质类似。

然而,我们这里遇到一个惊人的新现象,即流线在速度图平面上尽管是平滑的,但在物理平面上却出现了断裂。此外,如果绘制沿流线的压力,我们会发现沿流线的压力梯度在这些断口或尖点处变得无穷大。沿这些流线 A、B、C 的压力分布如图 9.4 所示。可以看出:"最后"的这条平滑的流线已经呈现出这种无穷大的压力梯度。正如 Tollmien 表明的那样,由于流线

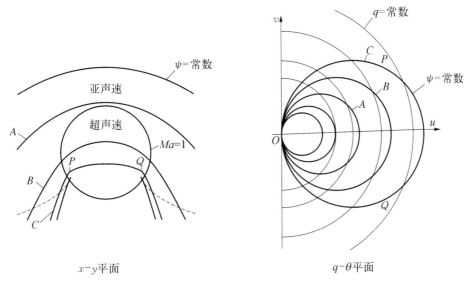

图 9.3

有尖点,可压缩流不能继续流入该区域,因此这些尖点的轨迹被称为极限线。我们将在下一节讨论极限线的含义。

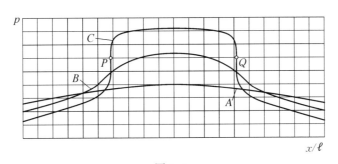

图 9.4

9.2　极限线

沿流线 $\mathrm{d}\psi = 0$。因此有

$$\mathrm{d}\psi = \frac{\partial \psi}{\partial q}\mathrm{d}q + \frac{\partial \psi}{\partial \theta}\mathrm{d}\theta = 0, \quad \psi = \text{常数} \tag{9.16}$$

故沿流线 $\dfrac{\partial \psi}{\partial q}$ 和 $\dfrac{\partial \psi}{\partial \theta}$ 的值与 $\dfrac{\mathrm{d}q}{\mathrm{d}\theta}$ 相关。将式(9.16)代入式(7.20),我们得到复坐标 z 沿流线的变化为

$$(\mathrm{d}z)_\psi = -\frac{\rho_0}{\rho}\,\frac{\mathrm{e}^{\mathrm{i}\theta}}{q}\left\{\left[(1 - Ma^2)\,\frac{1}{q}\,\frac{\partial \psi}{\partial \theta} - \mathrm{i}\,\frac{\partial \psi}{\partial q}\right]\mathrm{d}q + \left(q\,\frac{\partial \psi}{\partial q} + \mathrm{i}\,\frac{\partial \psi}{\partial \theta}\right)\frac{\dfrac{\partial \psi}{\partial q}}{\dfrac{\partial \psi}{\partial \theta}}\mathrm{d}q\right\}$$

$$= -\frac{\rho_0}{\rho}\,\frac{e^{i\theta}}{\left(\dfrac{\partial\psi}{\partial\theta}\right)}\left[\left(\frac{\partial\psi}{\partial q}\right)^2 + (1-Ma^2)\left(\frac{1}{q}\,\frac{\partial\psi}{\partial\theta}\right)^2\right]\mathrm{d}q \qquad (9.17)$$

式(9.17)表明,如果沿着流线,流体速度有变化,但物理坐标没有变化,或者压力梯度无穷大,那么一般会有

$$\left(\frac{\partial\psi}{\partial q}\right)^2 + (1-Ma^2)\left(\frac{1}{q}\,\frac{\partial\psi}{\partial\theta}\right)^2 = 0 \qquad (9.18)$$

这就是出现极限线的条件。换句话说,如果在速度图平面上的某一点 (q,θ),ψ 导数的值满足条件式(9.18),那么物理平面上与速度图平面上的该点 (q,θ) 相对应的点的压力梯度变为无穷大,并且通常该流线有一个尖点。式(9.18)表明,只有当 $Ma>1$ 时,即只有在超声速区域才有可能出现极限线。

利用式(9.16),我们还可以将极限线的条件表示为

$$\left(\frac{\mathrm{d}q}{\mathrm{d}\theta}\right)_\psi = \pm\frac{q}{\sqrt{Ma^2-1}} \qquad (9.19)$$

这意味着,无论何时当速度图平面中的流线的斜率满足式(9.19),就会出现极限线。现在在速度图平面上由

$$\frac{\mathrm{d}q}{\mathrm{d}\theta} = \pm\frac{q}{\sqrt{Ma^2-1}} \qquad (9.20)$$

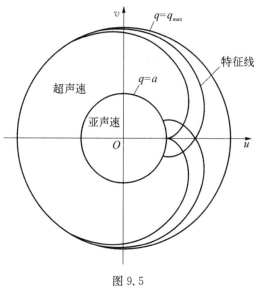

图 9.5

定义的曲线称为速度图平面的特征线。它们对于超声速流动是真实的。对于完全气体的等熵流动,这些在速度图平面上的特征曲线是圆外旋轮线,如图 9.5 所示。那么式(9.19)意味着凡是流线与特性曲线相切的位置,都是极限线上的一点。

让我们把这些条件应用到上一节所处理的流动的具体例子中。这里将式(9.4)代入式(9.18),我们可以得到极限线的条件为

$$\frac{\cos^2\theta}{q^4} + (1-Ma^2)\,\frac{\sin^2\theta}{q^4} = 0$$

或者

$$1 - Ma^2\sin^2\theta = 0 \qquad (9.21)$$

然而,根据式(9.3),$\cos\theta = q/q_0$。因此式(9.21)可以写成

$$1 - \frac{\dfrac{q^2}{a_0{}^2}}{1 - \dfrac{\gamma-1}{2}\,\dfrac{q^2}{a_0{}^2}}\left(1 - \frac{q^2}{q_0{}^2}\right) = 0$$

通过求出 $q^2/a_0{}^2$ 的比值或者极限线的比值,我们得到

$$\frac{q^2}{a_0{}^2}=\frac{\gamma+1}{4}\frac{q_0{}^2}{a_0{}^2}\pm\sqrt{\left(\frac{\gamma+1}{4}\frac{q_0{}^2}{a_0{}^2}\right)^2-\frac{q_0{}^2}{a_0{}^2}} \tag{9.22}$$

由于对于每条流线,q_0 均为一个常数,因此 q/a_0 通常有两个值满足极限线条件。因此,在 y 轴的每一侧,均有两个点出现流线的尖点。如图 9.5 所示。

对于 q_0/a_0 的较小的值,式(9.22)中的根是虚数,并且在相应的流线上没有尖点。对于可以满足极限线条件或"最后的"这条平滑流线的 q_0/a_0 的最小值,式(9.22)中根号中的量必须为 0。因此对于"最后的"平滑的流线,有

$$\left(\frac{\gamma+1}{4}\frac{q_0{}^2}{a_0{}^2}\right)^2-\frac{q_0{}^2}{a_0{}^2}=0$$

或者

$$\frac{q_0}{a_0}=\frac{4}{\gamma+1}$$

因此,由式(9.22)给出的相应的 q/a_0 为 $\dfrac{2}{\sqrt{\gamma+1}}$。此时的局部马赫数为 1.58。最后这条光滑流线上的最大局部马赫数由 $q_0/a_0=4/(\gamma+1)$ 给出,即为 2.50[1]。这些计算结果表明,从理论上讲,在没有黏度的情况下,甚至当起始马赫数高达 2.50 时,从超声速流到亚声速流的平稳过渡也是可能的。

9.3　势流中断

我们已经说过,Tollmien 曾证明超出极限线的流动是不可能连续的。这自然会导致流场中存在一个任何流动都不能进入的禁区。这当然是一个物理学上的谬论。那么我们必须转而重新审视我们在计算中引入的假设。假设如下:

(1) 连续性条件;

(2) 动力学和热力学关系;

(3) 无旋性以及速度和压力无间断性。

在这三个假设中,只有第三个假设,即无旋性和无间断性假设可以被质疑。所以,如果要消除禁区,我们也就必须消除这一假设,即必须考虑到激波,进而考虑涡量。因此,如果出现极限线,势流必然中断。具体来说:如果我们有一个如图 9.6 所示且 $Ma^0=Ma_u^0$ 的流型,极限线在 a、b、c、d 处与物体相交,那么我们说对于具有相同周线 $a-d$ 和 $b-c$,并且在 a、b、c、d 处具有平滑的周线(有限曲率)的物体,若 $Ma^0 \geqslant Ma_u^0$,则势流将中断。从数学上讲,我们可以说,对于 $Ma^0 \geqslant Ma_u^0$,不存在满足边界条件的可能的解。当然,这只是一种推测,并没有得到数学上的证明。证明它意味着要证明解的存在与否。然而,这是极其困难的,到目前为止还没

---

[1] $\dfrac{q_0}{a_0}=2.50,\gamma=0.6$,原稿如此。——译注

有研究者取得成功。

这个观点最初是由冯·卡门提出的,最近受到了 Friedrichs 和 Nikolsky 以及 Tanganoff 的质疑。然而,考察他们的论证可以发现,他们首先假定存在一个满足边界条件的解,然后进而证明极限线不可能出现。因此,这种研究与冯·卡门假说确实没有多大关系。

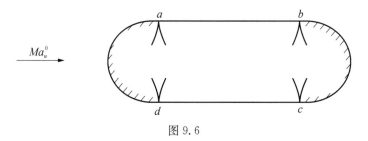

图 9.6

如果势流不能在某一自由流马赫数 Ma_u^0 以上存在,那么对于 $Ma^0 \geqslant Ma_u^0$ 来说,都不能指望 Rayleigh-Janzen 法和普朗特-格劳特法得到合理的结果,因为两者都假设势流。这就意味着对于 $Ma^0 \geqslant Ma_u^0$ 来说,由任何一种方法给出的解的级数形式必然是发散的。这实际上构成了 Kaplan 估算曲面绕流的 Ma_u^0 的基础。

$$\varphi(x, y) = \sum_{n=0}^{\infty} (Ma^{0\,2})^n \varphi^{(m)}(x, y)$$

$$\psi(x, y) = U\{y + \sum_{n=1}^{\infty} \psi^{(m)}(x, y)\}$$

对于真实的气体,黏度的影响将改变我们的结果。由于边界层的影响,中断势流的自由流马赫数不是 Ma_u^0,而是低于这个数值。然而,激波只能出现在超声速区域。因此,如果 Ma_l^0 是首次出现局部声速的自由流马赫数,那么势流的中断一定发生在 Ma_u^0 和 Ma_l^0 之间的某个 Ma_{cr}^0。于是,Ma_l^0 是**下临界马赫数**,Ma_u^0 是**上临界马赫数**。局部声速的首次出现不会导致激波,这一点似乎被图 9.7 给出的试验结果所证实。我们看到,在自由流马赫数远高于 Ma_l^0 的情况下,翼型仍能保持良好的性能。

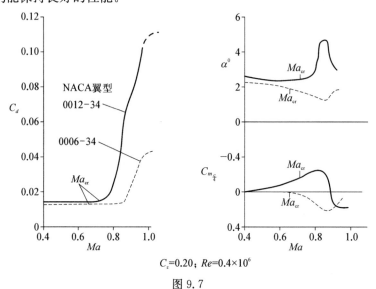

$C_z=0.20$;$Re=0.4\times10^6$

图 9.7

9.4 一般精确解

为了得到 ψ 的微分方程的通解,我们注意到,由式(7.32)[①]有

$$\frac{\mathrm{d}}{\mathrm{d}q}\left(\frac{\rho_0}{\rho}q\right)=\frac{\rho_0}{\rho}(1+Ma^2)$$

因此,ψ 的方程为

$$q^2\frac{\partial^2\psi}{\partial q^2}+(1+Ma^2)q\frac{\partial\psi}{\partial q}+(1-Ma^2)\frac{\partial^2\psi}{\partial\theta^2}=0 \qquad (9.23)$$

对于不可压缩的流动,$Ma\to 0$,式(9.23)的基本解为

$$\psi_{\mathrm{i}}=q^n\begin{cases}\cos n\theta\\ \sin n\theta\end{cases},\quad -\infty<n<\infty \qquad (9.24)$$

那么由于式(9.23)是一个线性方程,所以 ψ 的通解为

$$\psi_{\mathrm{i}}=\sum_{-\infty}^{\infty}q^n(a^{(n)}\cos n\theta+b^{(n)}\sin n\theta) \qquad (9.25)$$

其中系数 $a^{(n)}$ 和 $b^{(n)}$ 由问题的边界条件决定。

对于可压缩流,那么自然要寻求式(9.23)的基本解,其形式如式(9.26)

$$\psi=q^nf_n(q)\begin{cases}\cos n\theta\\ \sin n\theta\end{cases} \qquad (9.26)$$

式中,$f_n(q)$ 可以看作是压缩性的修正函数,当 $Ma\to 0$ 时,它们应降到 1。

执行这个方案,我们看到

$$\frac{\partial^2\psi}{\partial\theta^2}=-n^2q^nf_n\begin{cases}\cos n\theta\\ \sin n\theta\end{cases}$$

$$\frac{\partial\psi}{\partial q}=\left[nq^{n-1}f_n+q^nf_n'\right]\begin{cases}\cos n\theta\\ \sin n\theta\end{cases}$$

同时

$$\frac{\partial^2\psi}{\partial q^2}=\left[n(n-1)q^{n-2}f_n+2nq^{n-1}f_n'+q^nf_n''\right]\begin{cases}\cos n\theta\\ \sin n\theta\end{cases}$$

其中

$$f_n'=\frac{\mathrm{d}f_n}{\mathrm{d}q},\quad f_n''=\frac{\mathrm{d}^2f_n}{\mathrm{d}q^2}$$

---

① 原稿此处公式号空白,系由译者补上,不能确保正确。——译注

因此,式(9.23)给出 f_n 的微分方程如下:

$$q^2 f_n'' + (2n + 1 + Ma^2)q f_n' + n(n+1)Ma^2 f_n = 0 \tag{9.27}$$

对于完全气体的等熵流,我们应该再次使用式(9.6)给出的变量 τ。 那么

$$f_n' = \frac{\mathrm{d}f_n}{\mathrm{d}\tau}\frac{\mathrm{d}\tau}{\mathrm{d}q} = (\gamma - 1)\frac{q}{a_0^2}\frac{\mathrm{d}f_n}{\mathrm{d}\tau}$$

同时

$$f_n'' = (\gamma - 1)\frac{1}{a_0^2}\frac{\mathrm{d}f_n}{\mathrm{d}\tau} + (\gamma - 1)^2 \frac{q^2}{a_0^4}\frac{\mathrm{d}^2 f_n}{\mathrm{d}\tau^2}$$

因此式(9.27)变为

$$4\tau^2 \frac{\mathrm{d}^2 f_n}{\mathrm{d}\tau^2} + 2\tau[2(n+1) + Ma^2]\frac{\mathrm{d}f_n}{\mathrm{d}\tau} + n(n+1)Ma^2 f_n = 0 \tag{9.28}$$

但是,根据式(9.8),Ma^2 可用 τ 表示:

$$Ma^2 = \frac{\dfrac{2}{\gamma - 1}\tau}{1 - \tau}$$

因此,最终式(9.28)为

$$\tau(1-\tau)\frac{\mathrm{d}^2 f_n}{\mathrm{d}\tau^2} + \left[(n+1) - \left(n+1-\frac{1}{\gamma-1}\right)\tau\right]\frac{\mathrm{d}f_n}{\mathrm{d}\tau} + \frac{n(n+1)}{2(\gamma-1)}f_n = 0 \tag{9.29}$$

现在,这个方程与式(9.30)的超几何方程的形式相同:

$$\tau(1-\tau)\frac{\mathrm{d}^2 F}{\mathrm{d}\tau^2} + [c_n - (a_n + b_n + 1)\tau]\frac{\mathrm{d}F}{\mathrm{d}\tau} - a_n b_n F = 0 \tag{9.30}$$

而式(9.30)的解为

$$F = F(a_n, b_n; c_n; \tau) = 1 + \frac{a_n b_n}{c_n 1!}\tau + \frac{a_n(a_n + 1)b_n(b_n + 1)}{c_n(c_n + 1)2!}\tau^2 + \cdots \tag{9.31}$$

通过比较式(9.29)和式(9.30),如果令

$$\begin{aligned} c_n &= n + 1 \\ a_n + b_n &= n - \frac{1}{\gamma - 1} \end{aligned} \tag{9.32}$$

和

$$a_n b_n = -\frac{n(n+1)}{2(\gamma-1)}$$

我们可以得到，$f_n = F$。在确定 a_n、b_n 和 c_n 之后，所需要的函数 f_n 即可由式(9.31)给出。

对于置于速度为 U 的均匀流中的物体绕流，$\psi(q, \theta)$ 在驻点也即速度图平面的原点附近是正则的。于是在这个邻域内，ψ 可以写成

$$\psi = \sum_{n=0}^{\infty} q^n F_n(a_n, b_n; c_n; \tau)\big[a^{(n)}\cos n\theta + b^{(n)}\sin n\theta\big] \tag{9.33}$$

问题是：

(1) 我们如何确定 $a^{(n)}$ 和 $b^{(n)}$？

(2) 式(9.33)怎样能易于计算？

(3) 既然点 $(U, 0)$ 是奇点，那么如何将式(9.33)继续解析延拓到圆 $q = U$ 之外？

这些难解的数学问题是由 Tsien(钱学森)和 Kuo(郭永怀)、Kuo 和 Lighthill 解决的。我们在此不做详细介绍。但大致可以这么说：① 通过比较绕相似物体的可压缩解和不可压缩解来解决；② 通过利用函数 F 在 n 很大时的渐近性质，并将式(9.33)变换成比原来的级数收敛得快得多的其他级数来解决；③ 通过常规的解析技术来解决。

Bergmann 采用积分算子的方法提出了一种完全不同的方法。数值计算非常复杂，而且从亚声速到超声速的过渡似乎存在困难。

参考文献

[1] Ringleb, F. :"Exakte Lösungen der Differentialgleichungen einer adiabatischen Gasstromung". ZAMM, Vol. 20, pp. 185 - 198 (1940)

[2] von Kármán, Th. :"Compressibility Effects in Aerodynamics". J. Aeronaut. Sci. , Vol. 8, pp. 337 - 356 (1941)

[3] Tollmien, W. :"Grenslinien adiabatischer Potentialströmungen". ZAMM, Vol. 21, pp. 140 - 152 (1941)

[4] Garrick, I. E. and Kaplan, C. :"On the Flow of a Compressible Fluid by the Hodograph Method. Ⅰ — Unification and Extension of Present Day Results". NACA TR No. 789 (1944)

[5] Garrick, I. E. and Kaplan, C. :"On the Flow of a Compressible Fluid by the Hodograph Method. Ⅱ — Fundamental Set of Particular Flow Solutions of the Chaplygin Differential Equation". NACA TR No. 790 (1944)

[6] Tsien, H. S. and Kuo, Y. H. :"Two Dimensional Irrotational Mixed Subsonic and Supersonic Flow of a Compressible Fluid and the Upper Critical Mach number". NACA TN No. 995 (1946)

[7] Lighthill, M. J. :"The Hodograph Transformation in Trans-Sonic Flow. Ⅰ. Symmetrical Channels". Proc. R. Soc. Lond. A, Vol. 191, pp. 323 - 341 (1947)

[8] Lighthill, M. J. :"The Hodograph Transformation in Trans-Sonic Flow. Ⅱ. Auxiliary Theorems on the Hypergeometric Functions $\psi_n(\tau)$". Proc. R. Soc. Lond. A, Vol. 191, pp. 341 - 351 (1947)

[9] Lighthill, M. J. :"The Hodograph Transformation in Trans-Sonic Flow. Ⅲ. Flow Round a Body". Proc. R. Soc. Lond. A, Vol. 191, pp. 352 - 369 (1947)

[10] Lighthill, M. J. :"The Hodograph Transformation in Trans-Sonic Flow. Ⅳ. Tables". Proc. R. Soc. Lond. A, Vol. 192, pp. 135 - 142 (1947)

[11] Kuo, Y. H. :"Two Dimensional Irrotational Transonic Flows of a Compressible Fluid". NACA TN No.

1445(1948)

[12] Bergman，S.："On Two Dimensional Flows of Compressible Fluids". NACA TN No. 972 (1945)[①]

[13] Bergman，S.："Graphical and Analytical Methods for the Determination of a Flow of a Compressible Fluid Around an Obstacle". NACA TN No. 973 (1945)[②]

[14] Bergman，S.："Methods for Determination and Computation of Flow Patterns of a Compressible Fluid". NACA TN No. 1018 (1946)[③④]

[15] Bergman，S.："On Supersonic and Partially Supersonic Flows". NACA TN No. 1096 (1946)[⑤]

[①②③⑤] 原稿此处作者名错误，已修改。——译注
[④] 原稿此处年代错误，已修改。——译注

第 10 章　二维超声速流动

当我们从跨声速流转到纯超声速流时,分析给定物体上的流场问题又变得相对简单了。事实上,当物体头部很尖,并且激波附着在物体头部时,物体表面的速度分布和压力分布的计算比亚声速情况更简单。整个问题体现在斜激波关系和所谓的普朗特-迈耶流上。在本章中,我们将首先处理普朗特-迈耶流,然后将其结果应用于计算翼型的气动力学特性。

10.1　退化情况下的丢失解

速度图法是基于用变量 (q, θ) 或 (u, v) 代替空间坐标 (x, y) 作为自变量。这只有在 q 和 θ 互不相关的情况下才有可能。如果它们是相关的,那么我们只有一个变量,比如说 q,那么我们就不能指望使用速度图法。事实上,这是退化的情况,不包括在我们前面的处理中。因此 q 和 θ 相关的情况有时也称为"丢失解"。

从数学上来说,速度图变换失败的条件由式(10.1)给出:

$$\frac{\partial(q, \theta)}{\partial(x, y)} = \frac{\partial q}{\partial x} \frac{\partial \theta}{\partial y} - \frac{\partial q}{\partial y} \frac{\partial \theta}{\partial x} = 0 \tag{10.1}$$

我们看到,如果 q 是 θ 的函数,那么

$$\frac{\partial(q, \theta)}{\partial(x, y)} = \frac{\mathrm{d}q}{\mathrm{d}\theta} \left(\frac{\partial \theta}{\partial x} \frac{\partial \theta}{\partial y} - \frac{\partial \theta}{\partial y} \frac{\partial \theta}{\partial x} \right) = 0$$

所以数学条件式(10.1)等于说 q 是 θ 的函数。

二维流动的速度势 φ 的基本方程式(4.47)可以写成

$$\begin{cases} \left(1 - \dfrac{u^2}{a^2} \right) \dfrac{\partial u}{\partial x} - \dfrac{uv}{a^2} \left(\dfrac{\partial v}{\partial x} + \dfrac{\partial u}{\partial y} \right) + \left(1 - \dfrac{v^2}{a^2} \right) \dfrac{\partial v}{\partial y} = 0 \\ \dfrac{\partial v}{\partial x} - \dfrac{\partial u}{\partial y} = 0 \end{cases} \tag{10.2①}$$

现在,由于 q 是 θ 的函数,所以我们有

---

① 将式(4.47)中第二项分拆成相同的两项,并将速度势 φ 定义 $u = \dfrac{\partial \varphi}{\partial x}$, $v = \dfrac{\partial \varphi}{\partial y}$ 替换 φ 的二阶导数,直接可得以 u、v 表达的一阶偏导数,即式(10.2)的第一式。——译注

$$\begin{cases} \dfrac{\partial u}{\partial x} = \dfrac{\partial}{\partial x}(q\cos\theta) = \left(\dfrac{\mathrm{d}q}{\mathrm{d}\theta}\cos\theta - q\sin\theta\right)\dfrac{\partial\theta}{\partial x} \\[2mm] \dfrac{\partial u}{\partial y} = \left(\dfrac{\mathrm{d}q}{\mathrm{d}\theta}\cos\theta - q\sin\theta\right)\dfrac{\partial\theta}{\partial y} \\[2mm] \dfrac{\partial v}{\partial x} = \left(\dfrac{\mathrm{d}q}{\mathrm{d}\theta}\sin\theta + q\cos\theta\right)\dfrac{\partial\theta}{\partial x} \\[2mm] \dfrac{\partial v}{\partial y} = \left(\dfrac{\mathrm{d}q}{\mathrm{d}\theta}\sin\theta + q\cos\theta\right)\dfrac{\partial\theta}{\partial y} \end{cases} \tag{10.3}$$

通过将这些量代入式(10.2),我们得到

$$\begin{cases} \left[(1-Ma^2)\cos\theta\,\dfrac{\mathrm{d}q}{\mathrm{d}\theta} - q\sin\theta\right]\dfrac{\partial\theta}{\partial x} + \left[(1-Ma^2)\sin\theta\,\dfrac{\mathrm{d}q}{\mathrm{d}\theta} + q\cos\theta\right]\dfrac{\partial\theta}{\partial y} = 0 \\[2mm] \left(\sin\theta\,\dfrac{\mathrm{d}q}{\mathrm{d}\theta} + q\cos\theta\right)\dfrac{\partial\theta}{\partial x} - \left(\cos\theta\,\dfrac{\mathrm{d}q}{\mathrm{d}\theta} - q\sin\theta\right)\dfrac{\partial\theta}{\partial y} = 0 \end{cases} \tag{10.4}$$

式(10.4)可以被认为是两个未知数 $\dfrac{\partial\theta}{\partial x}$ 和 $\dfrac{\partial\theta}{\partial y}$ 的一组齐次联立代数方程。为了使流动不完全均匀,也即为了 $\dfrac{\partial\theta}{\partial x}$ 和 $\dfrac{\partial\theta}{\partial y}$ 不全等于零[①],由系数形成的行列式必须为 0。因此,有

$$\begin{aligned} 0 &= \begin{vmatrix} \left[(1-Ma^2)\cos\theta\,\dfrac{\mathrm{d}q}{\mathrm{d}\theta} - q\sin\theta\right] & \left[(1-Ma^2)\sin\theta\,\dfrac{\mathrm{d}q}{\mathrm{d}\theta} + q\cos\theta\right] \\[3mm] \left(\sin\theta\,\dfrac{\mathrm{d}q}{\mathrm{d}\theta} + q\cos\theta\right) & -\left(\cos\theta\,\dfrac{\mathrm{d}q}{\mathrm{d}\theta} - q\sin\theta\right) \end{vmatrix} \\[3mm] &= -\left[(1-Ma^2)\left(\dfrac{\mathrm{d}q}{\mathrm{d}\theta}\right)^2 + q^2\right]^{②} \end{aligned} \tag{10.5}$$

所以,我们有

$$\dfrac{\mathrm{d}q}{\mathrm{d}\theta} = \pm\dfrac{q}{\sqrt{Ma^2-1}} \tag{10.6}$$

因此,q 和 θ 之间的关系恰好与速度图平面中的特性相同。

现在,对于常数 θ,进而常数 q 的线而言,有

$$\mathrm{d}\theta = \dfrac{\partial\theta}{\partial x}\mathrm{d}x + \dfrac{\partial\theta}{\partial y}\mathrm{d}y = 0$$

因此对于这样的线

---

①　原稿此处为 $\dfrac{\partial\theta}{\partial x} = \dfrac{\partial\theta}{\partial y} = 0$,则(10.4)式恒等于零,不需要由系数形成的矩阵必须为零的要求,原稿有误,译者已修改。——译注

②　此处原稿不含负号,经译者推导应带负号。—— 译注

$$\left(\frac{\mathrm{d}y}{\mathrm{d}x}\right)_{\theta,q} = -\frac{\left(\dfrac{\partial\theta}{\partial x}\right)}{\left(\dfrac{\partial\theta}{\partial y}\right)}$$

由式(10.4)可知,斜率为

$$\left(\frac{\mathrm{d}y}{\mathrm{d}x}\right)_{\theta,q} = \frac{q\sin\theta - \cos\theta\,\dfrac{\mathrm{d}q}{\mathrm{d}\theta}}{\sin\theta\,\dfrac{\mathrm{d}q}{\mathrm{d}\theta} + q\cos\theta} = \theta\text{ 的函数} \tag{10.7}$$

因此,对于 θ 为常数值,斜率是常数。这意味着 q 和 θ 的常数值线是直线。

此外,结合式(10.6)和式(10.7),常数 q 和 θ 的这些直线的斜率由式(10.8)给出

$$\left(\frac{\mathrm{d}y}{\mathrm{d}x}\right)_{\theta,q} = \frac{\tan\theta \mp \dfrac{1}{\sqrt{Ma^2-1}}}{1 \pm \dfrac{1}{\sqrt{Ma^2-1}}\tan\theta} \tag{10.8}$$

但是根据式(3.47),$1/\sqrt{Ma^2-1}$ 等于马赫角的切线。因此,常数 q 和 θ 的直线与速度矢量之间的角度等于马赫角。换句话说,常数 q 和 θ 的线是马赫线。

对于纯超声速流动,丢失解是一个非常有用的解。例如,如果来流到达曲面壁前为均匀流,我们可以利用式(10.6)和式(10.8)很容易地确定沿着曲面壁的流动,如图 10.1 所示。通过观察,在超声速流中,扰动不应向上游传播,我们不难确定在式(10.6)和式(10.8)中使用哪个符号。因此,所有马赫线或常数 q 和 θ 的线都应该向下游方向倾斜。

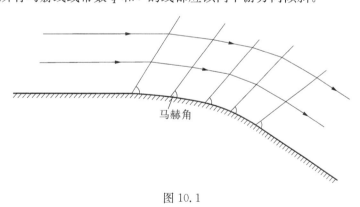

图 10.1

10.2 普朗特-迈耶流动

因此,丢失解可以适用于拐角处的流动。这通常可称为普朗特-迈耶流。应该注意的是,如图 10.1 所示,拐角表面上的流动涉及沿表面随着压力递减而流体膨胀。这与同一表面上的亚声速流相反,因为那时流体将沿着表面被压缩。

为了确定沿表面每个点的速度 q,我们必须对式(10.6)进行积分。通过反转方程式(10.6),我们可以得到

$$\mathrm{d}\theta = \pm \frac{\sqrt{Ma^2-1}}{q}\mathrm{d}q = \pm\frac{1}{2}\sqrt{Ma^2-1}\,\mathrm{d}\log\left(\frac{q^2}{a_0{}^2}\right) \tag{10.9}$$

但是根据式(2.24)和式(2.28),对于完全气体而言,有

$$Ma^2 = \frac{\dfrac{q^2}{a_0{}^2}}{1-\dfrac{\gamma-1}{2}\dfrac{q^2}{a_0{}^2}}$$

故而,有

$$\frac{q^2}{a_0{}^2} = \frac{Ma^2}{1+\dfrac{\gamma-1}{2}Ma^2} \tag{10.10}$$

因此式(10.9)转化为

$$\mathrm{d}\theta = \pm\frac{1}{2}\sqrt{Ma^2-1}\left[\frac{1}{Ma^2} - \frac{\dfrac{\gamma-1}{2}}{1+\dfrac{\gamma-1}{2}Ma^2}\right]\mathrm{d}Ma^2$$

$$= \pm\frac{1}{2}\frac{1}{\sqrt{Ma^2-1}}\left[\frac{Ma^2-1}{Ma^2} - \frac{\left(1+\dfrac{\gamma-1}{2}Ma^2\right)-\dfrac{\gamma+1}{2}}{1+\dfrac{\gamma-1}{2}Ma^2}\right]\mathrm{d}Ma^2$$

因此

$$\mathrm{d}\theta = \pm\frac{1}{2}\frac{1}{\sqrt{Ma^2-1}}\left[\frac{\gamma+1}{2}\frac{1}{\left(1+\dfrac{\gamma-1}{2}Ma^2\right)} - \frac{1}{Ma^2}\right]\mathrm{d}Ma^2$$

这可以很容易地积分为

$$\theta = C \pm \left[\sqrt{\frac{\gamma+1}{\gamma-1}}\tan^{-1}\sqrt{\frac{\gamma-1}{\gamma+1}(Ma^2-1)} - \tan^{-1}\sqrt{Ma^2-1}\right] \tag{10.11}$$

常数 C 可由流动开始时的条件确定。方括号中的函数已制成表格[†]。

局部马赫数如此确定后,计算其他量就很简单了。例如,流速由式(10.10)确定。式(10.11)表明,从 $Ma=1$ 开始,随着 Ma 的增加,流动的转角会越来越大。当流动膨胀到真空,即 $Ma \to \infty$ 时,转角达到最大值(见图10.2)。因此有

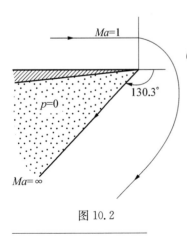

图 10.2

† 可参考以下文献:Emmons, H. W. :"Gas Dynamics Tables for Air". Table Ⅲ, pp. 34 - 35. Dover Publications (1947).

$$\theta_{\max} = \left(\sqrt{\frac{\gamma+1}{\gamma-1}} - 1 \right) \frac{\pi}{2} \tag{10.12}$$

因此,对于 $\gamma = 1.4$, $\theta_{\max} = 130.3°$

10.3　翼型绕流

通过将第 3 章的斜激波的解与普朗特-迈耶流的解结合起来,可以很容易确定翼型绕流。在这里,上表面流动和下表面流动是相互独立的——这一事实与亚声速流动完全不同。如果前缘斜率相对于流动为正,那么激波将在那里生成,又若朝向流动的翼型表面是凸起的话,则紧跟着的将是普朗特-迈耶类型的逐渐膨胀。如果前缘斜率相对于流动为负,那么拐角处将出现膨胀。在翼型的后缘,两个激波将来自上表面和下表面的流动转变为相同的方向和相同的压力。然而,这两个区域的流速并不相同。于是,我们有一个尾涡面(见图 10.3)。

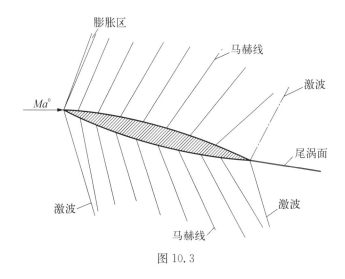

图 10.3

通过对表面上的压力分布进行积分,我们可以获得作用在翼面上的升力、阻力和力矩。

当然,离翼型较远处的流动不可能与沿表面的流动保持相同的状态。当然,激波必然在远处消失,这样整个流场中损失的总能量是有限的,这对应于翼型的有限阻力。我们看到,激波确实会被与之相交的膨胀波逐渐削弱,最后只剩下无穷小强度的波,也即马赫波。

然而,如果激波逐渐减弱,那么其倾角一定会逐渐改变。这意味着激波是弯曲的。根据式(4.37),位于前缘的曲面激波将会把涡量引入到流动中。于是,翼型绕流为有旋的,这与普朗特-迈耶流动中采用的无旋流动假设是矛盾的。然而,我们很快将看到,这个困难并不是很严重的,因为引入到流动中的涡量非常小,可以忽略不计。因此,上面概述的解是足够准确的,尽管不精确。

为了证明引入的涡量很小,我们首先要计算跨过流动偏转 θ 角的斜激波的熵增(见图 10.4)。

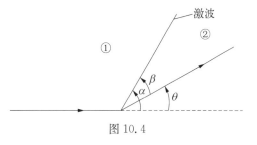

图 10.4

根据第 3 章中确立的关系式

$$\frac{p_2}{p_1} = \frac{2\gamma}{\gamma+1} Ma_1^2 \sin^2\alpha - \frac{\gamma-1}{\gamma+1}, \qquad \frac{\rho_1}{\rho_2} = \frac{\gamma-1}{\gamma+1} + \frac{2}{(\gamma+1)Ma_1^2\sin^2\alpha}$$

熵增 ΔS 由以下关系式给出

$$\frac{\Delta S}{c_V} = \log\frac{p_2}{p_1} + \gamma\log\frac{\rho_1}{\rho_2} \tag{10.13}$$

现在令

$$\frac{\rho_1}{\rho_2} = 1 - Z \tag{10.14}$$

于是有

$$\frac{1}{Ma_1^2\sin^2\alpha} = 1 - \frac{\gamma+1}{2}Z$$

因此

$$\frac{p_2}{p_1} = \frac{1 + \dfrac{\gamma-1}{2}Z}{1 - \dfrac{\gamma+1}{2}Z} \tag{10.15}$$

现在对于薄翼型来说,前缘是尖锐的,激波不可能很强,密度变化也很小。因此 Z 很小。于是,我们可以将式(10.14)和式(10.15)代入式(10.13),并将结果展开为 Z 的幂级数:

$$\frac{\Delta S}{c_V} = \frac{1}{12}Z^3\gamma(\gamma^2-1) + \cdots$$

或者

$$\frac{\Delta S}{c_p} = \frac{1}{12}(\gamma^2-1)Z^3 + \cdots \tag{10.16}$$

但是 Z 是什么呢? 根据斜激波关系式,有

$$Z = \frac{(\tan\alpha + \cot\alpha)\tan\theta}{1 + \tan\alpha\tan\theta}$$

对于流动偏转小的斜激波,α 非常接近马赫角。因此

$$\tan\alpha \approx \frac{1}{\sqrt{Ma_1^2-1}}$$

并且

$$\cot\alpha \approx \sqrt{Ma_1^2-1}$$

那么,式(10.16)可以写成

$$\frac{\Delta S}{c_p} = \frac{1}{12}(\gamma^2 - 1)\left(\frac{Ma_1{}^2}{\sqrt{Ma_1{}^2 - 1}}\right)^2 \theta^3 + \cdots \tag{10.17}$$

或者

$$\frac{\Delta S}{c_p} = \frac{1}{12}(\gamma^2 - 1)Ma_1{}^6\left(\frac{\theta^{2/3}}{Ma_1{}^2 - 1}\right)^{3/2} \theta^2 + \cdots \tag{10.18}$$

因此,对于厚度小的翼型,与厚度比 δ 同量级的 θ 是很小的,于是熵的变化可以忽略不计。确切地说,根据式(4.37),涡量与 $\dfrac{\mathrm{d}S}{\mathrm{d}n}$ 成正比,其中 n 是垂直于流线的距离。

但是

$$\frac{\mathrm{d}S}{\mathrm{d}n} = \frac{\mathrm{d}S}{\mathrm{d}\theta}\frac{\mathrm{d}\theta}{\mathrm{d}n}$$

对于超声速马赫数,$\dfrac{\mathrm{d}\theta}{\mathrm{d}n}$ 是激波曲率的量级,而激波曲率又是表面曲率的量级。表面曲率的量级为厚度比 δ。因此,被忽略的涡量是 δ^3 的量级。这对于所有传统的超声速翼型来说都是很小的[†]。

10.4 阿克雷特公式

当表面的斜率很小时,例如薄翼型的情况,我们可以很容易地直接使用式(10.6)计算气动特性。所以,对于 θ 和速度 q 的微小变化,q 大约等于自由流速度 U,Ma 大约等于自由流马赫数 Ma^0。因此

$$\delta q = -\frac{U}{\sqrt{Ma^{0\,2} - 1}}(\delta\theta)$$

因此,压力系数 C_p 由式(2.42)可知：

$$C_p = -\frac{2(\delta\theta)}{\sqrt{Ma^{0\,2} - 1}} \tag{10.19①}$$

这是由 J. 阿克雷特首先使用的。

如果 ζ_u 是占据 x 轴从 $x=0$ 到 $x=c$(c 为弦长)的部分的翼型上表面的纵坐标,那么对于上表面(见图 10.5),有

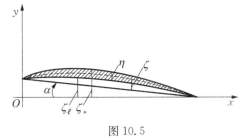

图 10.5

† Crocco 给出了考虑到曲率的精确处理前缘周围流动的方法。

① 式(2.42)是 C_p 的一阶近似,$C_p = -2\left(\dfrac{\Delta v}{U}\right)$,令 $\delta q/U \approx \Delta v$,则上面含 δq 的公式与式(2.42)可推出式(10.19)。且式中负号应为正号。——译注

$$\delta\theta \approx + \frac{\mathrm{d}\zeta_u}{\mathrm{d}x}$$

因此,对于上表面而言,

$$C_{p_u} = + \frac{2}{\sqrt{Ma^{0^2}-1}} \frac{\mathrm{d}\zeta_u}{\mathrm{d}x} \qquad (10.20)$$

类似地,如果 ζ_l 是下表面的纵坐标,那么对于下表面

$$C_{p_l} \approx - \frac{2}{\sqrt{Ma^{0^2}-1}} \frac{\mathrm{d}\zeta_l}{\mathrm{d}x} \qquad (10.21)$$

因此,升力系数 C_l 为

$$C_l = \int_0^C (-C_{p_u} + C_{p_l}) \frac{\mathrm{d}x}{c} - \frac{2}{\sqrt{Ma^{0^2}-1}} \frac{1}{c} \int_0^c \left(\frac{\mathrm{d}\zeta_u}{\mathrm{d}x} + \frac{\mathrm{d}\zeta_l}{\mathrm{d}x} \right) \mathrm{d}x$$

$$= \frac{2}{\sqrt{Ma^{0^2}-1}} \left[\frac{\zeta_u(0) - \zeta_u(c)}{c} + \frac{\zeta_l(0) - \zeta_l(c)}{c} \right]$$

由于翼型的轮廓线是封闭的,所以, $\zeta_u(0) = \zeta_l(0)$, $\zeta_u(c) = \zeta_l(c)$。 此外, $\dfrac{\zeta_u(0) - \zeta_u(c)}{c}$ 是弦线的几何攻角 α。 因此有

$$C_l = \frac{4\alpha}{\sqrt{Ma^{0^2}-1}} \qquad (10.22)$$

由此可见,升力系数 C_l 与翼型的厚度分布和弯度无关,但与几何攻角成正比。

现在我们把翼型的表面纵坐标分成三部分:

(1) 弦线的几何攻角 α;

(2) 弯度纵坐标 $\zeta(x)$: $\zeta(0) = \zeta(c) = 0$;

(3) 厚度纵坐标 $\eta(x)$: $\eta(0) = \eta(c) = 0$。

于是有

$$\frac{\mathrm{d}\zeta_u}{\mathrm{d}x} = -\alpha + \frac{\mathrm{d}\zeta}{\mathrm{d}x} + \frac{\mathrm{d}\eta}{\mathrm{d}x}$$

和

$$\frac{\mathrm{d}\zeta_l}{\mathrm{d}x} = -\alpha + \frac{\mathrm{d}\zeta}{\mathrm{d}x} - \frac{\mathrm{d}\eta}{\mathrm{d}x}$$

因此,阻力系数为

$$C_d = \int_0^c \left(C_{p_u} \frac{\mathrm{d}\zeta_u}{\mathrm{d}x} - C_{p_l} \frac{\mathrm{d}\zeta_l}{\mathrm{d}x} \right) \frac{\mathrm{d}x}{c}$$

$$= \frac{2}{\sqrt{Ma^{0^2}-1}} \int_0^1 \left[\left(-\alpha + \frac{\mathrm{d}\zeta}{\mathrm{d}x} + \frac{\mathrm{d}\eta}{\mathrm{d}x} \right)^2 + \left(-\alpha + \frac{\mathrm{d}\zeta}{\mathrm{d}x} - \frac{\mathrm{d}\eta}{\mathrm{d}x} \right)^2 \right] \mathrm{d}\left(\frac{x}{c} \right)$$

或者

$$C_d = \frac{4\alpha^2}{\sqrt{Ma^{0\,2}-1}} + \frac{4}{\sqrt{Ma^{0\,2}-1}}\int_0^1 \left(\frac{\mathrm{d}\zeta}{\mathrm{d}x}\right)^2 \mathrm{d}\left(\frac{x}{c}\right) + \frac{4}{\sqrt{Ma^{0\,2}-1}}\int_0^1 \left(\frac{\mathrm{d}\eta}{\mathrm{d}x}\right)^2 \mathrm{d}\left(\frac{x}{c}\right)$$

(10.23)

厚度分布 η 要根据结构强度的需要确定。

因此,式(10.23)的最后一项只能通过更好的结构设计来减少,但不能完全消除。式(10.23)的第二项,即由于弯度而产生的项,可以,而且也应该取消,因为弯度不会产生任何升力。因此,超声速翼型应该是一个没有任何弯度的对称截面,以减少阻力。

对于具有相似的对称截面这一类,$\zeta=0$,而 $\eta(x)$ 可以写成

$$\eta(x) = \delta h(x)$$

(10.24)

式中,δ 为截面的厚度比;$h(x)$ 为半厚度分布函数,在最大纵坐标处最大值为 1/2。于是式(10.23)可以写成

$$C_d = \frac{4\alpha^2}{\sqrt{Ma^{0\,2}-1}} + \delta^2\left[\frac{4}{\sqrt{Ma^{0\,2}-1}}\int_0^1 \left(\frac{\mathrm{d}h}{\mathrm{d}x}\right)^2 \mathrm{d}\left(\frac{x}{c}\right)\right]$$

(10.25)

这清楚地表明,厚度引起的阻力与厚度的平方成正比。因此超声速翼型应尽可能做得薄一些。

10.5　进一步的说明

将本章概述的理论计算结果与试验做比较的时候,发现两者之间符合得相当不错,特别是当使用 10.3 节中更精确的理论时。然而,翼型后缘附近的压力通常不能很好地预测。我们将在后面的章节中看到,这种偏差是由于激波和边界层的相互作用造成的。

为了减小超声速阻力就需要非常薄的截面,这促使 Busemann 提出了双翼机的想法。他和 Walchner 证明,通过适当地布置两个翼面,由两个内表面产生的波几乎可以通过相互干扰而完全抵消。因此,两个翼面的阻力几乎等于其中一个翼面的阻力(未考虑表面摩擦)。从结构上看,双翼机结构非常有利,它允许使用非常薄的截面。

参考文献

[1] Meyer, T. : " Über zweidimensionale Bewegungasvorgange in einem Gas, das mit Uberschallgeschwindigkeit strömt". Verein der Deutschen Ingenieure. Forschungsheft, No. 62 (1908)

[2] Prandtl, L. and Busemann, A. : "Naherungsverfahren zur zeichnerischen Ermittlung von ebenen Strömungen mit Überschallgeschwindigkeit". Stodola Festschrift, Zurich, p. 499 (1929)

[3] Puckett, A. E. :"Supersonic Nozzle Design". J. Appl. Mech. , Vol. 13, No. 4, pp. 265 - 270 (1946)

[4] Shapiro, A. and Edelman, G. :"Method of Characteristics for Two Dimensional Supersonic Flow — Graphical and Numerical Procedures". J. Appl. Mech. , Vol. 14, No. 2, pp. 154 - 162 (1947)

[5] Ackeret, J. :"Luftkrafte auf Flugel, die mit grosserer als Schallgeschwindigkeit bewegt werden". Z. F. M. , Vol. 16, pp. 72 - 74 (1925)

[6] Taylor, G. I. :"Applications to Aeronautics of Ackeret's Theory of Airfoils Moving at Speeds Greater than that of Sound". British R. & M. No. 1467 (1932)

[7] Hooker, S. G. :"The Pressure Distribution and Forces on Thin Airfoil Sections Having Sharp Leading and Trailing Edges and Moving with Speeds Greater than that of Sound". British R. & M. No. 1721 (1936)

[8] Crocco, L. : "Singolarita della currente gassosa Ipercustica nell' intorno di una prora a diedro". L'Aerotecnica, Vol. 17, pp. 519 – 536 (1937)[1]

[9] Ferri, A. :"Experimental Results with Airfoils Tested in the High Speed Tunnel at Guidonia". NACA TM 946 (1940)

[10] Ivey, H. , Stickle, G. , and Schuettler, A. :"Charts for Determining the Characteristics of Sharp-Nosed Airfoils in Two Dimensional Flow at Supersonic Speeds", NACA TN No. 1143 (1947)

[11] Ivey, H. :"Notes on the Theoretical Characteristics of Two Dimensional Supersonic Airfoils". NACA TN No. 1179 (1947)

[12] Busemann, A. : "Aerodynamischer Auftrieb bei Überschallgeschwindigkelt". Luftfahrtforschung, Bd. 12, Nr. 6, pp. 210 – 220 (1935)

[13] Walchner, O. :"Zur Frage der Widerstandverrungerung von Tragflugeln bei Überschallgeschwindigkeit durch Doppeldeckeranordnung". Luftfahrtforschung, Bd. 14, Nr. 2, pp. 55 – 62 (1937)

[14] Ferri, A. :"Experiments at Supersonic Speeds on a Biplane of the Busemann Type". British RTP Trans, No. 1467 (1940)

[15] Lighthill, M. J. :"A Note on Supersonic Biplanes". British R. & M. No. 2002 (1944)

[16] Moeckel, W. E. : "Theoretical Aerodynamic Coefficients of Two-Dimensional Supersonic Biplanes". NACA TN No. 1316 (1947)

---

[1] 原稿此处页码错误,已修改。——译注

第 11 章　跨声速和高超声速相似律

从前面几章的讨论中我们已经看到,具有超声速和亚声速区域的跨声速流动非常复杂,不容易进行理论分析。此外,即使是薄体也不能用线性化理论来处理。这一点可以从下述事实很明显地看出来,亚声速自由流的普朗特-格劳特理论和超声速自由流的阿克雷特理论,两者都会在自由流马赫数接近于 1 时得出力以及压力系数均变为无穷大的结果。在本章中,我们将从准确的微分方程中推导出一个跨声速绕薄体流动的方程。也就是说,我们将推导出一个方程,适用区域内每个点的速度都非常接近声速均匀流的速度。这个方程首先由冯·卡门建立,尽管比准确的方程更简单,但它是非线性方程。然而,我们可以从问题的一般关系式中得到这种类型流动的相似律。这对于将试验结果和理论结果关联起来特别有用。

然后,我们将把同样的技术应用于流动速度远远大于声速的高超声速流动。

11.1　跨声速流动方程

根据式(4.47),速度势 φ 的准确的微分方程为

$$(a^2 - u^2)\frac{\partial^2 \varphi}{\partial x^2} - 2uv\frac{\partial^2 \varphi}{\partial x \partial y} + (a^2 - v^2)\frac{\partial^2 \varphi}{\partial y^2} = 0 \tag{11.1}$$

声速 a 与速度分量 u 和 v 有关,关系式为

$$a^2 + \frac{\gamma - 1}{2}(u^2 + v^2) = \frac{\gamma + 1}{2}a^{*2} \tag{11.2}$$

式中,a^* 为临界声速或对应于马赫数 1 的声速。

现在我们要做一个特殊的假设,即所有的速度必须近似等于声速 a^*,也就是说,我们研究的是流过细长体的跨声速绕流。因此

$$\begin{cases} u = a^* + \dfrac{\partial \varphi}{\partial x} \\ v = \dfrac{\partial \varphi}{\partial y} \end{cases} \tag{11.3}$$

设 δ 为物体的厚度比,它是一个很小的量。在物体的表面,流动一定是沿着表面行进的。但是由于物体很薄,或者 δ 很小,表面可以用 x 轴代替,于是,我们有

$$\frac{1}{a^*}\frac{\partial \varphi}{\partial y} = \delta h\left(\frac{x}{c}\right), \quad y = \pm 0 \tag{11.4}$$

式中，h 为物体的斜率分布函数；c 为弦长。远离物体的流速必须是均匀的，并且等于自由流的速度 U。因此

$$\frac{\partial \varphi}{\partial y} = 0$$

$$\frac{\partial \varphi}{\partial x} = U - a^* \tag{11.5}$$

在 ∞ 处：

但是式(11.2)表明，近似地

$$a^{0^2} + \frac{\gamma - 1}{2} \left[a^{*2} + 2a^* \left(\frac{\partial \varphi}{\partial x} \right)_\infty \right] \approx \frac{\gamma + 1}{2} a^{*2}$$

或者

$$\frac{a^0}{a^*} \approx 1 - \frac{\gamma - 1}{2} \frac{1}{a^*} \frac{\partial \varphi}{\partial x}$$

于是，式(11.5)的第二个方程可以写成

$$\frac{1}{a^*} \frac{\partial \varphi}{\partial x} = \frac{U}{a^0} \frac{a^0}{a^*} - 1 \approx (Ma^0 - 1) - \frac{\gamma - 1}{2} Ma^0 \frac{1}{a^*} \frac{\partial \varphi}{\partial x}$$

$$\approx (Ma^0 - 1) - \frac{\gamma - 1}{2} \frac{1}{a^*} \frac{\partial \varphi}{\partial x}$$

因此，无穷远处的边界条件是

$$\frac{\partial \varphi}{\partial y} = 0$$

$$\frac{\partial \varphi}{\partial x} = a^* \frac{2}{\gamma + 1} (Ma^0 - 1) \tag{11.6}$$

我们现在将进行坐标转换。为此，首先观察到，如果线性化解是正确的，那么，当 Ma^0 接近 1 时式(6.17)给出，

$$\frac{\partial^2 \varphi}{\partial y^2} \approx 0$$

或者

$$\frac{\partial \varphi}{\partial y} \approx f(x)$$

流谱如图 11.1 所示。

因此，扰动在横向延伸得非常远。为了处理这种类型的流动，我们必须收缩 y 坐标，也即，使横向流型坍缩。为此，我们令

$$x = c\xi, \quad y = c(\delta\Gamma)^{-n}\eta \tag{11.7}$$

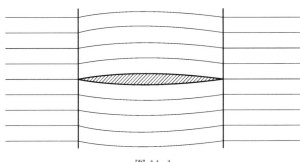

图 11.1

其中，

$$\Gamma = \frac{\gamma+1}{2} \tag{11.8}$$

并且，n 是待确定的正指数。为了满足边界条件(11.6)，我们看到 φ 必须是以下形式：

$$\varphi = ca^* \, \frac{1-Ma^0}{\Gamma} F(\xi, \eta) \tag{11.9}$$

现在我们可以计算式(11.1)中的各项。因此有

$$(a^2 - u^2)\frac{\partial^2 \varphi}{\partial x^2} = \left[\frac{\gamma+1}{2} a^{*2} - \frac{\gamma-1}{2}(u^2 + v^2) - u^2 \right] \frac{\partial^2 \varphi}{\partial x^2}$$

$$= \left[\frac{\gamma+1}{2}(a^{*2} - u^2) - \frac{\gamma+1}{2} v^2 \right] \frac{\partial^2 \varphi}{\partial x^2}$$

$$= - \left\{ \Gamma\left[2a^* \frac{\partial \varphi}{\partial x} + \left(\frac{\partial \varphi}{\partial x} \right)^2 \right] + \frac{\gamma-1}{2} \left(\frac{\partial \varphi}{\partial y} \right)^2 \right\} \frac{\partial^2 \varphi}{\partial x^2}$$

或者取最低阶项，我们得到

$$(a^2 - u^2)\frac{\partial^2 \varphi}{\partial x^2} \approx - \frac{a^{*3}}{c}(1-Ma^0)\left(\frac{1-Ma^0}{\Gamma} \right) 2 \frac{\partial F}{\partial \xi} \frac{\partial^2 F}{\partial \xi^2} \tag{11.10}$$

类似地，有

$$-2uv\frac{\partial^2 \varphi}{\partial x \partial y} \approx -2 \frac{a^{*3}}{c} \frac{(1-Ma^0)^2}{\Gamma^2}(\Gamma\delta)^{2n} \frac{\partial F}{\partial \eta} \frac{\partial^2 F}{\partial \xi \partial \eta} \tag{11.11}$$

并且

$$(a^2 - v^2)\frac{\partial^2 \varphi}{\partial y^2} = \frac{a^{*3}}{c}\left(\frac{1-Ma^0}{\Gamma} \right)(\Gamma\delta)^{2n} \frac{\partial^2 F}{\partial \eta^2} \tag{11.12}$$

式(11.11)给出的项肯定小于式(11.10)和式(11.12)给出的项。因此

$$\frac{\partial^2 F}{\partial \eta^2} = 2 \frac{1-Ma^0}{(\Gamma\delta)^{2n}} \frac{\partial F}{\partial \xi} \frac{\partial^2 F}{\partial \xi^2} \tag{11.13}$$

边界条件(11.4)现在可以写成

$$\frac{1-Ma^0}{(\Gamma\delta)^{1-n}}\frac{\partial F}{\partial \eta}=h(\xi), \quad \eta=\pm 0 \tag{11.14}$$

因此,我们可以将微分方程组和边界条件简化为只包含一个参数,如果

$$1-n=2n$$

或者

$$n=\frac{1}{3} \tag{11.15}$$

于是,微分方程变为

$$\frac{\partial^2 F}{\partial \eta^2}=2K\frac{\partial F}{\partial \xi}\frac{\partial^2 F}{\partial \xi^2}, \quad K=\frac{1-Ma^0}{(\Gamma\delta)^{2/3}} \tag{11.16}$$

边界条件变为

$$在弦长上,\left(\frac{\partial F}{\partial \eta}\right)_{\eta=\pm 0}=\frac{1}{K}h(\xi) \tag{11.17}$$

$$且在\infty处,\frac{\partial F}{\partial \eta}=0, \frac{\partial F}{\partial \xi}=-1 \tag{11.18}$$

故而,由式(11.16)、式(11.17)和式(11.18)组成的方程组将给出一系列具有不同厚度比 δ 的类似物体的绕流。具体来说,对于参数 K 的任何一个值,流动由一个函数 $F(\xi, \eta)$ 给出。为了与其他线性化理论进行比较,写为如下关系式比较方便:

$$K=\frac{1}{2}\frac{1-Ma^{0^2}}{(\Gamma\delta)^{2/3}} \tag{11.19}$$

在 Ma^0 非常接近于1的区域,这显然相当于跨声速时 K 的原始定义,$K>0$ 的情况对应亚声速自由流速度;$K<0$ 的情况对应于超声速自由流速度,在这种情况下,边界条件式(11.18)仅适用于物体前缘引起的扰动的前方。

11.2   跨声速相似律

根据式(2.42),压力系数 C_p 表达式如下:

$$C_p=\frac{p-p^0}{\frac{1}{2}\rho^0 U^2}\approx -2\frac{(u-U)}{U}$$

然后,由式(11.3)和式(11.6),我们得出

$$C_p=-\frac{2(1-Ma^0)}{\Gamma}\left(1+\frac{\partial F}{\partial \xi}\right)$$

$$=-\frac{1-Ma^{0^2}}{\Gamma}\left(1+\frac{\partial F}{\partial \xi}\right) \tag{11.20①}$$

_____

① 式(11.20)原稿如此。——译注

但是翼型表面上的 $\dfrac{\partial F}{\partial \xi}$ 值是 K 和 ξ 的函数。因此

$$C_p = \frac{\delta^{2/5}}{\Gamma^{1/3}} \mathcal{P}(K, \xi) \tag{11.21}$$

其中 $\mathcal{P}$ 是压力函数,由下式给出:

$$\mathcal{P}(K, \xi) = -2K\left(1 + \frac{\partial F}{\partial \xi}\right) \tag{11.22}$$

升力系数等于围绕翼型周线的 C_p 的积分:

$$C_l = \frac{1}{c}\oint C_p \, \mathrm{d}x = \oint C_p \, \mathrm{d}\xi$$

因此有

$$C_l = \frac{\delta^{2/3}}{\Gamma^{1/3}} \mathcal{L}(K) \tag{11.23}$$

类似地,阻力系数 C_d 由下式给出:

$$C_d = \frac{1}{c}\oint C_p \, \frac{\mathrm{d}y}{\mathrm{d}x} \mathrm{d}x$$
$$= \oint C_p \delta h(\xi) \mathrm{d}\xi$$

所以,有

$$C_d = \frac{\delta^{5/3}}{\Gamma^{1/3}} \mathcal{D}(K) \tag{11.24}$$

相对于固定弦点的力矩系数 C_m 将为

$$C_m = \frac{\delta^{2/3}}{\Gamma^{1/3}} \mathcal{M}(K) \tag{11.25}$$

式(11.23)、式(11.24)和式(11.25)意味着,当 K 为某个固定值时,比方说,$Ma^0 = 1$ 时 $K = 0$,厚度分布相似的翼型的阻力系数与 $\delta^{\frac{5}{3}}$ 成正比,升力系数和力矩系数与 $\delta^{\frac{2}{3}}$ 成正比,并且所有系数都与 $(\gamma + 1)^{\frac{1}{3}}$ 成反比。此外,如果通过试验知道了一种翼型的某个力系数在跨声速范围内与马赫数的函数关系,那么通过前面的公式就可以知道在类似速度范围内任意与该翼型类似但小厚度比的翼型的这个力系数。

到目前为止所获得的结果是基于运动是无旋的假设。实际上,由于跨声速流动普遍存在弯曲激波,严格意义上讲,流不可能是无旋的。然而,式(10.18)表明,即使在这种情况下,激波引起的熵变也是 δ^2 的量级。因此,由激波引入的涡量的大小为可以忽略的量级。最近的试验,由于相似律与试验数据一致,似乎证实了这一事实。

11.3　微超声速流动

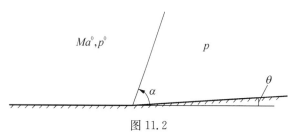

图 11.2

让我们来看看,当自由流马赫数仅略大于 1,而且速度矢量的倾角很小时,斜激波和普朗特-迈耶流的精确解是如何简化到符合我们的跨声速相似律的,这也是很有意思的。让我们先来看斜激波的情况。

根据斜激波(见图 11.2),有

$$\frac{p}{p^0} = \frac{2\gamma}{\gamma+1} Ma^{0^2} \sin^2\alpha - \frac{\gamma-1}{\gamma+1} \tag{11.26}$$

然而,倾角为 θ 的表面上的压力系数 C_p 为

$$C_p = \frac{2}{\gamma Ma^{0^2}} \left(\frac{p}{p^0} - 1 \right)$$

因此,式(11.26)给出

$$C_p = \frac{4}{\gamma+1} \left(\sin^2\alpha - \frac{1}{Ma^{0^2}} \right)$$

或者

$$\sin^2\alpha = \frac{\Gamma C_p}{2} + \frac{1}{Ma^{0^2}} \tag{11.27}$$

另一方面,

$$\frac{\tan(\alpha-\theta)}{\tan\alpha} = \frac{\gamma-1}{\gamma+1} + \frac{2}{\gamma+1} \frac{1}{Ma^{0^2}\sin^2\alpha}$$

或者

$$\frac{(\tan\alpha + \cot\alpha)\tan\theta}{1 + \tan\alpha\tan\theta} = \frac{1}{\Gamma} \frac{\sin^2\alpha - \dfrac{1}{Ma^{0^2}}}{\sin^2\alpha}$$

这可以改写为

$$(\tan\alpha + \cot\alpha)\tan\theta(\Gamma\sin^2\alpha) = \left(\sin^2\alpha - \frac{1}{Ma^{0^2}} \right)(1 + \tan\alpha\tan\theta)$$

借助于式(11.27),此方程可以写为

$$\tan\theta \left(1 - \frac{C_p}{2} \right) \left(\frac{\Gamma C_p}{2} + \frac{1}{Ma^{0^2}} \right)^{\frac{1}{2}} = \frac{C_p}{2} \left(1 - \frac{\Gamma C_p}{2} + \frac{1}{Ma^{0^2}} \right)^{\frac{1}{2}} \tag{11.28}$$

现在我们可以利用跨声速流的特殊条件。θ 很小,根据式(11.21),有

$$C_p = \frac{\theta^{\frac{2}{3}}}{\Gamma^{\frac{1}{3}}} \mathcal{P}^{(1)}(K_1) \tag{11.29}$$

式中,

$$K_1 = \frac{1}{2} \frac{Ma^{0^2} - 1}{(\Gamma\theta)^{\frac{2}{3}}}, \quad K_1 \geqslant 0 \tag{11.30}$$

于是

$$\frac{1}{Ma^{0^2}} = 1 - 2K_1(\Gamma\theta)^{\frac{2}{3}} + \cdots \tag{11.31}$$

通过代入式(11.28),并取最低阶项,我们得到

$$1 = \frac{\mathcal{P}^{(1)^2}}{4}\left(2K_1 - \frac{\mathcal{P}^{(1)}}{2}\right) \tag{11.32}$$

这立即证明了跨声速参数的正确性,因为否则我们就不可能有一个仅涉及 $\mathcal{P}$ 和 K 的关系式。

式(11.32)是 $\mathcal{P}$ 的三次方程,要解这个方程,我们令

$$f = \frac{2}{\mathcal{P}^{(1)}} \tag{11.33}$$

于是,式(11.32)转换为

$$f^3 - 2K_1 f + 1 = 0$$

这个方程将有三个实根[†],如果满足下式,则其中两个实根相等

$$\frac{1}{4} - \frac{8}{27}K_1^{*^3} = 0$$

也即

$$K_1^* = \frac{3}{2}\frac{1}{4^{\frac{1}{3}}} = 0.945 \tag{11.34}$$

那么,两个相异的根是

$$f = \frac{1}{2^{\frac{1}{3}}} \text{ 和 } f = -2^{\frac{2}{3}}$$

第二个根将给出负的 $\mathcal{P}^{(1)}$,进而得到负的 C_p 值。由于流动总是被激波压缩,并且 C_p 是正值,因此这个根没有物理意义。于是,对应于由式(11.34)给出的 K_1^* 的 $\mathcal{P}^{(1)}$ 的唯一值为

$$\mathcal{P}^{(1)*} = 2^{\frac{4}{3}} = 2.502 \tag{11.35}$$

† 见下列参考文献:Burington, R. S.:"Handbook of Mathematical Tables and Formulas", Handbook Publishers, Inc. p. 8.

这种情况实际上 K_1^* 是在给定 Ma^0 下 K_1 的最低物理上的可能值或 θ 的最大可能值。因此，这是对应于激波附着机翼前缘的临界值。

对于较大的 K_1 值，物理上有意义的 f 值由下式给出：

$$f_1 = 2\sqrt{\frac{2}{3}K_1}\cos\left(\frac{\pi-\beta}{3}\right) > 0$$

$$f_2 = 2\sqrt{\frac{2}{3}K_1}\cos\left(\frac{\pi+\beta}{3}\right) > 0$$

其中，β 由下式给出

$$\cos\beta = \sqrt{\frac{27}{32}\frac{1}{K_1^3}} = \frac{3}{4}\sqrt{\frac{3}{2}\frac{1}{K_1^3}} \tag{11.36}$$

那么，$\mathscr{P}^{(1)}$ 的相应值为

$$\mathscr{P}_1^{(1)} = 1\Big/\left[\sqrt{\frac{2}{3}K_1}\cos\left(\frac{\pi-\beta}{3}\right)\right] \tag{11.37}$$

$$\mathscr{P}_2^{(1)} = 1\Big/\left[\sqrt{\frac{2}{3}K_1}\cos\left(\frac{\pi+\beta}{3}\right)\right] \tag{11.38}$$

由于 $\mathscr{P}_2^{(1)} > \mathscr{P}_1^{(1)}$，那么 $\mathscr{P}_1^{(1)}$ 对应于弱激波情况，$\mathscr{P}_2^{(1)}$ 对应于强激波情况。$\mathscr{P}_1^{(1)}$ 和 $\mathscr{P}_2^{(1)}$ 的数值由 Tsien(钱学森)和 Baron 给出[†]。

现在让我们考虑一下在微超声速流中的**普朗特-迈耶流**(见图 11.3)。这里的基本关系式由式(10.6)给出：

$$dq = \frac{q\,d\theta}{\sqrt{Ma^2-1}}$$

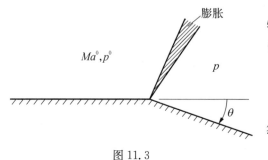

图 11.3

然而

$$dp = -\rho q\,dq$$

因此，通过消去 dq，我们得到

$$dp = -\frac{\rho q^2\,d\theta}{\sqrt{Ma^2-1}} \tag{11.39}$$

通过使用第 2 章中给出的压力系数 C_p 的定义和等熵关系，我们可以得到

$$dC_p = -\frac{2d\theta}{\sqrt{Ma^{0^2}-1}\left[1 - \dfrac{Ma^{0^2}}{Ma^{0^2}-1}\left(1 + \dfrac{\gamma-1}{2}Ma^{0^2}\right)C_p + \cdots\right]^{\frac{1}{2}}} \tag{11.40}$$

---

† 见本章参考文献。

其中包括跨声速流动的所有值得注意的项。

但是

$$C_p = \frac{\theta^{\frac{2}{3}}}{\Gamma^{\frac{1}{3}}} \mathscr{P}^{(2)}(K_1) = \frac{Ma^{0\,2}-1}{2\Gamma} \frac{\mathscr{P}^{(2)}}{K_1} \tag{11.41}$$

因此,对于跨声速流动的特定条件,式(11.40)可以写成

$$\frac{Ma^{0\,2}-1}{2\Gamma} \frac{\mathrm{d}}{\mathrm{d}K_1}\left(\frac{\mathscr{P}^{(2)}}{K_1}\right)\left(-\frac{2}{3}\frac{K_1}{\theta}\right) = -\frac{2}{\sqrt{Ma^{0\,2}-1}\left(1-\frac{1}{2}\frac{\mathscr{P}^{(2)}}{K_1}\right)^{\frac{1}{2}}}$$

或者,如果我们令

$$g = \frac{\mathscr{P}^{(2)}}{K_1} \tag{11.42}$$

那么

$$\frac{1}{3}K_1^{\frac{5}{2}}\frac{\mathrm{d}g}{\mathrm{d}K_1} = \frac{1}{\sqrt{2-g}}$$

所以

$$\sqrt{2-g}\,\mathrm{d}g = \frac{3}{K_1^{\frac{5}{2}}}\mathrm{d}K_1$$

这个方程很容易积分,积分结果为

$$-\frac{2}{3}(2-g)^{\frac{3}{2}} = -\frac{2}{K_1^{\frac{3}{2}}} + C$$

或者

$$(2-g)^{\frac{3}{2}} = \frac{3}{K_1^{\frac{3}{2}}} + C \tag{11.43}$$

式中,C 为常数。再则,若自由流的流动方向没有偏转,或者说若 $\theta=0$,那么 $C_p=0$。因此式 (11.30)和式(11.41)要求,当 $K_1 \to \infty$ 时,$g=0$, 于是, $C=2^{\frac{3}{2}}$。 因此式(11.43)可以写为

$$g = 2\left\{1 - \left[1 + \frac{3}{(2K_1)^{\frac{3}{2}}}\right]^{\frac{2}{3}}\right\} \tag{11.44}$$

于是,由式(11.42)可以给出 $\mathscr{P}^{(2)}$ 为

$$\mathscr{P}^{(2)} = \{2K_1 - [(2K_1)^{\frac{3}{2}} + 3]^{\frac{2}{3}}\} \tag{11.45}$$

由此可见,当 $Ma^0=1$,$K_1=0$ 时,压力系数 C_p 与 $\theta^{\frac{2}{3}}$ 成正比,或

$$C_p = -\frac{(3\theta)^{\frac{2}{3}}}{\Gamma^{\frac{1}{3}}}; \quad Ma^0=1 \tag{11.46}$$

因此,该压力系数并未像阿克雷特线性化理论的情况那样与 θ 成正比。这清楚地表明了跨声速流动的非线性特征。

11.4 高超声速流动与相似律

阿克雷特的线性化理论表明,细长体的阻力系数随着自由流马赫数的增加而减小,见式(10.23)。对于非常大的 Ma^0,阻力系数趋于 0。但实际情况并非如此。与跨声速流动一样,偏离线性化理论的原因还是因为这个问题不能线性化。事实上,正如我们很快就要看到的,控制方程是非线性的。

设 U 为自由流速度。定义 φ 为扰动的速度势,则有

$$u = U + \frac{\partial \varphi}{\partial x}, \quad v = \frac{\partial \varphi}{\partial y} \tag{11.47}$$

φ 的准确的微分方程为

$$\left(1 - \frac{u^2}{a^2}\right)\frac{\partial^2 \varphi}{\partial x^2} - 2\frac{uv}{a^2}\frac{\partial^2 \varphi}{\partial x \partial y} + \left(1 - \frac{v^2}{a^2}\right)\frac{\partial^2 \varphi}{\partial y^2} = 0 \tag{11.48}$$

式中,a 为局部声速。它由式(11.49)给出:

$$a^2 = a^{0^2} - \frac{\gamma-1}{2}\left[2U\frac{\partial \varphi}{\partial x} + \left(\frac{\partial \varphi}{\partial x}\right)^2 + \left(\frac{\partial \varphi}{\partial y}\right)^2\right] \tag{11.49}$$

将式(11.49)代入式(11.48),我们得到

$$\left\{1 - Ma^{0^2} - \frac{\gamma+1}{2}\left[2Ma^0\frac{1}{a^0}\frac{\partial \varphi}{\partial x} + \left(\frac{1}{a^0}\frac{\partial \varphi}{\partial x}\right)^2\right] - \frac{\gamma-1}{2}\left(\frac{1}{a^0}\frac{\partial \varphi}{\partial y}\right)^2\right\}\frac{\partial^2 \varphi}{\partial x^2} -$$

$$2\left(Ma^0 + \frac{1}{a^0}\frac{\partial \varphi}{\partial x}\right)\left(\frac{1}{a^0}\frac{\partial \varphi}{\partial y}\right)\frac{\partial^2 \varphi}{\partial x \partial y} + \left\{1 - \frac{\gamma-1}{2}\left[2Ma^0\frac{1}{a^0}\frac{\partial \varphi}{\partial x} + \left(\frac{1}{a^0}\frac{\partial \varphi}{\partial x}\right)^2\right] - \right.$$

$$\left.\frac{\gamma+1}{2}\left(\frac{1}{a^0}\frac{\partial \varphi}{\partial y}\right)^2\right\}\frac{\partial^2 \varphi}{\partial y^2} = 0 \tag{11.50}$$

我们现在观察到,如果逐渐增加翼型绕流的自由流马赫数,那么前缘激波角就会减小。这意味着扰动区域将会变得更窄。在非常大的马赫数下,这个扰动区域将非常狭窄,因此为了研究这个区域,我们必须扩展横向坐标。这与收缩横向坐标的跨声速流动相反。假设 δ 是厚度比,c 是弦长,那么有

$$x = c\xi, \quad y = c\delta^n\eta \tag{11.51}$$

φ 的适当形式为

$$\varphi = a^0 c \frac{1}{Ma^0} f(\xi,\ \eta) \tag{11.52}$$

通过这些替换,式(11.50)可以通过只保留最低阶项而简化为

$$\left[1-(\gamma-1)\frac{\partial f}{\partial \xi}-\frac{\gamma+1}{2}\frac{1}{(Ma^0\delta)^{2n}}\left(\frac{\partial f}{\partial \eta}\right)^2\right]\frac{\partial^2 f}{\partial \eta^2}=(Ma^0\delta)^{2n}\frac{\partial^2 f}{\partial \xi^2}+2\frac{\partial f}{\partial \eta}\frac{\partial^2 f}{\partial \xi \partial \eta} \tag{11.53}$$

在前缘激波之前的各点,自由流条件占主导,

在∞处,

$$\frac{\partial f}{\partial \xi}=\frac{\partial f}{\partial \eta}=0 \tag{11.54}$$

在物体的表面,我们有

$$\left(\frac{\partial \varphi}{\partial y}\right)_s=a^0 Ma^0\delta h(\xi) \tag{11.55}$$

式中,$h(\xi)$ 为该表面的斜率函数。这个方程可以转换为

$$\left(\frac{\partial f}{\partial \eta}\right)_s=Ma^{0^2}\delta^{1+\eta}h(\xi) \tag{11.56}$$

式(11.53)、式(11.54)和式(11.56)构成的方程组表明,在下列条件下,类似物体上的流动可以只取决于一个参数,如果

$$n=1 \tag{11.57}$$

然后设

$$Ma^0\delta=k \tag{11.58}$$

为高超声速参数,于是,我们得到

$$\left[1-(\gamma-1)\frac{\partial f}{\partial \xi}-\frac{\gamma+1}{2}\frac{1}{k^2}\left(\frac{\partial f}{\partial \eta}\right)^2\right]\frac{\partial^2 f}{\partial \eta^2}=k^2\frac{\partial^2 f}{\partial \xi^2}+2\frac{\partial^2 f}{\partial \eta^2}\frac{\partial^2 f}{\partial \xi \partial \eta} \tag{11.59}$$

$$\begin{cases}\left(\dfrac{\partial f}{\partial \eta}\right)_s=k^2 h(\xi),\quad \text{在表面}\\[2mm]\dfrac{\partial f}{\partial \xi}=\dfrac{\partial f}{\partial \eta}=0,\quad \text{在 ∞ 处}\end{cases} \tag{11.60}$$

我们看到,表面上的边界条件必须在与表面纵坐标对应的 η 值下确定。式(11.51)表明,对于任何给定的厚度分布,表面的 η 值对于所有 δ 都是固定的。此外,这些 η 的值,其量级为 1,这就是为什么式(11.60)中的 $\frac{\partial f}{\partial \eta}$ 值必须取在表面而不是 ξ 轴上的原因。高超声速参数 k 的形式[见式(11.58)]也可以作为高超声速流动的定义:薄体的高超声速流动是指马赫数 Ma^0 的量级等于或大于 $1/\delta$ 的可压缩流动。

Hayes 对式(11.59)提出了一个有启发性的物理解释:通过回到原始变量,式(11.59)可

以写为

$$\left\{\left[a^{0^2}-(\gamma-1)U\frac{\partial\varphi}{\partial x}-\frac{\gamma-1}{2}\left(\frac{\partial\varphi}{\partial y}\right)^2\right]-\left(\frac{\partial\varphi}{\partial y}\right)^2\right\}\frac{\partial^2\varphi}{\partial y^2}$$

$$=U^2\frac{\partial^2\varphi}{\partial x^2}+2U\frac{\partial\varphi}{\partial y}\frac{\partial^2\varphi}{\partial x\partial y} \tag{11.61}$$

现在我们引入转换式

$$x=Ut \tag{11.62}$$

于是式(11.61)转换为

$$\left\{\left[a^{0^2}-(\gamma-1)\frac{\partial\varphi}{\partial f}-\frac{\gamma-1}{2}\left(\frac{\partial\varphi}{\partial y}\right)^2\right]-\left(\frac{\partial\varphi}{\partial y}\right)^2\right\}\frac{\partial^2\varphi}{\partial y^2}=\frac{\partial^2\varphi}{\partial t^2}+2\frac{\partial\varphi}{\partial y}\frac{\partial^2\varphi}{\partial y\partial t}$$
$$\tag{11.63}$$

现在让我们考虑平面波的横向传播,即流体在 y 方向的非定常运动。根据恰当方程的一般形式式(4.46),速度势 φ 的方程为

$$\left[a^2-\left(\frac{\partial\varphi}{\partial y}\right)^2\right]\frac{\partial^2\varphi}{\partial y^2}=\frac{\partial^2\varphi}{\partial t^2}+2\frac{\partial\varphi}{\partial y}\frac{\partial^2\varphi}{\partial y\partial t} \tag{11.64}$$

如果 a^0 是未扰动流体中的声速,则由伯努利方程,即式(4.44)给出

$$a^2=a^{0^2}-(\gamma-1)\left[\frac{\partial\varphi}{\partial t}+\frac{1}{2}\left(\frac{\partial\varphi}{\partial y}\right)^2\right] \tag{11.65}$$

方程组式(11.64)和式(11.65)完全等同于式(11.63)。

因此,我们的高超声速流可以解释为一个观察者以速度 U 在 x 方向上运动时所看到的平面波在 y 方向上的传播。在 y 方向上的平面波意味着在 x 方向上没有调整或传播。一般来说,运动的观察者所看到的情况也应该取决于 x 方向的传播。但是对于高超声速流动而言,U 远大于传播速度 a。因此,观察到的变化应该主要是由于 U 和横向传播引起的。在 x 方向的传播可以忽略不计。

压力系数 C_p 可以借助于式(2.43)来计算。计算结果为

$$C_p=\frac{2}{\gamma Ma^{0^2}}\left\{\left[1-(\gamma-1)\frac{\partial f}{\partial\xi}-\frac{\gamma-1}{2}\frac{1}{k^2}\left(\frac{\partial f}{\partial\eta}\right)^2\right]^{\frac{\gamma}{\gamma-1}}-1\right\}$$

因此

$$C_p=\delta^2\mathscr{P}(k,\gamma;\xi) \tag{11.66}$$

其中

$$\mathscr{P}(k,\gamma;\xi)=\frac{2}{\gamma k^2}\left\{\left[1-(\gamma-1)\frac{\partial f}{\partial\xi}-\frac{\gamma-1}{2}\frac{1}{k^2}\left(\frac{\partial f}{\partial\eta}\right)^2\right]^{\frac{\gamma}{\gamma-1}}-1\right\} \tag{11.67}$$

于是,升力系数 C_l 为:

$$C_l = \frac{1}{c} \oint C_p \, dx = \delta^2 \mathcal{L}(k, \gamma)$$

类似地,阻力系数 C_d 和力矩系数 C_m 由式(11.68)和式(11.69)给出:

$$C_d = \delta^2 \mathcal{D}(k, \gamma) \tag{11.68}$$

并且
$$C_m = \delta^2 \mathcal{M}(k, \gamma) \tag{11.69}$$

这些公式表明:当 $Ma^0 \to \infty$ 或 $k \to \infty$ 时,升力和力矩系数与 δ^2 成正比,阻力系数与 δ^3 成正比。值得注意的是,随着自由流马赫数的增加,阻力系数对厚度比 δ 越来越敏感。对于亚声速,C_d 几乎与 δ 无关。在跨声速下,C_d 与 $\delta^{5/3}$ 成正比。在超声速下,C_d 与 δ^2 成正比。最终,在高超声速下,C_d 与 δ^3 成正比。

作为这些结果的一个应用,让我们考虑无限长楔形物上的流动(见图 11.4)。这里 α 和 θ 都很小。

图 11.4

此处根据式(11.66)

$$C_p = \theta^2 \mathcal{P}(k, \gamma) \tag{11.70}$$

通过将式(11.70)代入一般方程(11.28),并设 $\tan\theta \approx \theta$,我们得到

$$\left(\frac{\mathcal{P}}{2}\right)^2 - \Gamma\left(\frac{\mathcal{P}}{2}\right)^2 - \frac{1}{k^2} = 0$$

因此,物理上有意义的解为

$$\mathcal{P} = \Gamma + \sqrt{\Gamma^2 + \frac{4}{k^2}} \tag{11.71}$$

所以,当 $Ma^0 \to \infty$,$k \to \infty$ 时,我们简单地有

$$C_d = 2\Gamma\theta^3 \tag{11.72}$$

从这个结果可以得出:在无限马赫数下,翼型的阻力系数不为 0,而是有一个渐近的有限值。

参考文献

[1] von Kármán, Th. : "The Similarity Law of Transonic Flow". J. Math. Phys. , Vol. 26, pp. 182 - 190 (1947)

[2] Kaplan, C. : "On Similarity Rules for Transonic Flows". NACA. TN No. 1527 (1948)

[3] Tsien, H. S. : "Similarity Laws of Hypersonic Flows". J. Math. Phys. , Vol. 25, pp. 247 - 251 (1946)

[4] Hayes, W. D. : "On Hypersonic Similitude". Quart. Appl. Math. , Vol. 5, p. 105 (1947)

［5］Tsien，H. S. , and Baron，R. J. :"Airfoils in Slightly Supersonic Flow". J. Aeronaut. Sci. , Vol. 16, pp. 55 - 61 (1949)[①]

［6］Linnell，R. D. :"Two-Dimensional Hypersonic Airfoils". Thesis，M. I. T. (1948). To be published

---

① 原稿写作时此论文尚未发表，后经译者查阅资料补充期刊具体信息。——译注

第3卷

三维流动

第 12 章　细长回转体绕流的线性化理论

在本章中,我们将不再讨论之前所讨论的二维流动,而考虑三维流动。最简单的三维流动当然是那些与回转体相关的流动。如果物体的攻角为零,流动将具有轴对称性,那么问题就是子午面上的二维流动。我们首先要证明,表现为随抽吸压力系数与亚声速自由流马赫数一起增加的**可压缩性效应,远比相应的二维情况小得多**,此外,即使对于细长回转体,**压力系数也没有通用的校正公式。校正公式实际上取决于物体形状。**

本章也将讨论细长回转体的超声速绕流。

12.1　轴对称亚声速流动

如果我们使用柱坐标 x、r、θ,并且用 u、v、w 来表示 x、r、θ 方向上的速度分量,那么速度势 φ 的方程可以从式(4.46)中推出,变为

$$\frac{\partial^2 \varphi}{\partial x^2} + \frac{\partial^2 \varphi}{\partial r^2} + \frac{1}{r}\frac{\partial \varphi}{\partial r} + \frac{1}{r^2}\frac{\partial^2 \varphi}{\partial \theta^2} = \frac{u^2}{a^2}\frac{\partial^2 \varphi}{\partial x^2} + \frac{v^2}{a^2}\frac{\partial^2 \varphi}{\partial r^2} +$$

$$\frac{w^2}{a^2}\frac{1}{r^2}\frac{\partial^2 \varphi}{\partial \theta^2} + 2\frac{uv}{a^2}\frac{\partial^2 \varphi}{\partial x \partial r} + \frac{2}{r}\frac{vw}{a^2}\frac{\partial^2 \varphi}{\partial r \partial \theta} + \frac{2}{r}\frac{wu}{a^2}\frac{\partial^2 \varphi}{\partial x \partial \theta} + \frac{1}{r}\frac{w^2}{a^2}\frac{\partial \varphi}{\partial r} \tag{12.1}$$

如果流动具有轴对称性,那么所有相对于 θ 和 w 的导数都为零。因此

$$\frac{\partial^2 \varphi}{\partial x^2} + \frac{\partial^2 \varphi}{\partial r^2} + \frac{1}{r}\frac{\partial \varphi}{\partial r} = \frac{u^2}{a^2}\frac{\partial^2 \varphi}{\partial x^2} + 2\frac{uv}{a^2}\frac{\partial^2 \varphi}{\partial x \partial r} + \frac{v^2}{a^2}\frac{\partial^2 \varphi}{\partial r^2} \tag{12.2}$$

式(12.1)和式(12.2)都是无旋流动的准确的方程。当压力 p 和密度 ρ 之间的关系被指定时,如等熵关系,则伯努利方程直接得出声速 a 是速度幅值的函数。于是式(12.1)和式(12.2)是速度势 φ 的准确的微分方程。显然,这些方程仍是非线性的。

Rayleigh - Janzen 方法和普朗特-格劳特迭代法也可用于目前的情况。事实上,Kaplan 和 Tamada[†] 已经用 Rayleigh - Janzen 方法计算了亚声速球体绕流,并确定了高达 Ma^4 阶的速度势。我们在此不给出详细的计算,只想指出一个非常重要的事实:相对于自由流马赫数的增加,压力系数的增加幅度远远小于二维圆柱绕流的情况。如图 12.1 所示,实线是 Kaplan 和 Tamada 的结果,虚线是基于"卡门-钱近似"公式[即式(7.48)]的变化。我们看到:三维

---

　† 见本章参考文献。

情况下 C_p 的增加远远小于二维情况。这一点非常重要，在下一节线性化理论的讨论中将再次提到。

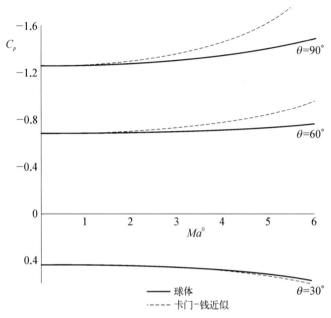

图 12.1　球体上的压力增加与"卡门-钱近似"公式给出的压力增加的比较

12.2　线性化亚声速流动

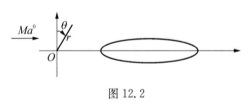

图 12.2

如果物体特别细长（见图 12.2），以至于物体产生的扰动很小，那么我们可以忽略式(12.2)中的二阶项，得到的扰动势 φ 的简化方程为

$$(1-Ma^{0^2})\frac{\partial^2\varphi}{\partial x^2}+\frac{\partial^2\varphi}{\partial r^2}+\frac{1}{r}\frac{\partial\varphi}{\partial r}=0$$

$$(12.3)$$

式中，Ma^0 是自由流马赫数。而且

$$u=U+\frac{\partial\varphi}{\partial x}$$

$$v=\frac{\partial\varphi}{\partial r}$$

现在让我们引入变换

$$\begin{cases}x=\xi\\r=\dfrac{1}{\sqrt{1-Ma^{0^2}}}\eta\end{cases}$$

$$(12.4)$$

或者

$$\begin{cases} \xi = x \\ \eta = \sqrt{1 - Ma^{0^2}}\, r \end{cases} \tag{12.5}$$

于是,式(12.3)变为

$$\frac{\partial^2 \varphi}{\partial \xi^2} + \frac{\partial^2 \varphi}{\partial \eta^2} + \frac{1}{\eta}\,\frac{\partial \varphi}{\partial \eta} = 0 \tag{12.6}$$

这个方程就是圆柱坐标下的拉普拉斯方程。因此,我们可以再次尝试将给定的不可压缩流与可压缩流联系起来,方法如下:

设 x_i、r_i 是不可压缩流的坐标,而且

$$\begin{cases} x_i = \xi \\ r_i = \eta \end{cases} \tag{12.7}$$

那么,倘若 ζ 是可压缩流中物体的半径,ζ_i 是不可压缩流中物体的半径,则我们由式(12.5)可得

$$\zeta_i = \sqrt{1 - Ma^{0^2}}\, \zeta \tag{12.8}$$

也就是说,不可压缩流中的物体比可压缩流中的物体更细长,其比值为 $\sqrt{1 - Ma^{0^2}}$。 现在设 $\varphi_i(x_i, r_i)$ 是不可压缩流的扰动势,使得

$$u_i = U + \frac{\partial \varphi_i}{\partial x_i}$$

$$v_i = \frac{\partial \varphi_i}{\partial r_i}$$

φ_i 必须满足拉普拉斯方程。因此

$$\frac{\partial^2 \varphi_i}{\partial x_i^2} + \frac{\partial^2 \varphi_i}{\partial r_i^2} + \frac{1}{r_i}\,\frac{\partial \varphi_i}{\partial r_i} = 0 \tag{12.9}$$

由于扰动较小,表面 $r = \zeta_i$ 上 φ_i 的边界条件为

$$\left(\frac{\partial \varphi_i}{\partial r_i}\right)_{r_i = \zeta_i} = U\,\frac{\mathrm{d}\zeta_i}{\mathrm{d}x_i} \tag{12.10}$$

这里我们注意到,$\dfrac{\partial \varphi_i}{\partial r_i}$ 的值不是取自物体的轴线上,而实际上取自等于物体半径的 r_i 上。

这样做是必要的,因为 $\dfrac{\partial \varphi_i}{\partial r_i}$ 在轴线附近变化非常快,若使用不正确的 r_i 值,则将会导致严重的误差。

现在我们通过式(12.11)来构建 φ,如图 12.3 所示。

$$\varphi(x,r)=\frac{1}{1-Ma_0^2}\varphi_i(x_i,r_i) \tag{12.11}$$

由于式(12.7)和式(12.9)，φ 满足微分方程式(12.6)或式(12.3)。当式(12.8)中边界面 $\eta=\zeta_i$ 时，则由式(12.10)可得

$$\left(\frac{\partial\varphi}{\partial r}\right)_{r=\zeta}=\frac{1}{1-Ma_0^2}\left(\frac{\partial\varphi_i}{\partial r_i}\right)_{r_i=\zeta_i}\frac{\mathrm{d}\eta}{\mathrm{d}r}=U\frac{\mathrm{d}\zeta}{\mathrm{d}x} \tag{12.12}$$

这意味着可压缩流中物体的边界条件也得到满足，由式(12.11)给出的 φ 是我们期待的可压缩流中物体的扰动势。

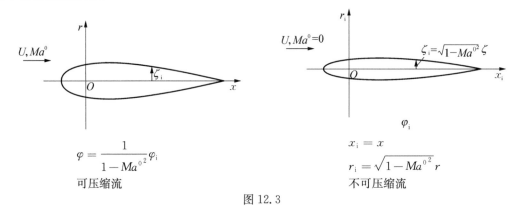

图 12.3

因此，求可压缩流的扰动势的步骤是：首先，求出细长体的不可压缩扰动势，该细长体通过用系数 $\sqrt{1-Ma_0^2}$ 来收缩原来的细长体的半径而得到的；然后，将这个不可压缩势乘以系数 $1/\sqrt{1-Ma_0^2}$。坐标由式(12.5)和式(12.7)相互联系起来。

在应用空气动力学中，人们最关心的是最大抽吸压力，它发生在最大半径的截面上。那么根据式(2.42)

$$C_{p_{\max}}=-\frac{2}{U}\left(\frac{\partial\varphi}{\partial x}\right)_{\max} \tag{12.13}$$

对于不可压缩流，我们也有类似的

$$C_{p_{i_{\max}}}^{*}=-\frac{2}{U}\left(\frac{\partial\varphi_i}{\partial x_i}\right)_{\max} \tag{12.14}$$

那么式(12.7)和式(12.11)给出

$$C_{p_{\max}}=\frac{1}{1-Ma_0^2}C_{p_{i_{\max}}}^{*} \tag{12.15}$$

当然，这里的 $C_{p_{i_{\max}}}^{*}$ 是最大抽吸压力系数，它不是针对不可压缩流中的原始物体计算的，而是针对按系数 $\sqrt{1-Ma_0^2}$ 变细的物体计算的。我们在这里看到，如果 C_{p_i} 仅仅与物体的厚度成正比，那么在可压缩流中，C_p 就直接等于 $C_{p_i}/\sqrt{1-Ma_0^2}$，就像在二维情况下一样。但是正如在下面的章节中会看到的那样，对于轴对称的流动来说，情况并非如此，我们没有这样简单的校正公式。

12.3　细长回转椭球体的亚声速绕流

根据 Lamb 的研究[†]，对于厚度比为 δ 的回转椭球体，$\dfrac{1}{U}\left(\dfrac{\partial \varphi_i}{\partial x_i}\right)_{\max}$ 的精确值为

$$\frac{1}{U}\left(\frac{\partial \varphi_i}{\partial x_i}\right)_{\max} = \frac{\delta^2 \log\left(\dfrac{1+\sqrt{1-\delta^2}}{1-\sqrt{1-\delta^2}}\right) - 2\delta^2\sqrt{1-\delta^2}}{2\sqrt{1-\delta^2} - \delta^2\log\left(\dfrac{1+\sqrt{1-\delta^2}}{1-\sqrt{1-\delta^2}}\right)} \tag{12.16}①$$

但对于细长物体来说，δ 应该是很小的，因此我们可以展开上面的表达式，写为

$$C_{p_{i_{\max}}}^* \approx 2\delta^2\left(\log\frac{\delta}{2} + \frac{1}{2}\right) = 2\delta^2\log(0.824\delta) \tag{12.17}$$

被忽略的项的阶数为 $(\delta^2\log\delta)^2$。因此，对于椭球体，根据式(12.15)可以得到

$$C_{p_{\max}} = 2\delta^2\log(0.824\sqrt{1-Ma^{0^2}}\,\delta) \tag{12.18}$$

图 12.4 中标绘了这个公式，其中虚线代表普朗特-格劳特法则。因此，我们看到，$C_{p_{\max}}$ 的幅值随 Ma^0 的增加要比二维时慢得多。对于极其细长的物体，$\delta^2\log\delta$ 远远大于 δ^2，那么 $C_{p_{\max}}$ 实际上是个常数，与自由流马赫数无关。这表明压力系数随马赫数的变化不仅是不可压缩流压力的函数，而且还是物体形状的函数。所有针对二维流建立的压力校正公式都不适用于轴对称的流动。

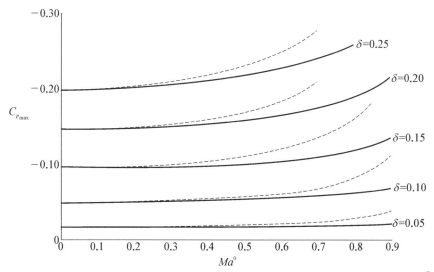

图 12.4　椭圆体 $C_{p_{\max}}$ 随 Ma^0 的变化曲线以及它与普朗特-格劳特法则的结果的比较②

[†] Lamb, H.："Hydrodynamics" 6th Edition, Cambridge University Press, p. 105 (1932).

①　式(12.16)右侧分子第二项似乎多了 2，未查到原参考文献。——译注

②　图 12.4 中纵坐标应有负号，原稿误；横坐标应为 0.0～0.9，原稿误。——译注

　　前面的研究结果还使我们能够大致确定椭球体的下临界马赫数 Ma_l^*。这个临界马赫数是由最大速度等于局部声速 a^* 的条件决定的。因此,根据式(12.13)和式(12.18),有

$$U[1-\delta^2\log(0.824\sqrt{1-Ma_l^{*\,2}}\,\delta)]=a^*$$

但是

$$\frac{U}{a^*}=\frac{U}{a^0}\,\frac{a^0}{a^*}=Ma^0\,\frac{\sqrt{\dfrac{\gamma+1}{2}}}{\sqrt{1+\dfrac{\gamma-1}{2}Ma^{0\,2}}}$$

因此,对于任何给定的 δ,Ma_l^* 的值由式(12.19)确定,

$$\frac{Ma_l^*\sqrt{\dfrac{\gamma+1}{2}}}{\sqrt{1+\dfrac{\gamma-1}{2}Ma_l^{*\,2}}}[1-\delta^2\log(0.824\sqrt{1-Ma_l^{*\,2}}\,\delta)]=1$$

或者,近似为

$$\delta^2\log(0.824\sqrt{1-Ma_l^{*\,2}}\,\delta)=-\frac{1}{\gamma+1}(1-Ma_l^{*\,2}) \tag{12.19}$$

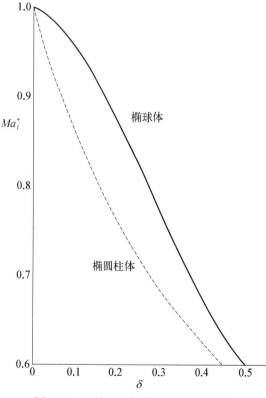

图 12.5　下临界马赫数随厚度比的变化

　　在图 12.5 中,我们绘制了下临界马赫数随厚度比 δ 的变化。虚线曲线代表的是相同厚度比 δ 的椭圆柱体的下临界马赫数。可以看出,轴对称体(椭球体)的临界马赫数比二维物体(椭圆柱体)高得多。因此,等熵流动的破坏和激波的出现也大大推迟了。这些结论似乎已被有效的试验数据所证实。

12. 4　细长回转体的超声速绕流

　　如果我们令

$$R^2=\xi^2+\eta^2 \tag{12.20}$$

然后将 φ 视为仅仅是 R 的函数,于是变换后的线性化微分方程式(12.6)可以进一步简化。这相当于说扰动势 φ 具有球对称性,因为 R 是距圆柱坐标系原点 (ξ,η) 的径向距离。通过这种变换,式(12.6)变成

$$\frac{1}{R^2}\frac{\mathrm{d}}{\mathrm{d}R}\left(R^2\frac{\mathrm{d}\varphi}{\mathrm{d}R}\right)=0 \tag{12.21}$$

于是,这个方程的解是

$$\frac{\mathrm{d}\varphi}{\mathrm{d}R}=\frac{k}{4\pi}\frac{1}{R^2} \tag{12.22}$$

或者

$$\varphi=-\frac{k}{4\pi}\frac{1}{R} \tag{12.23}$$

式(12.22)表明,所获得的解可以解释为位于原点的强度为 k 的一个点源项。现在由于基本方程式(12.3)是线性的,并且不显含坐标 x 和 r,倘若我们说这个源项不在原点,而是在 x 轴上 $x=t$ 的某一点,那么式(12.23)的解仍然是正确的。设这个源项的强度 k 为 $f(t)\mathrm{d}t$,其中 $f(t)$ 是源项分布函数;那么这个源项所对应的势为 $\delta\varphi$。 于是,我们得到

$$\delta\varphi=-\frac{1}{4\pi}\frac{f(t)\mathrm{d}t}{\sqrt{(x-t)^2+(1-Ma^{0^2})r^2}} \tag{12.24}$$

现在式(12.24)是通过认为 $Ma^0<1$,即亚声速流来推导的,但是如果我们将式(12.24)视为式(12.3)的一个解,参变量为 Ma^0,那么 Ma^0 的大小并不会真正影响该情况。因此,即使在超声速情况下,式(12.24)也是线性化微分方程的一个解。让我们设

$$\alpha^2=Ma^{0^2}-1 \tag{12.25}$$

于是,式(12.24)可以写为

$$\delta\varphi=-\frac{1}{4\pi}\frac{f(t)\mathrm{d}t}{\sqrt{(x-t)^2-\alpha^2r^2}} \tag{12.26}$$

在这种形式下,流动的超声速特性就很明显了:对于给定的 x 和 ζ 值,r 不能太大,否则根式就变成虚的,势就没有物理意义了。r 的临界值由式(12.17)给出:

$$\frac{r}{x-t}=\frac{+}{(-)}\frac{1}{\alpha} \tag{12.27}$$

对于正 x 方向上的流动,这一结果的物理解释是:只有在半顶角等于自由流马赫角的锥体,且顶点位于扰动的起源点(即源)时,φ 值才与零不同。对于"马赫锥"之外的点,$\delta\varphi$ 取为零。因此,只能使用式(12.27)中的＋号。

如果我们有一个从 $x=0$ 到 $x=l$ 的源分布,那么势 φ 就是所有源的集合效应。现在由于基本微分方程是线性的,不同来源的 $\delta\varphi$ 可以相加或叠加得到总 φ,φ 仍然满足式(12.3)。因此

$$\varphi=-\frac{1}{4\pi}\int\frac{f(t)\mathrm{d}t}{\sqrt{(x-t)^2-\alpha^2r^2}}$$

现在我们必须小心地记下积分的上下限:由于源分布从 $x=t=0$ 开始,所以下限肯定是 0。上限由式(12.27)控制。因此,对于 $0 < x - \alpha r < l$,

$$\varphi = -\frac{1}{4\pi}\int_0^{x-\alpha r}\frac{f(t)\mathrm{d}t}{\sqrt{(x-t)^2-\alpha^2 r^2}}, \quad 0 < x - \alpha r < l \tag{12.28}$$

并且,对于 $x - \alpha r > l$

$$\varphi = -\frac{1}{4\pi}\int_0^l\frac{f(t)\mathrm{d}t}{\sqrt{(x-t)^2-\alpha^2 r^2}}, \quad x - \alpha r > l \tag{12.29}$$

式(12.28)和式(12.29)表明,对于远离源分布和头部马赫波后面的点,$\varphi \to 0$。因此,所得到的解实际上确实满足马赫数 Ma 的流动中物体的绕流条件。

现在,我们必须利用物体上的边界条件来确定函数 $f(t)$。为了实现这一点,我们必须对式(12.28)进行微分以获得扰动速度。由于积分上限是被积函数的一个奇点,所以这在式(12.28)的形式下直接微分比较困难。为了避免这个困难,我们将首先引入以下变换:

$$\begin{cases} t = x - \alpha r \cosh\beta \\ \cosh\beta = \dfrac{x-t}{\alpha r} \\ \mathrm{d}t = -\alpha r \sinh\beta \mathrm{d}\beta \\ \quad = -\sqrt{(x-t)^2-\alpha^2 r^2}\,\mathrm{d}\beta \end{cases} \tag{12.30}$$

因此式(12.28)可以写成

$$\varphi = -\frac{1}{4\pi}\int_0^{\cosh^{-1}\frac{x}{\alpha r}} f(x - \alpha r \cosh\beta)\mathrm{d}\beta \tag{12.31}$$

现在我们假设 $f(0) = 0$,这个条件待稍后验证。

在这个假设下,式(12.31)给出

$$\frac{\partial\varphi}{\partial x} = -\frac{1}{4\pi}\int_0^{\cosh^{-1}\frac{x}{\alpha r}} f'(x - \alpha r \cosh\beta)\mathrm{d}\beta \tag{12.32}$$

并且

$$\frac{\partial\varphi}{\partial r} = \frac{\alpha}{4\pi}\int_0^{\cosh^{-1}\frac{x}{\alpha r}} \cosh\beta f'(x - \alpha r \cosh\beta)\mathrm{d}\beta$$

现在回到原始坐标,我们得到

$$\frac{\partial\varphi}{\partial x} = -\frac{1}{4\pi}\int_0^{x-\alpha r}\frac{f'(t)\mathrm{d}t}{\sqrt{(x-t)^2-\alpha^2 r^2}} \tag{12.33}$$

以及

$$\frac{\partial\varphi}{\partial r} = \frac{1}{r}\,\frac{1}{4\pi}\int_0^{x-\alpha r}\frac{(x-t)f'(t)\mathrm{d}t}{\sqrt{(x-t)^2-\alpha^2 r^2}} \tag{12.34}$$

让我们研究一下下面的积分的值

$$\frac{1}{4\pi}\int_0^{x-\alpha r}\frac{(x-t)f'(t)\mathrm{d}t}{\sqrt{(x-t)^2-\alpha^2 r^2}}$$

在 r 为极小值的情况下。除了 t 非常接近 $x-\alpha r$ 外,被积函数当然近似等于 $f'(t)$,但是对于 t 的这些值,我们可以设

$$t=x-\alpha r-\varepsilon,\quad |\varepsilon|\ll 1$$

于是,被积函数近似为

$$(\sqrt{\alpha r}/\sqrt{2\varepsilon})f'(x-\alpha r)$$

因此,这个范围的 t 对积分值的贡献为 $\sqrt{\alpha r\varepsilon}$ 数量级。如果我们自始至终将被积函数取为 $f'(t)$,则贡献为 ε 数量级。但是不管怎样,ε 都很小,如果我们自始至终将被积函数取为 $f'(t)$,上限取为 x,我们应不会犯严重的错误。因此,有

$$\lim_{r\to 0}\frac{1}{4\pi}\int_0^{x-\alpha r}\frac{(x-t)f'(t)\mathrm{d}t}{\sqrt{(x-t)^2-\alpha^2 r^2}}$$

$$=\frac{1}{4\pi}\int_0^x f'(t)\mathrm{d}t$$

$$=\frac{1}{4\pi}f(x) \tag{12.35}$$

因此,速度 $\dfrac{\partial\varphi}{\partial r}$ 的径向分量对于 r 为 $1/r$ 数量级。于是,物体表面上的边界条件为

$$\left(\frac{\partial\varphi}{\partial r}\right)_{r=\zeta}\approx\frac{1}{\zeta}\frac{1}{4\pi}f(x)=U\frac{\mathrm{d}\zeta}{\mathrm{d}x}$$

式中,ζ 为物体在 x 点的半径,因此我们得到

$$\frac{1}{2}f(x)=U2\pi\zeta\frac{\mathrm{d}\zeta}{\mathrm{d}x}=U\frac{\mathrm{d}S}{\mathrm{d}x}=US'(x) \tag{12.36}$$

这里

$$S=\pi\zeta^2 \tag{12.37}$$

并且等于物体在 x 点的横截面积。倘若物体是尖的,使得 $\zeta(0)=0$,那么

$$S'(0)=0,\quad f(0)=0 \tag{12.38}$$

从而假设得到了验证。因此对于尖头物体,有

$$\varphi=-\frac{U}{2\pi}\int_0^{x-\alpha r}\frac{S'(t)\mathrm{d}t}{\sqrt{(x-t)^2-\alpha^2 r^2}},\quad 0<x-\alpha r<l \tag{12.39}$$

以及

$$\varphi=-\frac{U}{2\pi}\int_0^l\frac{S'(t)\mathrm{d}t}{\sqrt{(x-t)^2-\alpha^2r^2}},\quad x-\alpha r>l \tag{12.40}$$

此外，

$$\frac{\partial\varphi}{\partial x}=-\frac{U}{2\pi}\int_0^{x-\alpha r}\frac{S''(t)\mathrm{d}t}{\sqrt{(x-t)^2-\alpha^2r^2}},\quad 0<x-\alpha r<l \tag{12.41}$$

于是，这些方程给出了尖头物体超声速绕流的位势和速度的完整答案。

12.5　压力分布

根据式(2.42)，对于小扰动，压力系数 C_p 由下式给出：

$$C_p=-2\frac{\Delta q}{U}$$

式中，Δq 为从自由流 U 值变到速度幅值 q 的变化，因此有

$$\frac{\Delta q}{U}=\frac{1}{U}\left\{\left[\left(U+\frac{\partial\varphi}{\partial x}\right)^2+\left(\frac{\partial\varphi}{\partial r}\right)^2\right]^{\frac{1}{2}}-U\right\}\approx\frac{1}{U}\frac{\partial\varphi}{\partial x}+\frac{1}{2}\left[\left(\frac{1}{U}\frac{\partial\varphi}{\partial x}\right)^2+\left(\frac{1}{U}\frac{\partial\varphi}{\partial r}\right)^2\right]①$$

在现在的情况中，对于物体表面上非常接近 x 轴的点，$\frac{\partial\varphi}{\partial r}$ 远远大于 $\frac{\partial\varphi}{\partial x}$。事实上，Lighthill 的一项研究表明，为了计算表面上的 C_p，我们应该包括 $\left(\frac{1}{U}\frac{\partial\varphi}{\partial r}\right)^2$，而忽略 $\left(\frac{1}{U}\frac{\partial\varphi}{\partial x}\right)^2$。因此在表面上，有

$$\frac{1}{2}C_p=-\frac{1}{U}\left(\frac{\partial\varphi}{\partial x}\right)_{r=\zeta}-\frac{1}{2}\left(\frac{1}{U}\frac{\partial\varphi}{\partial r}\right)^2_{r=\zeta}$$

应用边界条件，我们得到

$$\left(\frac{1}{U}\frac{\partial\varphi}{\partial r}\right)_{r=\zeta}=\frac{\mathrm{d}\zeta}{\mathrm{d}x}=\zeta'$$

故而，有

$$\frac{1}{2}C_p=-\frac{1}{U}\left(\frac{\partial\varphi}{\partial x}\right)_{r=\zeta}-\frac{1}{2}(\zeta')^2 \tag{12.42a}$$

但是，根据式(12.41)，我们得到

$$\frac{1}{U}\left(\frac{\partial\varphi}{\partial x}\right)_{r=\zeta}=-\frac{1}{2\pi}\int_0^{x-\alpha\zeta}\frac{S''(t)\mathrm{d}t}{\sqrt{(x-t)^2-\alpha^2\zeta^2}}$$

利用式(12.30)的变换，我们通过分部积分得到

---

① 此处为对方括号幂级数展开取两项后的近似值，原稿使用等号，约等号系译者修改。——译注

$$\frac{1}{U}\left(\frac{\partial\varphi}{\partial x}\right)_{r=\zeta}=-\frac{1}{2\pi}\int_0^{\cosh^{-1}\frac{x}{\alpha\zeta}}S''(x-\alpha\zeta\cosh\beta)\,\mathrm{d}\beta$$

$$=-\frac{1}{2\pi}\left\{\left[\beta S''(x-\alpha\zeta\cosh\beta)\right]_{\beta=0}^{\beta=\cosh^{-1}\frac{x}{\alpha\zeta}}-\int_0^{\cosh^{-1}\frac{x}{\alpha\zeta}}\beta\mathrm{d}S''(x-\alpha\zeta\cosh\beta)\right\}$$

$$=-\frac{1}{2\pi}S''(0)\cosh^{-1}\frac{x}{\alpha\zeta}-\frac{1}{2\pi}\int_0^{x-\alpha\zeta}\cosh^{-1}\frac{x-t}{\alpha\zeta}\mathrm{d}S''(t)$$

我们应利用细长体的 ζ 非常小的特殊条件。

于是，

$$\cosh^{-1}\frac{x}{\alpha\zeta}=\log\left(\frac{x+\sqrt{x^2-\alpha^2\zeta^2}}{\alpha\zeta}\right)\approx\log\left(\frac{2x}{\alpha\zeta}\right)$$

同时

$$\cosh^{-1}\frac{x-t}{\alpha\zeta}\approx\log\frac{2(x-t)}{\alpha\zeta}$$

因此，

$$\frac{1}{U}\left(\frac{\partial\varphi}{\partial x}\right)_{r=\zeta}\approx-\frac{1}{2\pi}S''(0)\log\frac{2x}{\alpha\zeta}-\frac{1}{2\pi}\int_0^x\log\frac{2(x-t)}{\alpha\zeta}\mathrm{d}S''(t)$$

进一步计算得出

$$\frac{1}{U}\left(\frac{\partial\varphi}{\partial x}\right)_{r=\zeta}=-\frac{1}{2\pi}\left[S''(0)\log x+S''(x)\log\frac{2}{\alpha\zeta}+\int_0^x\log(x-t)\mathrm{d}S''(t)\right]$$

$$(12.42\mathrm{b})$$

因此，物体表面上的压力系数最终为

$$C_p=\frac{1}{\pi}\left[S''(0)\log x+S''(x)\log\frac{2}{\alpha\zeta}+\int_0^x\log(x-t)\mathrm{d}S''(t)\right]-(\zeta')^2 \qquad (12.43)$$

式中出现了 α。这意味着给定物体上的压力系数是自由流马赫数的函数。

让我们将式(12.43)应用于半顶角为 δ 的锥体的特殊情况。于是有

$$\zeta=\delta x,\quad \zeta'=\delta$$
$$S=\pi\delta^2x^2$$

并且 $$S''=2\pi\delta^2$$

因此，对于半顶角为 δ 的细长圆锥，表面压力由下式给出：

$$C_p=-2\delta^2\left(\log\frac{\alpha\delta}{2}+\frac{1}{2}\right)=-2\delta^2\log(0.824\sqrt{Ma_0^2-1}\,\delta) \qquad (12.44)$$

这一结果与式(12.18)所给出的椭球体亚声速压力系数的相似性确实令人印象非常深刻。

12.6　波阻

我们现在将计算末端半径恒定或末端为尖的尖细长体的阻力。

因此,对于

$$
\begin{cases}
\zeta'(l)=0 \\
\zeta(l)=0
\end{cases}
\tag{12.45}
$$

阻力 D 由下式给出:

$$
D=\frac{1}{2}\rho^0 U^2 \int_0^l C_p 2\pi\zeta \frac{\mathrm{d}\zeta}{\mathrm{d}x}\mathrm{d}x
$$

或者

$$
D=\frac{1}{2}\rho^0 U^2 \int_0^l C_p S'(x)\mathrm{d}x
$$

通过使用式(12.43),我们得到

$$
D=\frac{1}{2}\rho^0 U^2 \left[\frac{1}{\pi}S''(0)\int_0^l S'(x)\log x\,\mathrm{d}x + \frac{1}{\pi}\int_0^l S'(x)S''(x)\log\frac{2}{\alpha\zeta}\mathrm{d}x + \right.
$$
$$
\left. \frac{1}{\pi}\int_0^l S'(x)\mathrm{d}x \int_0^x \log(x-t)\mathrm{d}S''(t) - \int_0^l S'(x)(\zeta')^2\mathrm{d}x \right]
\tag{12.46}
$$

现在我们注意到

$$
\frac{1}{\pi}\int_0^l S'(x)S''(x)\log\frac{2}{\alpha\zeta}\mathrm{d}x - \int_0^l S'(x)(\zeta')^2\mathrm{d}x
$$
$$
=\frac{1}{\pi}\log\frac{2}{\alpha}\int_0^l S'(x)S''(x)\mathrm{d}x - \frac{1}{\pi}\int_0^l S'(x)S''(x)\log\zeta\,\mathrm{d}x - \int_0^l S'(x)(\zeta')^2\mathrm{d}x
$$

但是第一项积分等于 $[\zeta'(x)]^2$,取在极限 l 和 0 之间(见图 12.6),根据式(12.38)和式(12.45),这就是零。此外,

$$
-\int_0^l S'(x)(\zeta')^2\mathrm{d}x = -\frac{1}{2\pi}\int_0^l [S'(x)]^2\mathrm{d}(\log\zeta)
$$
$$
=-\frac{1}{2\pi}\left(\left[S'^2\log\zeta \right]_0^l - 2\int_0^l S'(x)S''(x)\log\zeta\,\mathrm{d}x \right)
$$
$$
=\frac{1}{\pi}\int_0^l S'(x)S''(x)\log\zeta\,\mathrm{d}x
$$

最后一步之所以可能也是由于式(12.38)和式(12.45)。

由于这些理由,式(12.46)简化为

$$
D=\frac{1}{2\pi}\rho^0 U^2 \left[S''(0)\int_0^l S'(x)\log x\,\mathrm{d}x + \right.
$$
$$
\left. \int_0^l S'(x)\mathrm{d}x \int_0^x \log(x-t)\mathrm{d}S''(t) \right]
\tag{12.47}
$$

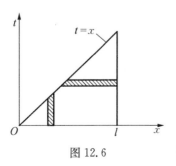

图 12.6

二重积分式(12.47)可以通过积分顺序的互换,写成下列形式:

$$\int_0^l \mathrm{d}S'(t) \int_t^l \log(x-t)S'(x)\mathrm{d}x$$

$$= \left[S''(t) \int_t^l \log(x-t)S'(x)\mathrm{d}x \right]_{t=0}^{t=l} - \int_0^l S''(t)\mathrm{d}t \, \frac{\mathrm{d}}{\mathrm{d}t} \int_t^l \log(x-t)S'(x)\mathrm{d}x$$

$$= -S''(0) \int_0^l S'(x)\log x \,\mathrm{d}x - \int_0^l S''(t)\mathrm{d}t \, \frac{\mathrm{d}}{\mathrm{d}t} \int_t^l \log(x-t)S'(x)\mathrm{d}x$$

因此式(12.47)进一步简化为

$$D = -\frac{1}{2\pi}\rho^0 U^2 \int_0^l S''(t)\mathrm{d}t \, \frac{\mathrm{d}}{\mathrm{d}t} \int_t^l \log(x-t)S'(x)\mathrm{d}x \tag{12.48}$$

现在让我们把 $x-t=s$，$x=s+t$，$\mathrm{d}x=\mathrm{d}s$ 代入式(12.48)中的最后一个积分，于是，

$$\frac{\mathrm{d}}{\mathrm{d}t}\int_t^l \log(x-t)S'(x)\mathrm{d}x = \frac{\mathrm{d}}{\mathrm{d}t}\int_0^{l-t} \log s \cdot S'(s+t)\mathrm{d}s$$

$$= \int_0^{l-t} \log s \cdot S''(s+t)\mathrm{d}s$$

由于式(12.45)，最后一步再次成为可能。现在回到 x 和 t 变量，我们得到

$$D = \frac{1}{2\pi}\rho^0 U^2 \int_0^l S''(t)\mathrm{d}t \int_t^l \log(x-t)S''(x)\mathrm{d}x \tag{12.49}$$

式(12.49)的另一种形式如式(12.50)：

$$D = -\frac{1}{4\pi}\rho^0 U^2 \int_0^l \int_0^l \log(x-t)S''(x)S''(t)\mathrm{d}t\,\mathrm{d}x \tag{12.50}$$

式(12.49)和式(12.50)是计算物体阻力的最终形式。式(12.50)的形式尤其引人关注，因为根据普朗特理论，它与有限翼展机翼中给定的环量分布所造成的诱导阻力形式相同。我们将在后面的章节中利用这个类比。

这里有一重点必须提到。式(12.49)和式(12.50)表明，这样计算出来的阻力或者说波阻，与 a 无关。因此，满足式(12.45)的条件的物体，即有尖端(或尖尾)或接近恒定半径的物体，其波阻与自由流马赫数无关，至少在一级近似下如此。尽管这种物体的压力分布是马赫数的函数，但情况仍是如此。如果物体末端的条件不满足，如锥体，那么波阻将取决于马赫数，如式(12.44)所示。

12.7 波阻的起因——动量传递

事实上，即使不考虑流体的黏度，物体的波阻也不等于零，这当然是由于物体在机头部激波位置产生的速度和压力的不连续性所导致。对于亚声速流，不存在这种不连续性，没有黏性则阻力为零。或许，通过考虑沿着包围物体的圆柱形控制面的动量传递，可以更清楚地了解这种情况。圆柱体的轴就是物体的轴。那么圆柱体表面上的压力就不会对物体的阻力产生贡献。阻力则等于流体动量从圆柱体内部向外部的传递(见图12.7)。于是有

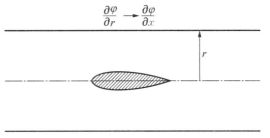

图 12.7

$$D = -\rho^0 \int \frac{\partial \varphi}{\partial r} \frac{\partial \varphi}{\partial x} \mathrm{d}A \tag{12.51}$$

其中,积分要取于整个圆柱面上。

现在我们用一个偶极子来近似表示物体(见图12.8)。对于亚声速流动而言,单位强度偶极子在 x 轴方向上的扰动势为

$$\varphi = \frac{1}{4\pi} \frac{x}{\left[x^2 + (1 - Ma^{0^2}) r^2 \right]^{\frac{3}{2}}} \tag{12.52}$$

因此

$$\begin{cases} \dfrac{\partial \varphi}{\partial r} = \dfrac{1}{4\pi} \dfrac{x}{\left[x^2 + (1 - Ma^{0^2}) r^2 \right]^{\frac{5}{2}}} \\[4mm] \dfrac{\partial \varphi}{\partial x} = \dfrac{1}{4\pi} \dfrac{-2x^2 + (1 - Ma^{0^2}) r^2}{\left[x^2 + (1 - Ma^{0^2}) r^2 \right]^{\frac{5}{2}}} \end{cases} \tag{12.53}$$

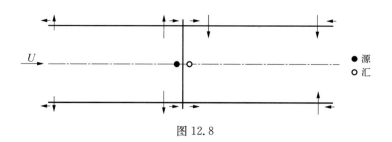

图 12.8

我们看到,$\dfrac{\partial \varphi}{\partial r}$ 相对于 x 是反对称的,而 $\dfrac{\partial \varphi}{\partial x}$ 相对于 x 是对称的。因此,根据式(12.51),动量总传递为零。不存在阻力。

在超声速流的情况下,偶极子势和速度分量为

$$\varphi = \frac{1}{4\pi} \frac{x}{\left[x^2 - (Ma^{0^2} - 1) r^2 \right]^{\frac{3}{2}}} \tag{12.54}$$

$$\frac{\partial \varphi}{\partial r} = \frac{1}{4\pi} \frac{3(Ma^{0^2} - 1) xr}{\left[x^2 - (Ma^{0^2} - 1) r^2 \right]^{\frac{5}{2}}} \tag{12.55}$$

以及

$$\frac{\partial \varphi}{\partial x} = \frac{1}{4\pi} \frac{-2x^2 - (Ma^{0^2} - 1) r^2}{\left[x^2 - (Ma^{0^2} - 1) r^2 \right]^{\frac{5}{2}}}$$

这些方程只在 $x \geqslant \sqrt{Ma^{0^2} - 1}\, r$ 时,即在马赫波后面才成立。对于 $x < \sqrt{Ma^{0^2} - 1}\, r$,$\theta = \dfrac{\partial \varphi}{\partial r} = \dfrac{\partial \varphi}{\partial x} = 0$。故而,$\dfrac{\partial \varphi}{\partial r}$ 为正,$\dfrac{\partial \varphi}{\partial x}$ 为负。因此,动量总的传递并不为零,而是存在阻力。

此外,动量传递集中在马赫波附近,因为式(12.55)的分母很小(见图 12.9)。这个事实解释了波阻这个名称。事实上,阻力的公式式(12.49)和式(12.50)也可以由动量考虑导出。

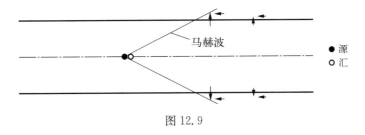

图 12.9

12.8 最小波阻体

现在我们将利用式(12.50)与机翼的诱导阻力公式的类比。让我们把式(12.50)写成以下形式:

$$D = -\frac{1}{4\pi}\rho^0 U^2 \lim_{\varepsilon \to 0}\int_0^l S''(x)\mathrm{d}x\left[\int_0^{x-\varepsilon}\log(x-t)S''(t)\mathrm{d}t + \int_{x+\varepsilon}^{\rho}\log(t-x)S''(t)\mathrm{d}t\right]$$

我们可以对 x 进行分部积分

$$D = -\frac{1}{4\pi}\rho^0 U^2 \lim_{\varepsilon \to 0}\left\{\left[S'(x)\left(\int_0^{x-\varepsilon}\log(x-t)S''(t)\mathrm{d}t + \int_{x+\varepsilon}^l\log(t-x)S''(t)\mathrm{d}t\right)\right]_0^{x=l} - \right.$$

$$\left.\int_0^l S'(x)\mathrm{d}x\left[\log\varepsilon \cdot S''(x-\varepsilon) + \int_0^{x-\varepsilon}\frac{S''(t)\mathrm{d}t}{x-t} - \log\varepsilon S''(x+\varepsilon) + \int_{x+\varepsilon}^l\frac{S''(t)}{x-t}\mathrm{d}t\right]\right\}$$

但是由于物体两端的条件,上式的第一部分等于零。因此[1][2]

$$\cdots \quad \cdots$$

由式(12.59),我们可以计算横截面积 S

$$S = \pi l\,\frac{l}{2}\int_0^\theta \sum_1^\infty b_n \sin n\theta \sin\theta\,\mathrm{d}\theta$$

或者

$$S = \frac{\pi l^2}{4}\left\{\left(\theta - \frac{1}{2}\sin 2\theta\right)b_1 + \sum_2^\infty b_n\left[\frac{\sin(n-1)\theta}{n-1} - \frac{\sin(n+1)\theta}{n+1}\right]\right\} \tag{12.61}$$

---

[1] 原稿此处缺一页。——译注

[2] 对于缺页的内容,译者根据上下文,猜测作者可能引入了下述公式:

$$S'(x) = \pi l \sum b_n \sin(n\theta)$$

$$x = l(1-\cos\theta)/2$$

$$\frac{\mathrm{d}[S'(x)]}{\mathrm{d}x} = \frac{\dfrac{\mathrm{d}[S'(x)]}{\mathrm{d}\theta}}{\dfrac{\mathrm{d}x}{\mathrm{d}\theta}} \qquad\qquad ——译注$$

物体的体积 V 为

$$V = \int_0^l S \mathrm{d}x = \frac{\pi l^3}{8} \left(b_1 \int_0^\pi \theta \sin\theta \mathrm{d}\theta + b_2 \int_0^\pi \sin^2\theta \mathrm{d}\theta \right)$$

因此

$$V = \frac{\pi^2 l^3}{8} \left(b_1 + \frac{b_2}{2} \right) \tag{12.62}$$

那么,式(12.60)、式(12.61)就可以解决满足 $S'(0) = S'(l) = 0$ 条件的物体的波阻问题。它们构成了最小阻力问题的基础。

例如,如果指定了长度 l 和体积 V,我们希望找到波阻最小的物体。我们可以直接看到,虽然系数 b_3、b_4 等对体积没有贡献,但它们会增加阻力。因此很明显,对于这个问题,它们应该设置为零。当问题变成在保持 $b_1 + \dfrac{b_2}{2}$ 不变的情况下,确定 $b_1{}^2 + 2b_2{}^2$ 的最小值时,这相当于去求下式的最小值:

$$b_1{}^2 + 2b_2{}^2 - \lambda \left(b_1 + \frac{b_2}{2} \right)$$

式中,λ 为变分法的拉格朗日乘子。条件则是

$$\begin{cases} 2b_1 - \lambda = 0, \quad b_1 = \dfrac{\lambda}{2} \\ 4b_2 - \dfrac{\lambda}{2} = 0, \quad b_2 = \dfrac{\lambda}{8} \end{cases}$$

那么,体积 V 为

$$V = \frac{\pi^2 l^3}{8} \cdot \frac{9}{16} \lambda$$

这决定了 λ。 于是,波阻 $D_{\min}$ 就等于

$$D_{\min} = \frac{\rho^0 U^2}{2} l^2 \left(\frac{V^2}{\pi l^6} \right) \frac{128}{9} \tag{12.63}$$

对于给定的 l 和 V,

如果我们任意设定 $b_2 = b_3 = b_4 = \cdots = 0$,则波阻为(对于给定的 l 和 V):

$$D = \rho^0 \frac{U^2}{2} l^2 \left(\frac{V^2}{\pi l^6} \right) \frac{128}{9} \tag{12.64}$$

因此,通过包含 b_2 项,我们将阻力减小了 10%。Haack 和 Sears 考虑了其他类型的最小波阻问题。

物体的总阻力由三部分组成:① 波阻;② 底部阻力;③ 摩擦阻力。底部阻力是由于作用在物体底部的抽吸压力造成的。对于有尖尾的物体,底部阻力当然是零。摩擦阻力是由表面摩擦引起的。这两种阻力来源在总阻力中占相当大的一部分。因此,如果不考虑这些量,最小阻力问题就无法解决。由于它们都与边界层或流体的黏性有关,所以我们在这里将对它们不做讨论,而是留待以后的章节再行论述。然而,一般来说,由于摩擦阻力与表面积成正比,而波阻和底部

阻力与截面积成正比,所以在雷诺数大和摩擦阻力系数小的情况下,使物体变长、变细是有利的;而在雷诺数小和摩擦阻力系数大的情况下,使物体或多或少地缩短以相对减小表面积是有利的。

需要指出的是,由试验推导出的总阻力系数通常随着马赫数的增加而减小。乍一看,这似乎与 12.6 节的结论相矛盾。在 12.6 节中,我们证明了对于所考虑的细长体类型,波阻与马赫数无关。然而,进一步的研究表明,阻力试验值随马赫数的降低主要原因在于底部阻力。如果采用合理的解释,我们的理论计算实际上与试验数据非常一致。

式(12.50)表明,对于具有不同的直径长度比或厚度比 δ 的相似物体,波阻 D 与 $\delta^4 l^2$ 成正比[①]。因此,总阻力系数 C_D 中由波阻引起的部分与 δ^2 成正比。底部压力一般不受 δ 影响;因此,总阻力系数中由底部阻力引起的部分相对于 δ 是一个常数。表面摩擦力与表面积成正比。在阻力系数中分母出现 δ^2 而分子中出现正比于 δ 的表面积,所以这里是 $1/\delta$。因此,在超声速流中细长体的总阻力系数 C_D 与 δ^m 成正比,并且 $m < 2$。

12.9　回转体的升力

如果回转体与自由流成攻角 ψ,那么自由流就有一个垂直于回转体轴线的分量,并且存在升力。现在由于我们把自己限制在小攻角和细长的物体上,因而可以将微分方程线性化,并利用流谱叠加原理。对于所关心的这种情况,我们可以把扰动速度势分成两部分:第一部分与自由流的轴向分量有关;第二部分与自由流的法向分量有关。然后我们把两个流谱叠加起来(见图 12.10)。

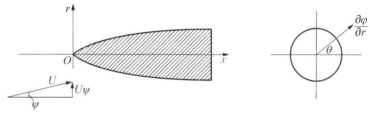

图 12.10

我们在前面几节中已经解决了第一个问题,因此只需要求出额外的扰动势。该扰动势将产生额外的径向分量来抵消侧风速度 U。这一要求是

$$\left(\frac{\partial \varphi_1}{\partial r}\right)_{r=\zeta} = -U\psi\sin\theta \tag{12.65}$$

我们注意到

$$u = U + \frac{\partial \varphi_1}{\partial x},$$

$$v = \frac{\partial \varphi_1}{\partial r}, \quad w = \frac{1}{r}\frac{\partial \varphi}{\partial \theta}$$

而且所有扰动速度分量都很小,于是,由恰当微分方程的一般形式式(12.1)可以得到 φ_1 的恰

---

① 此处原稿不清,系译者补充。——译注

当微分方程如式(12.66)：

$$(1-Ma^{0^2})\frac{\partial^2\varphi_1}{\partial x^2}+\frac{\partial^2\varphi_1}{\partial r^2}+\frac{1}{r}\frac{\partial\varphi_1}{\partial r}+\frac{1}{r^2}\frac{\partial^2\varphi_1}{\partial\theta^2}=0 \tag{12.66}$$

为了应用边界条件式(12.65)求解这个方程，我们首先令

$$\varphi_1=F(x,r)\sin\theta \tag{12.67}$$

于是，式(12.65)和式(12.66)变为

$$\left(\frac{\partial F}{\partial r}\right)_{r=\zeta}=-U\psi \tag{12.68}$$

以及

$$(1-Ma^{0^2})\frac{\partial^2 F}{\partial x^2}+\frac{\partial^2 F}{\partial r^2}+\frac{1}{r}\frac{\partial F}{\partial r}-\frac{1}{r^2}F=0 \tag{12.69}$$

但是，通过将式(12.3)对 r 求导，我们得到

$$(1-Ma^{0^2})\frac{\partial^2}{\partial x^2}\left(\frac{\partial\varphi}{\partial r}\right)+\frac{\partial^2}{\partial r^2}\left(\frac{\partial\varphi}{\partial r}\right)+\frac{1}{r}\frac{\partial}{\partial r}\left(\frac{\partial\varphi}{\partial r}\right)-\frac{1}{r^2}\left(\frac{\partial\varphi}{\partial r}\right)=0$$

因此，只需令 $F=\dfrac{\partial\varphi}{\partial r}$，就可以满足式(12.69)。

或者根据式(12.34)

$$F=\frac{1}{r}\frac{1}{4\pi}\int_0^{x-\alpha r}\frac{(x-t)f'(t)\mathrm{d}t}{\sqrt{(x-t)^2-\alpha^2 r^2}} \tag{12.70}$$

现在的问题只需确定 $f'(t)$，以使式(12.68)得到满足。

利用式(12.32)给出的 $\dfrac{\partial\varphi}{\partial r}$ 形式，我们得到

$$\frac{\partial F}{\partial r}=-\frac{\alpha^2}{4\pi}\int^{\cosh^{-1}\frac{x}{\alpha r}}\cosh^2\beta f''(x-\alpha r\cosh\beta)\mathrm{d}\beta$$

当然要假设

$$f'(0)=0 \tag{12.71}$$

在原始变量下，

$$\frac{\partial F}{\partial r}=-\frac{1}{4\pi r^2}\int_0^{x-\alpha r}\frac{(x-t)^2 f''(t)\mathrm{d}t}{\sqrt{(x-t)^2-\alpha^2 r^2}} \tag{12.72}$$

当 r 很小时，比如在物体表面上，我们做以下简化：

$$\int_0^{x-\alpha r}\frac{(x-t)^2 f''(t)\mathrm{d}t}{\sqrt{(x-t)^2-\alpha^2 r^2}}\approx\int_0^x(x-t)f''(t)\mathrm{d}t$$

$$=\left[(x-t)f'(t)\right]_0^x+\int_0^x f'(t)\mathrm{d}t=f(x)$$

然后由式(12.68)和式(12.72)给出

$$\left(\frac{\partial F}{\partial r}\right)_{r=\zeta} = -\frac{f(x)}{4S(x)} = -U\psi$$

或者

$$f(x) = 4U\psi S(x) \tag{12.73}$$

因此,所有的尖头体都满足我们的假设,即式(12.71)。

于是,

$$F = \frac{U\psi}{\pi r}\int_0^{x-\alpha r}\frac{(x-t)S'(t)\mathrm{d}t}{\sqrt{(x-t)^2-\alpha^2 r^2}} \tag{12.74}$$

为了计算物体上垂直于物体轴线的升力,我们发现,在保持与线性化方程式(12.66)的同样精度下,由 φ_1 导致的自由流压力的压力增量为

$$p - p^0 = -\rho^0 U\frac{\partial\varphi_1}{\partial x}$$

那么升力 L 为

$$L = -\int_0^l \mathrm{d}x\int_{-\pi}^\pi \mathrm{d}\theta\left(-\rho^0 U\frac{\partial\varphi_1}{\partial x}\right)_{r=\zeta}\zeta\sin\theta$$
$$= \pi\rho^0 U\int_0^l\left(\frac{\partial F}{\partial x}\right)_{r=\zeta}\zeta\mathrm{d}x \tag{12.75}$$

但是根据式(12.74)有

$$\frac{\partial F}{\partial x} = \frac{U\psi}{\pi r}\int_0^{x-\alpha r}\frac{(x-t)S''(t)\mathrm{d}t}{\sqrt{(x-t)^2-\alpha^2 r^2}} \tag{12.76}$$

我们注意到 ζ 很小,于是式(12.75)变成

$$L = \rho^0 U^2\psi\int_0^l \mathrm{d}x\int_0^x S''(t)\mathrm{d}t$$

或者

$$L = \rho^0 U^2\psi S(l) \tag{12.77}$$

式中,$S(l)$ 为底部横截面积。如果我们把升力系数定义为

$$C_L = \frac{L}{\frac{1}{2}\rho^0 U^2 S(l)} \tag{12.78}$$

那么,

$$C_L = 2\psi \tag{12.79}$$

这确实是一个非常简单的关系。事实上,这与 Munk 得到的不可压缩流的结果相同。因此,可压缩性对物体的升力没有影响,至少在一级近似下是如此。

相对于机头的失速力矩 M 为

$$M = -\rho^0 U^2\psi\int_0^l xS'(x)\mathrm{d}x = -\rho^0 U^2\psi\left\{\left[xS(x)\right]_0^l - \int_0^l S(x)\mathrm{d}x\right\}$$

或者用 V 表示物体的体积,有

$$M = -\rho^0 U^2 \psi[lS(l) - V]$$

相对于机头的力矩系数 C_M 由下式给出:

$$C_M = \frac{M}{\dfrac{1}{2}\rho^0 U^2 S(l) l} = -2\psi\left[1 - \frac{V}{lS(l)}\right]$$

这一结果也与 Munk 对不可压缩流动的计算结果一致。

　　有攻角下细长体的升力和力矩与自由流的马赫数无关,这当然不能解释为流动图案也与马赫数无关。从速度势表达式以显式包含 α 可以看出流动图案依赖于马赫数。

参 考 文 献

[1] Kaplan, C. :"The Flow of a Compressible Fluid Past a Sphere". NACA TN No. 762 (1940)

[2] Tamada, K. :"On the Flow of a Compressible Fluid Past a Sphere". Proc. Phys. -Math, Soc. Japan, Vol. 21, pp. 243 - 252 (1939)

[3] Lees, L. :"A Discussion of the Application of the Prandtl-Glauert Method to Subsonic Compressible Flows Over a Slender Body of Revolution". NACA TN No. 1127 (1946)

[4] Sears, W. R. :"A Second Note on Compressible Flow About Bodies of Revolution", Quart. Appl. Math. , Vol. 5, pp. 89 - 91 (1947)

[5] von Kármán, Th. , and Moore, N. B. :"Resistance of Slender Bodies Moving with Supersonic Velocities with Special Reference to Projectiles". Trans. ASMS, Vol. 54, No. 23, pp. 303 - 310 (1932)

[6] von Kármán, Th. :"The Problem of Resistance in Compressible Fluids". Proc. 5th Volta Congress, R. Accad. D'Italia (Rome), pp. 210 - 269 (1936)

[7] Lighthill, M. J. :"Supersonic Flow Past Bodies of Revolution". British R. & M. No. 2003 (1945)

[8] Jones, R. T. , and Margolis, K. :"Flow Over a Slender Body of Revolution at Supersonic Velocities". NACA TN No. 1081 (1946)

[9] von Kármán, Th. :"Supersonic Aerodynamics — Principles and Applications". J. Aeronaut. Sci. , Vol. 14, No. 7, pp. 374 - 376 (1947)

[10] Charters, A. C. :"Some Ballistic Contributions to Aerodynamics". J. Aeronaut. Sci. , Vol. 14, No. 3, pp. 155 - 166 (1947)

[11] Ferrari, C. :"The Determination of the Projectile of Minimum Wave Resistance". Atti della Reale Acad, della Scien. de Torino, Vol. 74, pp. 675 - 693 (1939); pp. 61 - 96 (1939)

[12] Haack, W. :"Gesohossformen kleinsten Wellenwiderstandes". Bericht 139 der Lilienthal-Gesellschaft für Luftfahrtforschung, pp. 14 - 28 (1941)

[13] Sears, W. R. :"On Projectiles of Minimum Wave Drag". Quart. Appl. Math. , Vol. 4, pp. 361 - 366 (1947)

[14] Tsien, H. S. :"Supersonic Flow Over an Inclined Body of Revolution". J. Aeronaut. Sci. , Vol. 5, pp. 480 - 483 (1938)

[15] Lighthill, M. J. :"Supersonic Flow Past Slender Pointed Bodies of Revolution at Yaw". Quart. J. Mech. Appl. Math. , Vol. 1, Part 1, pp. 76 - 89 (1948)[①]

---

　　① 原稿此处作者名有误,已修改。——译注

[16] Lighthill，M. J.："Supersonic Flow Past Slender Bodies of Revolution the Slope of whose Meridian Section is Discontinuous". Quart. J. Mech. Appl. Math.，Vol.1，Part 1，pp. 90－102 (1948)

附录[①]

普朗特-格劳特

$$\left(1-\frac{u^2}{a^2}\right)\psi_{xx}-2\frac{uv}{a^2}\psi_{xy}+\left(1-\frac{v^2}{a^2}\right)\psi_{yy}=0$$

令　$\dfrac{\rho}{\rho^0}u=\psi_y,\quad \dfrac{\rho}{\rho^0}v=-\psi_x$

令　$\psi=v_y+v[\psi_1+\psi_1+\cdots]$

$$\psi_2\ll\psi_1\quad 且\quad \psi_1^2\approx O(\psi_2)$$

将 $\dfrac{\rho^0}{\rho}$ 用 ψ_1 表示

对于等熵流有

$$a^2+\frac{\gamma-1}{2}(u^2+v^2)=a^{0\,2}+\frac{\gamma-1}{2}v^2$$

和　　$$\left(\frac{a}{a^0}\right)^2=\left(\frac{T}{T^0}\right)=\left(\frac{\rho}{\rho^0}\right)^{\gamma-1}$$

所以　$\left(\dfrac{\rho}{\rho^0}\right)^{\gamma-1}+\dfrac{\gamma-1}{2}Ma^{0\,2}\left[\dfrac{u^2+v^2}{U^2}\right]=1+\dfrac{\gamma-1}{2}Ma^{0\,2}$

$$\frac{\gamma-1}{2}Ma^{0\,2}\left(\frac{\rho^0}{\rho}\right)^2\frac{\psi_x^2+\psi_y^2}{U^2}$$

设　$\dfrac{\rho^0}{\rho}=1+\zeta$　（处于轻微扰动）

$$\frac{1}{r^2}(\psi_x^2+\psi_y^2)=1+\theta$$

---

① 附录为本章内的一页手写稿，位置位于原稿缺失的第 220 页。——译注

第 13 章 轴对称流动的非线性理论

第 12 章研究的轴对称流动是基于线性化的微分方程。微分方程的线性化大大简化了数学问题。但是这种方法有其局限性：在自由流马赫数非常接近 1 和马赫数非常大时，即在跨声速流和高超声速流时，这种线性理论的结果不可能是正确的。这可以从细长锥体上的压力系数方程(12.44)中看出。对于接近于 1 的马赫数，这个方程给出了一个无限大的压力系数。对于非常大的马赫数，压力系数为负。从物理学上讲，这两种情况都是荒谬的。对于这些情况，正确的方程是非线性的，就像二维的情况一样。我们将首先讨论这些非线性理论。其次，作为轴对称流动精确解的一个例子，我们将讨论圆锥体上的流动。这将是本章后半部分的主题。

13.1 跨声速相似律

无旋轴对称流动的准确的微分方程为

$$\left(1 - \frac{u^2}{a^2}\right)\frac{\partial^2 \varphi}{\partial x^2} - 2\frac{uv}{a^2}\frac{\partial^2 \varphi}{\partial x \partial r} + \left(1 - \frac{v^2}{a^2}\right)\frac{\partial^2 \varphi}{\partial r^2} + \frac{1}{r}\frac{\partial \varphi}{\partial r} = 0 \tag{13.1}$$

如果我们对速度非常接近于局部声速 a^* 的跨声速流感兴趣，可以令

$$\begin{cases} u = a^* + \dfrac{\partial \varphi}{\partial x} \\[2mm] v = \dfrac{\partial \varphi}{\partial r} \end{cases} \tag{13.2}$$

那么与前面一样，声速 a 由式(13.3)给出

$$a^2 + \frac{\gamma - 1}{2}(u^2 + v^2) = \frac{\gamma + 1}{2}a^{*\,2} \tag{13.3}$$

对于厚度比为 δ 的细长体，我们可以做如式(13.4)所示类似于二维情况的变换：

$$\begin{cases} x = l\xi, \quad r = l(\delta\sqrt{\Gamma})^{-n}\eta \\[2mm] \varphi = la^* \dfrac{1 - Ma^0}{\Gamma}F(\xi, \eta) \end{cases} \tag{13.4}$$

式中，l 为物体的长度，并且

$$\Gamma = \frac{\gamma + 1}{2} \tag{13.5}$$

通过将式(13.4)代入式(13.1)，我们发现一阶项为

$$\frac{\partial^2 F}{\partial \eta^2} + \frac{1}{\eta}\frac{\partial F}{\partial \eta} = 2\frac{1-Ma^0}{(\delta\sqrt{\Gamma})^{2n}}\frac{\partial F}{\partial \xi}\frac{\partial^2 F}{\partial \xi^2} \tag{13.6}$$

远离物体的边界条件与二维情况相同

$$\frac{\partial F}{\partial \xi} = -1, \quad \frac{\partial F}{\partial \eta} = 0, \quad 在 \infty 处 \tag{13.7}$$

　　然而，物体表面的边界条件将是不同的。在线性化的理论中，我们发现无论是亚声速流还是超声速流，速度势的特征都是靠近物体轴线点源分布所对应的速度势的特征。这自然意味着，$\frac{\partial \varphi}{\partial r}$ 在轴线附近的表现为类似于 $\frac{1}{r}$，正如第 12 章所证明的那样。由于这种解的特征对于亚声速流和超声速流都存在，它也必然出现在跨声速流中。此外，对于轴线附近的点，如果 $\frac{\partial F}{\partial \eta}$ 是占主导的量，那么式(13.6)的右边与左边相比可以忽略不计。

　　于是，

$$\frac{\partial^2 F}{\partial \eta^2} + \frac{1}{\eta}\frac{\partial F}{\partial \eta} \approx 0, \quad |\eta| \ll 1$$

这个方程的解是

$$\frac{\partial F}{\partial \eta} \approx \frac{1}{\eta}, \quad |\eta| \ll 1$$

因此，对于 $\eta\frac{\partial F}{\partial \eta} \approx \frac{1}{\eta}$ 的陈述也与跨声速方程(13.6)一致。

　　如果对于轴线附近的点，$\frac{\partial \varphi}{\partial r}$ 表现像 $\frac{1}{r}$ 一样，则物体的边界条件变为

$$\left(r\frac{\partial \varphi}{\partial r}\right)_{r\to 0} = U\zeta\frac{\mathrm{d}\zeta}{\mathrm{d}x} = U\frac{1}{2\pi}S'(x)$$

式中，ζ 为物体的半径。

　　对于一系列具有不同厚度比的相似物体，$US'(x)$ 可以写成 $2\pi a^* l\delta^2 g(\xi)g'(\xi)$，其中 $g(\xi)$ 是在 $x = l\xi$ 点的比值 $\zeta/l\delta$。因此沿着物体的轴线，有

$$\left(r\frac{\partial \varphi}{\partial r}\right)_{r\to 0} = a^* l\delta^2 g(\xi)g'(\xi) \tag{13.8}$$

通过将式(13.4)引入式(13.8)，我们得到

$$\frac{1-Ma^0}{\Gamma\delta^2}\left(\eta\frac{\partial F}{\partial \eta}\right)_{\eta\to 0} = g(\xi)g'(\xi) \tag{13.9}$$

现在将式(13.6)和式(13.9)进行比较，我们看到如果

$$n = 1$$

我们可以将系统简化为包含一个单参数的系统

$$H = \frac{1 - Ma^0}{\Gamma \delta^2} \tag{13.10}$$

于是微分方程变为

$$\frac{\partial^2 F}{\partial \eta^2} + \frac{1}{\eta} \frac{\partial F}{\partial \eta} = 2H \frac{\partial F}{\partial \xi} \frac{\partial^2 F}{\partial \xi} \tag{13.11}$$

边界条件为

$$\begin{cases} \dfrac{\partial F}{\partial \xi} = -1, \ \dfrac{\partial F}{\partial \eta} = 0, \ 在 \infty 处 \\ \left(\eta \dfrac{\partial F}{\partial \eta} \right)_{\eta \to 0} = \dfrac{1}{H} g(\xi) g'(\xi) \end{cases} \tag{13.12}$$

于是我们看到,由于表面边界条件的修改,相似性参数 H 具有不同于二维流动的 K 的结构。但是,对于不同马赫数下不同厚度比的相似物体,这一原理仍然成立。若 H 相同,则流谱相似,它们在多大程度上是由单一函数 F 决定的,那么它们的相似程度就是多大。

压力系数 C_p 由下式给出:

$$C_p = -2 \frac{\Delta q}{U}$$

式中,Δq 为从自由流速度值 U 变到 q 的变化量。因此

$$\Delta q = \left[\left(a^* + \frac{\partial \varphi}{\partial x} \right)^2 + \left(\frac{\partial \varphi}{\partial r} \right)^2 \right]^{\frac{1}{2}} - U$$

但是在物体表面上,$\dfrac{\partial \varphi}{\partial r} = a^* \dfrac{\mathrm{d}\xi}{\mathrm{d}x} = a^* \delta g'(\xi)$。然后通过取最低阶项,我们得到

$$C_p = -\frac{2(1 - Ma^0)}{\Gamma} \left(1 + \frac{\partial F}{\partial \xi} \right) - \delta^2 [g'(\xi)]^2$$

或者利用式(13.11)

$$C_p = -\delta^2 \left\{ K \left(1 + \frac{\partial F}{\partial \xi} \right) + [g'(\xi)]^2 \right\} \tag{13.13}$$

因此,

$$C_p = \delta^2 \mathscr{P} \left(\frac{\delta^2 \Gamma}{1 - Ma^0}, \ \xi \right) \tag{13.14a}$$

同样地,基于物体截面积的阻力系数为

$$C_D = \delta^2 \mathcal{D}\left(\frac{\delta^2 \Gamma}{1 - Ma^0}\right) \tag{13.14b}$$

由于 Ma^0 接近 1，式(13.14a)和式(13.14b)也可以写成

$$C_p = \delta^2 \mathcal{P}\left(\frac{\delta^2 \Gamma}{1 - Ma^{0^2}}, \xi\right) \tag{13.15}$$

以及

$$C_D = \delta^2 \mathcal{D}\left(\frac{\delta^2 \Gamma}{1 - Ma^{0^2}}\right) \tag{13.16}$$

这些就是轴对称流动的跨声速相似律。若自由流马赫数非常接近于 1，则 $\mathcal{D}$ 函数的值可视为常数。那么阻力系数与厚度比 δ 的平方成正比。

13.2　高超声速相似律

轴对称细长体上的高超声速流可以采用与二维情况完全相同的方式来处理。因此，我们将不追溯分析的细节，而只在这里给出结果。

利用下列转换式

$$\begin{cases} x = l\xi \\ r = l\delta\eta \\ \varphi = a^0 l \dfrac{1}{Ma^0} f(\xi, \eta) \end{cases} \tag{13.17}$$

式中，φ 为扰动势。f 的微分方程为

$$\left[1 - (\gamma - 1)\frac{\partial f}{\partial \xi} - \frac{\gamma + 1}{2}\frac{1}{K^2}\left(\frac{\partial f}{\partial \eta}\right)^2\right]\frac{\partial^2 f}{\partial \eta^2} +$$
$$\left[1 - (\gamma - 1)\frac{\partial f}{\partial \xi} - \frac{\gamma - 1}{2}\frac{1}{K^2}\left(\frac{\partial f}{\partial \eta}\right)^2\right]\frac{1}{\eta}\frac{\partial f}{\partial \eta} = K^2\frac{\partial^2 f}{\partial \xi^2} + 2\frac{\partial f}{\partial \eta}\frac{\partial^2 f}{\partial \xi \partial \eta} \tag{13.18}$$

物体表面的边界条件为

$$\left(\frac{\partial f}{\partial \eta}\right)_s = K^2 h(\xi) \tag{13.19}$$

式中，
$$K = \delta Ma^0 \tag{13.20}$$

并且此处 $\delta h(\xi)$ 是物体子午线截面的斜率。与二维情况类似，式(13.18)可以解释为由观察者以自由流的速度 U 运动所看到的柱面波从与物体轴线重合的轴线上向外的传播。这个类比的物理意义同样是由于速度 U 与传播速度 a^0 相比非常大，所以纵向传播的影响可以忽略不计。只有横向传播才是重要的，并且轴对称的横向波是柱面波。

那么，基于物体截面积的压力系数 C_p 和波阻系数 C_D 的相似律为

$$C_p = \delta^2 \mathcal{P}(\delta Ma^0, \gamma; \xi) \tag{13.21}$$

以及

$$C_D = \delta^2 \mathcal{D}(\delta Ma^0, \gamma) \tag{13.22}$$

对于半顶角为 δ 的细长锥体的情况，沈申甫(S. F. Shen)已经证明，若 $\delta Ma^0 \to \infty$，则

$$C_p = C_D = 2.09\delta^2 \quad (\gamma = 1.4) \tag{13.23}$$

这表明，在马赫数很高的情况下，锥体的波阻系数减小为一个常数值，而且它又与厚度比的平方成正比。那么，总结一下细长回转体的阻力系数 C_D 随厚度比 δ 的不同变化规律是很有意思的：在亚声速马赫数下，C_D 主要由表面摩擦决定，在给定雷诺数下，表面摩擦与表面积成正比。因此，对于亚声速马赫数，C_D 近似与 δ^{-1} 成正比。在跨声速马赫数下，C_D 与 δ^2 成正比，如 13.1 节所示。在超声速马赫数下，δ 的幂指数减小到小于 2。在高超声速马赫数下，C_D 再一次与 δ^2 成正比。

13.3　准确方程的"丢失解"

在二维流动中寻找"丢失解"产生了重要的普朗特-迈耶流。我们可以对轴对称方程进行同样的尝试。连续性方程为

$$\left(1 - \frac{u^2}{a^2}\right)\frac{\partial u}{\partial x} - \frac{uv}{a^2}\left(\frac{\partial v}{\partial x} + \frac{\partial u}{\partial r}\right) + \left(1 - \frac{v^2}{a^2}\right)\frac{\partial v}{\partial r} + \frac{v}{r} = 0 \tag{13.24}$$

无旋方程为

$$\frac{\partial v}{\partial x} - \frac{\partial u}{\partial r} = 0 \tag{13.25}$$

由于丢失解是以 v 和 u 之间的函数关系为表征的，我们令

$$v = v(u) \tag{13.26}$$

于是，式(13.24)变成

$$\left[\left(1 - \frac{u^2}{a^2}\right) - \frac{uv}{a^2}\frac{\mathrm{d}v}{\mathrm{d}u}\right]\frac{\partial u}{\partial x} + \left[\left(1 - \frac{v^2}{a^2}\right)\frac{\mathrm{d}v}{\mathrm{d}u} - \frac{uv}{a^2}\right]\frac{\partial u}{\partial r} + \frac{v}{r} = 0 \tag{13.27}$$

式(13.25)变成

$$\frac{\mathrm{d}v}{\mathrm{d}u}\frac{\partial u}{\partial x} - \frac{\partial u}{\partial r} = 0 \tag{13.28}$$

现在我们可以从式(13.27)和式(13.28)中求解 $\frac{\partial u}{\partial x}$ 和 $\frac{\partial u}{\partial r}$。结果是

$$\left[\left(1 - \frac{u^2}{a^2}\right) - 2\frac{uv}{a^2}\frac{\mathrm{d}v}{\mathrm{d}u} + \left(1 - \frac{v^2}{a^2}\right)\left(\frac{\mathrm{d}v}{\mathrm{d}u}\right)^2\right]\frac{\partial u}{\partial x} = -\frac{v}{r} \tag{13.29}$$

$$\left[\left(1 - \frac{u^2}{a^2}\right) - 2\frac{uv}{a^2}\frac{\mathrm{d}v}{\mathrm{d}u} + \left(1 - \frac{v^2}{a^2}\right)\left(\frac{\mathrm{d}v}{\mathrm{d}u}\right)^2\right]\frac{\partial u}{\partial r} = -\frac{v}{r}\frac{\mathrm{d}v}{\mathrm{d}u} \tag{13.30}$$

将式(13.29)对 r 求导,并将式(13.30)对 x 求导,相减后可以得到式(13.31)

$$\frac{\mathrm{d}^2 v}{\mathrm{d} u^2}\,\frac{\partial u}{\partial x} + \frac{1}{r} = 0 \tag{13.31}$$

因此,我们可以将式(13.31)相对于 x 进行积分,得到

$$\frac{\mathrm{d} v}{\mathrm{d} u} = \frac{f(r) - x}{r} \tag{13.32}$$

或者

$$r = \frac{f(r) - x}{\dfrac{\mathrm{d} v}{\mathrm{d} u}} \tag{13.33}$$

式中,$f(r)$ 为 r 的待定函数。然而,对于 u 的常数值而言,有

$$\mathrm{d} u = \frac{\partial u}{\partial x}(\mathrm{d} x)_u + \frac{\partial u}{\partial r}(\mathrm{d} r)_u = 0$$

因此,常数为 u 的直线的斜率为

$$\left(\frac{\mathrm{d} r}{\mathrm{d} x}\right)_u = -\frac{\dfrac{\partial u}{\partial x}}{\dfrac{\partial u}{\partial r}}$$

利用式(13.28),我们得到

$$\left(\frac{\mathrm{d} y}{\mathrm{d} x}\right)_u = -\frac{1}{\dfrac{\mathrm{d} v}{\mathrm{d} u}} = 常数 \tag{13.34}$$

所以在这里,u 和 v 为常数的线也是直线。那么式(13.33)中的待定函数 $f(r)$ 一定是一个常数。事实上,在不失去一般性的前提下,我们可以设 $f(r)=0$,并且有

$$r = -\frac{x}{\dfrac{\mathrm{d} v}{\mathrm{d} u}}, \quad 对于 u、v 为常数的线 \tag{13.35}$$

　　式(13.35)的结果意味着 u、v 为常数的线是从原点出发的径向线。因此,这个解比普朗特-迈耶解受到有更多的约束。在普朗特-迈耶解中,恒速度直线不需要通过同一点。然而,轴对称流的这种丢失解有一个非常重要的应用:零攻角下的锥体绕流。我们下面将对此进行研究。

13.4　锥体绕流的精确解

　　如果锥体的半顶角为 δ,且将坐标原点取在锥体的顶点,则角 δ 的径向线代表锥体的表

面。表面的边界条件要求速度平行于表面。这可以通过丢失解来满足。那么沿着子午面上的任意一条径向线，速度都是恒定的。当然，速度的方向不必是径向的。在角度为 β 的径向线上，出现斜激波（见图 13.1）。这是可能的，因为这条线下游侧的速度属于丢失解，因此是恒定的。

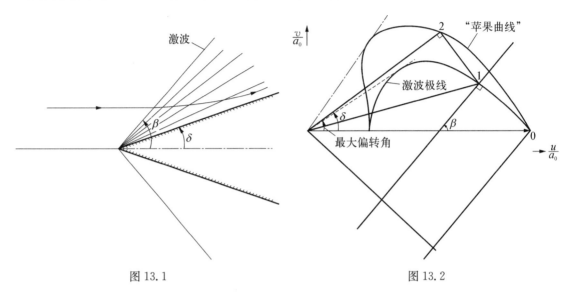

图 13.1　　　　　　　　　　　　图 13.2

让我们在以 u/a_0 和 v/a_0 为坐标的速度图平面上研究这个解（见图 13.2）。因此，这些坐标中径矢的最大值等于 $\sqrt{\dfrac{\gamma+1}{\gamma-1}}$，这对应于膨胀到真空中的情况。斜激波前面的流动总是用 u 轴上的点 o 来表示。具有相同自由流马赫数的所有流动都用一个点表示。属于同一自由流马赫数的流动，它们在激波后的流动可以用一条曲线表示。这条曲线从 u 轴上的 o 点开始，回到 u 轴上代表正激波后亚声速的一点。在这条曲线的其他点上，流动是偏离来流方向的。

这条曲线被称为激波极线，最大偏转角由与曲线相切的径向线给出。如果令极坐标上的一个点称为 1，那么线 1-0 的法线给出激波角 β。之所以如此是因为穿过激波的唯一速度变化可能是垂直于激波的速度分量。

为了计算激波和锥体表面之间的流动，我们可以将式（13.31）中的 $\dfrac{1}{r}$ 值代入式（13.29），于是有

$$v\frac{\mathrm{d}^2 v}{\mathrm{d}u^2}-\left(1-\frac{v^2}{a^2}\right)\left(\frac{\mathrm{d}v}{\mathrm{d}u}\right)^2+2\frac{uv}{a^2}\frac{\mathrm{d}v}{\mathrm{d}u}-\left(1-\frac{u^2}{a^2}\right)=0 \tag{13.36}$$

这是轴对称流中丢失解的速度图方程。我们看到它比二维情况复杂得多。

从式（13.34）我们可以看出，在速度图平面上的某一点处，速度图曲线切线的法线平行于物理平面上相应的径向矢量。因此，在速度图平面中点 2 对应于锥面处，有

$$\begin{cases} \dfrac{\mathrm{d}v}{\mathrm{d}u}=-\cot\delta \\[2mm] \dfrac{v}{u}=\tan\delta \end{cases} \quad 在圆锥上 \tag{13.37}$$

将式(13.37)代入式(13.36),我们得到

在圆锥上,
$$v\,\frac{\mathrm{d}^2 v}{\mathrm{d}u^2} = -\csc^2\delta \tag{13.38}[1]$$

因此,在点 2 处的速度图曲线是凹的。但由于式(13.37),点 2 处的速度图曲线也与速度幅值恒定的圆相切。因此,离开锥面的速度幅值实际上大于表面的速度。换句话说,激波后的流动在到达表面之前被进一步压缩了。

在点 1 处,速度图的法线平行于激波阵面。因此,速度图曲线在 1 处必定与线 1-0 相切。这实际上是将速度图曲线与激波极曲线连接起来的条件。如果我们对来自给定自由流马赫数的所有斜激波绘制点 2 的轨迹,我们就得到了所谓的"苹果曲线"。苹果曲线在锥体绕流中的作用与激波极曲线在楔形体绕流中的作用相同。在给定的自由流马赫角下,最大锥角由与苹果曲线相切的径向矢量给出。我们看到这个角度远大于最大偏转角。对于顶角大于最大锥角的锥体,激波必然从顶点脱离,并且是弯曲的。

Taylor 和 Maccoll、Busemann、Hantsche 和 Wendt 以及 Kopal 对式(13.36)进行了数值积分和图形积分。详细的计算和结果应参考他们的著作。

这里必须指出一个事实:由于激波后的流动被进一步压缩,即使激波后的流动是超声速的,锥体表面上的流动也可能是声速的。在试验中也确实观察到这种情况。因此,在这里我们有一个从超声速到亚声速流平滑过渡的案例。这一事实的含义将在后面关于激波-边界层相互作用的章节中讨论。

参考文献

[1] Busemann, A. : "Drücke auf kegekförmige Spitzen bei Bewegung mit Überschallgeschwindigkeit". ZAMM, Vol. 9, p. 496 (1929)

[2] Bourquard, F. : "Ondes ballistiques planes obliques et ondes Coniques". Comptes Rendus, Vol. 194, p. 846 (1932)

[3] Taylor, G. I. and Maccoll, J. W. : "The Air Pressure on a Cone Moving at High Speeds — I". Proc. R. Soc. Lond. A, Vol. 139, pp. 278 - 297 (1933)

[4] Maccoll, J. W. : "The Conical Shock Wave formed by a Cone moving at High Speed". Proc. R. Soc. Lond. A, Vol. 159, pp. 459 - 472 (1937)

[5] Busemann, A. : "Die achsensymmetrische kegelige Überschallströmung". Luftfahrtforschung, Vol. 19, pp. 137 - 144 (1942)

[6] Hantzsche, W. and Wendt, H. : "Mit Überschall geschwindigkeit angeblasene Kegelspitzen". Jahrbuch der deutschen Luftfahrtforschung, Sect. I, pp. 80 - 90 (1942)[2]

[7] Kopal, Z. "Tables of Supersonic Flow Around Cones". M. I. T. , Center of Analysis, Tech. Rep. No. 1. U. S. Gov't. Printing Office (1947)

---

① 原稿此式等号右侧无负号,系译者经推导后添加。——译注

② 此文有英译版,见"Cones in Supersonic Flow", NACA TM No. 1157 (1947)。——译注

第 14 章　有限翼展机翼的相似律

当我们研究可压缩流体的一般三维流动时,我们发现这个问题是非常困难的,除了一些不重要的情况外,不可能有精确解。然而,空气动力学家最关心的问题是机翼问题。这是一个相对简单的问题,因为机翼的厚度通常比机翼的翼弦和翼展小得多。在亚声速范围内,我们有校正的普朗特升力线理论,或更普遍的升力面理论,这两者都是以准确的微分方程的线性化为基础。在超声速范围内,我们有建立在简单波动方程求解基础上的线性化机翼理论。

在本章中,我们将不关注个别情况的求解,而是立即给出亚声速、跨声速、超声速和高超声速流动的不同的相似规律。由此充分证明了流动相似概念的有效性。

14.1　亚声速流中的相似律

准确的三维流动方程可以线性化为

$$(1-Ma^{0^2})\frac{\partial^2\varphi}{\partial x^2}+\frac{\partial^2\varphi}{\partial y^2}+\frac{\partial^2\varphi}{\partial z^2}=0 \tag{14.1}$$

式中,Ma^0 为自由流马赫数;自由流速度 U 平行于 x 轴;z 轴为机翼厚度方向;y 轴为沿翼展方向(见图 14.1)。相应的速度分量为

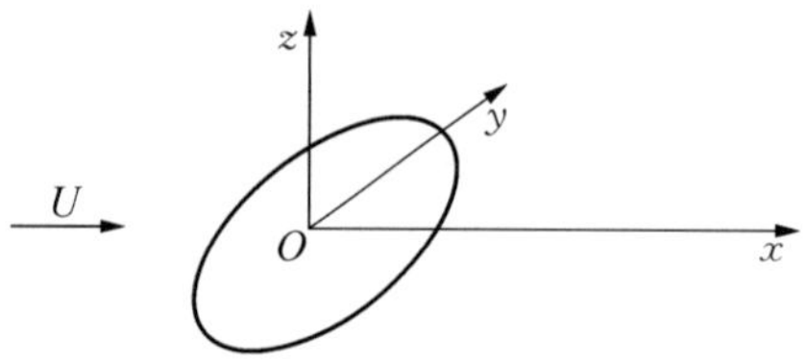

图 14.1

$$\begin{cases} u=U+\dfrac{\partial\varphi}{\partial x} \\[2mm] v=\dfrac{\partial\varphi}{\partial y} \\[2mm] w=\dfrac{\partial\varphi}{\partial z} \end{cases} \tag{14.2}$$

边界条件为

$$\frac{\partial\varphi}{\partial x}=\frac{\partial\varphi}{\partial y}=\frac{\partial\varphi}{\partial z}=0,\quad 在 \infty 处 \tag{14.3}$$

机翼表面的流动必须与表面相切。假设在扰动很小的情况下,我们得到

$$\left(\frac{\partial\varphi}{\partial z}\right)_{z=z_0}=U\frac{\partial z_0}{\partial x} \tag{14.4}$$

式中,$z_0(x,y)$ 为在表面 (x,y) 处的纵坐标。

现在让我们引入如式(14.5)所示类似于用于研究轴对称流动的变换：

$$
\begin{cases}
x = \xi \\[2mm]
y = \dfrac{\eta}{\sqrt{1 - Ma^{0^2}}} \\[4mm]
z = \dfrac{\zeta}{\sqrt{1 - Ma^{0^2}}}
\end{cases}
\tag{14.5}
$$

并且

$$
\varphi = \frac{1}{1 - Ma^{0^2}} \varphi_i(\xi,\ \eta,\ \zeta)
\tag{14.6}
$$

那么,由式(14.1)可推得 φ_i 的微分方程,为

$$
\frac{\partial^2 \varphi_i}{\partial \xi^2} + \frac{\partial^2 \varphi_i}{\partial \eta^2} + \frac{\partial^2 \varphi_i}{\partial \zeta^2} = 0
\tag{14.7}
$$

这是不可压缩流动方程。如果更进一步,则有

$$
\frac{\partial \varphi_i}{\partial \xi} = \frac{\partial \varphi_i}{\partial \eta} = \frac{\partial \varphi_i}{\partial \zeta} = 0, \quad \text{在} \infty \text{处}
\tag{14.8}
$$

并且,如果

$$
\zeta_0 = z_0 \sqrt{1 - Ma^{0^2}} = \zeta_0(\xi,\ \eta)
$$

$$
\left(\frac{\partial \varphi_i}{\partial \zeta} \right)_{\zeta = \zeta_0} = U \frac{\partial \zeta_0}{\partial \xi}
\tag{14.9}
$$

那么, φ_i 就是相似机翼上不可压流动的扰动势,它与原型之间的变化如下：

(1) 机翼的厚度和攻角按因子 $\sqrt{1 - Ma^{0^2}}$ 而减小。

(2) 翼展方向也按因子 $\sqrt{1 - Ma^{0^2}}$ 而减小。稍加计算就会发现,如果 φ 和 φ_i 之间的关系是式(14.6)的关系,则边界条件式(14.3)和式(14.4)可以得到满足。因此,可压缩流动问题被简化为不可压缩流动问题。

压力系数 C_p 在这里由式(14.10)给出：

$$
C_p = -2 \frac{1}{U} \frac{\partial \varphi}{\partial x}
\tag{14.10}
$$

而相应的不可压缩压力系数 C_{p_0} 为

$$
C_{p_0} = -2 \frac{1}{U} \frac{\partial \varphi_i}{\partial \xi}
\tag{14.11}
$$

相似机翼表面压力系数的相似参数是厚度比(最大厚度与最大弦长的比值)、展弦比 $\pmb{\mathcal{AR}}$ (翼展平方与翼面积的比值)、攻角 α 和无量纲坐标 x/l、y/b,其中 l 为机翼的最大弦长,b 为翼展。

于是由式(14.6)、式(14.10)和式(14.11)可给出

$$C_p\left(\delta,\ \alpha,\ \textit{Æ}\ ;\ \frac{x}{l},\ \frac{y}{b}\right) = \frac{1}{1-Ma^{0^2}}C_{p_0}\left(\sqrt{1-Ma^{0^2}}\,\delta,\ \sqrt{1-Ma^{0^2}}\,\alpha,\ \sqrt{1-Ma^{0^2}}\,\textit{Æ}\ ;\ \frac{x}{l},\ \frac{y}{b}\right)$$

$$(14.12)$$

通过对压力系数积分,我们得到升力系数 C_L、诱导阻力系数 C_{D_i} 和力矩系数 C_M:

$$C_L(\delta,\ \alpha,\ \textit{Æ}) = \frac{1}{1-Ma^{0^2}}C_{L_0}\left(\sqrt{1-Ma^{0^2}}\,\delta,\ \sqrt{1-Ma^{0^2}}\,\alpha,\ \sqrt{1-Ma^{0^2}}\,\textit{Æ}\right)$$

$$(14.13)$$

$$C_{D_i}(\delta,\ \alpha,\ \textit{Æ}) = \frac{1}{(1-Ma^{0^2})^{\frac{3}{2}}}C_{D_{i_0}}\left(\sqrt{1-Ma^{0^2}}\,\delta,\ \sqrt{1-Ma^{0^2}}\,\alpha,\ \sqrt{1-Ma^{0^2}}\,\textit{Æ}\right)$$

$$(14.14)$$

$$C_M(\delta,\ \alpha,\ \textit{Æ}) = \frac{1}{1-Ma^{0^2}}C_{M_0}\left(\sqrt{1-Ma^{0^2}}\,\delta,\ \sqrt{1-Ma^{0^2}}\,\alpha,\ \sqrt{1-Ma^{0^2}}\,\textit{Æ}\right)$$

$$(14.15)$$

式中,下标 0 表示不可压缩流动的系数。式(14.22)、式(14.13)、式(14.14)和式(14.15)则是有限翼展机翼上亚声速流的相似准则。我们可以看到,它们与第12章中推导的亚声速轴对称流的相似准则基本相同,而且只用对机翼特别重要的参数来表达。

对于孤立的薄机翼,可以在 $(x,\ y)$ 平面上而不是在机翼表面上满足机翼的表面边界条件。然后,我们会发现 C_{p_0} 与 δ 和 α 成正比。因此式(14.12)、式(14.13)、式(14.24)和式(14.15)可以写成

$$C_p\left(\delta,\ \alpha,\ \textit{Æ}\ ;\ \frac{x}{l},\ \frac{y}{b}\right) = \frac{1}{\sqrt{1-Ma^{0^2}}}C_{p_0}\left(\delta,\ \alpha,\ \sqrt{1-Ma^{0^2}}\,\textit{Æ}\ ;\ \frac{x}{l},\ \frac{y}{b}\right) \quad (14.16)$$

$$C_L(\delta,\ \alpha,\ \textit{Æ}) = \frac{1}{\sqrt{1-Ma^{0^2}}}C_{L_0}\left(\delta,\ \alpha,\ \sqrt{1-Ma^{0^2}}\,\textit{Æ}\right) \quad (14.17)$$

$$C_{D_i}(\delta,\ \alpha,\ \textit{Æ}) = \frac{1}{\sqrt{1-Ma^{0^2}}}C_{D_{i_0}}\left(\delta,\ \alpha,\ \sqrt{1-Ma^{0^2}}\,\textit{Æ}\right) \quad (14.18)$$

$$C_M(\delta,\ \alpha,\ \textit{Æ}) = \frac{1}{\sqrt{1-Ma^{0^2}}}C_{M_0}\left(\delta,\ \alpha,\ \sqrt{1-Ma^{0^2}}\,\textit{Æ}\right) \quad (14.19)$$

这些公式有时比前面的公式使用起来更方便。

当然,式(14.6)中所体现的可压缩流与不可压缩流的相似之处确实不仅可以用于空气动力系数的计算。例如,它还可以用来计算机翼后面的下洗气流速度。这里我们必须关注由式(14.5)规定的一般坐标变换。

让我们把这些结果应用于大展弦比的无扭转薄椭圆翼上。普朗特理论给出的这种机翼的

不可压缩绕流的关系式如下：

$$\left(\frac{dC_{L_0}}{d\alpha}\right)_{A\!R} = \left(\frac{dC_{L_0}}{d\alpha}\right)_{\infty} \frac{1}{1 + \dfrac{1}{\pi\,A\!R}\left(\dfrac{dC_{L_0}}{d\alpha}\right)_{\infty}} \tag{14.20}$$

式中，$\left(\dfrac{dC_{L_0}}{d\alpha}\right)_{\infty}$ 为不可压缩二维流的升力斜率，或无限展弦比的不可压缩升力斜率。它实际上与厚度比 δ 无关。因此式（14.17）给出

$$\left(\frac{dC_L}{d\alpha}\right)_{A\!R} = \frac{1}{\sqrt{1-Ma^{0^2}}}\left(\frac{dC_{L_0}}{d\alpha}\right)_{\sqrt{1-Ma^{0^2}}\,A\!R}$$

$$= \frac{1}{\sqrt{1-Ma^{0^2}}}\left(\frac{dC_{L_0}}{d\alpha}\right)_{\infty} \frac{1}{1 + \dfrac{1}{\pi\sqrt{1-Ma^{0^2}}\,A\!R}\left(\dfrac{dC_{L_0}}{d\alpha}\right)_{\infty}}$$

与式（14.20）结合，于是我们得到

$$\left(\frac{dC_L}{d\alpha}\right)_{A\!R} = \left(\frac{dC_{L_0}}{d\alpha}\right)_{A\!R} \frac{1}{\sqrt{1-Ma^{0^2}} + \dfrac{1}{\pi\,A\!R}\left(\dfrac{dC_{L_0}}{d\alpha}\right)_{A\!R}\left(1-\sqrt{1-Ma^{0^2}}\right)} \tag{14.21}$$

这表明，对于有限展弦比，升力斜率随马赫数 Ma^0 的增加小于它随二维因子 $1/\sqrt{1-Ma^{0^2}}$ 的增加。

椭圆机翼的诱导阻力可以用类似的方法计算。对于不可压缩流，我们有

$$(C_{D_{i_0}})_{A\!R} = \frac{C_{L_0}^2}{\pi\,A\!R} \tag{14.22}$$

因此，式（14.18）给出

$$(C_{D_i})_{A\!R} = \frac{1}{\sqrt{1-Ma^{0^2}}} \frac{\left(\dfrac{dC_{L_0}}{d\alpha}\right)_{\sqrt{1-Ma^{0^2}}\,A\!R}^2 \alpha^2}{\pi\,A\!R\sqrt{1-Ma^{0^2}}}$$

$$= \frac{\alpha^2}{\pi\,A\!R\sqrt{1-Ma^{0^2}}}\left[\frac{\left(\dfrac{dC_{L_0}}{d\alpha}\right)_{\infty}}{1 + \dfrac{1}{\pi\,A\!R\sqrt{1-Ma^{0^2}}}\left(\dfrac{dC_{L_0}}{d\alpha}\right)_{\infty}}\right]^2$$

所以

$$C_{D_i} = \frac{C_L^2}{\pi\,A\!R} \tag{14.23}$$

通过比较式(14.22)和式(14.23)，我们可以看出，无扭转椭圆机翼的诱导阻力公式不因压缩性而改变。式(14.21)和式(14.23)之所以相对简单是由于大展弦比的无扭转椭圆机翼的特殊性。对于其他平面形状和有扭转的机翼，基本方程式(14.13)、式(14.14)和式(14.15)将给出更复杂的关系。

14.2   跨声速流中的相似律

速度势 φ 的准确的微分方程为

$$\left(1-\frac{u^2}{a^2}\right)\frac{\partial^2\varphi}{\partial x^2}+\left(1-\frac{v^2}{a^2}\right)\frac{\partial^2\varphi}{\partial y^2}+\left(1-\frac{w^2}{a^2}\right)\frac{\partial^2\varphi}{\partial z^2}-2\frac{uv}{a^2}\frac{\partial^2\varphi}{\partial x\partial y}-$$
$$2\frac{vw}{a^2}\frac{\partial^2\varphi}{\partial y\partial z}-2\frac{wu}{a^2}\frac{\partial^2\varphi}{\partial z\partial x}=0 \tag{14.24}$$

声速 a 由式(14.25)给出：

$$a^2+\frac{\gamma-1}{2}(u^2+v^2+w^2)=\frac{\gamma+1}{2}a^{*2} \tag{14.25}$$

式中，a^* 为临界声速。对于跨声速流动而言，

$$\begin{cases} u=a^*+\dfrac{\partial\varphi}{\partial x}\\[2mm] v=\dfrac{\partial\varphi}{\partial y}\\[2mm] w=\dfrac{\partial\varphi}{\partial z} \end{cases} \tag{14.26}$$

边界条件为

在∞处 $\qquad \dfrac{\partial\varphi}{\partial x}=\dfrac{2}{\gamma+1}a^*(Ma^0-1),\ \dfrac{\partial\varphi}{\partial y}=\dfrac{\partial\varphi}{\partial z}=0 \qquad (14.27)$

并且，在机翼表面上，有

$$\left(\frac{1}{a^*}\frac{\partial\varphi}{\partial z}\right)_{z=0}=\delta h \tag{14.28}$$

式中，δ 为厚度比；h 为无量纲翼面斜率函数。

我们可以使用与二维情况完全相同的变换，即

$$x=l\xi,\ y=l(\delta\varGamma)^{-\frac{1}{3}}\eta,\ z=l(\delta\varGamma)^{-\frac{1}{3}}\zeta$$
$$\varGamma=\frac{\gamma+1}{2} \tag{14.29}$$

同时

$$\varphi=la^*\frac{1-Ma^0}{\varGamma}F(\xi,\ \eta,\ \zeta)$$

然后，通过只考虑最低阶项，式(14.24)变为

$$\frac{\partial^2 F}{\partial \eta^2} + \frac{\partial^2 F}{\partial \zeta^2} = 2K \frac{\partial F}{\partial \xi} \frac{\partial^2 F}{\partial \xi^2} \tag{14.30}$$

式中，

$$K = \frac{1 - Ma^0}{(\delta \Gamma)^{\frac{2}{3}}} \tag{14.31}$$

边界条件则为

在∞处

$$\frac{\partial F}{\partial \xi} = -1, \ \frac{\partial F}{\partial \eta} = \frac{\partial F}{\partial \zeta} = 0 \tag{14.32}$$

同时

$$\left(\frac{\partial F}{\partial \zeta}\right)_{\zeta=0} = \frac{1}{K} h(\xi, \eta) \tag{14.33}$$

于是我们看到，这个问题的表述几乎和第 11 章中讨论的二维情况完全相同。这里唯一的区别是，不同厚度比的相似机翼组不仅**必须具有与 δ 成正比的攻角，而且还必须具有与 $(\Gamma\delta)^{-1/3}$ 成正比的展弦比**，这是 y 坐标的变换所要求的。

这里的压力系数为

$$C_p = -2 \frac{1 - Ma^0}{\Gamma} \left(1 + \frac{\partial F}{\partial \xi}\right) \tag{14.34}$$

因此，在表面，有

$$C_p \left[\frac{\alpha}{\delta}, \ \mathscr{R}(\Gamma\delta)^{\frac{1}{3}}\right] = \frac{\delta^{\frac{2}{3}}}{\Gamma^{\frac{1}{3}}} \mathscr{P}(K; \xi, \eta) \tag{14.35}$$

通过对机翼表面的压力系数进行积分，我们就得到了升力系数

$$C_L \left[\frac{\alpha}{\delta}, \mathscr{R}(\Gamma\delta)^{\frac{1}{3}}\right] = \frac{\delta^{\frac{2}{3}}}{\Gamma^{\frac{1}{3}}} \mathscr{L}(K) \tag{14.36}$$

力矩系数 C_M 为

$$C_M \left[\frac{\alpha}{\delta}, \ \mathscr{R}(\Gamma\delta)^{\frac{1}{3}}\right] = \frac{\delta^{\frac{2}{3}}}{\Gamma^{\frac{1}{3}}} \mathscr{M}(K) \tag{14.37}$$

阻力系数 C_D 为

$$C_D \left[\frac{\alpha}{\delta}, \ \mathscr{R}(\Gamma\delta)^{\frac{1}{3}}\right] = \frac{\delta^{\frac{2}{3}}}{\Gamma^{\frac{1}{3}}} \mathscr{D}(K) \tag{14.38}$$

这些就是跨声速流中的相似律。

14.3   超声速流中的相似律

对于薄机翼上的超声速流动,速度势的微分方程又可以线性化。因此有

$$\frac{\partial^2 \varphi}{\partial y^2} + \frac{\partial^2 \varphi}{\partial z^2} - (Ma_0^2 - 1) \frac{\partial^2 \varphi}{\partial x^2} = 0 \tag{14.39}$$

速度分量是

$$u = U + \frac{\partial \varphi}{\partial x}$$

$$v = \frac{\partial \varphi}{\partial y}$$

$$w = \frac{\partial \varphi}{\partial z}$$

我们现在可以使用变换

$$x = \xi$$

$$y = \frac{\eta}{\sqrt{Ma_0^2 - 1}}$$

$$z = \frac{\zeta}{\sqrt{Ma_0^2 - 1}} \tag{14.40}$$

$$\varphi = \frac{1}{Ma_0^2 - 1} \varphi^*(\xi, \eta, \zeta)$$

于是,由式(14.39)得到 φ^* 的微分方程为

$$\frac{\partial^2 \varphi^*}{\partial \eta^2} + \frac{\partial^2 \varphi^*}{\partial \zeta^2} - \frac{\partial^2 \varphi^*}{\partial \xi^2} = 0 \tag{14.41}$$

如果 $Ma_0 = \sqrt{2}$,这就是坐标为(ξ, η, ζ)的扰动势的线性化方程。因此,对于超声速流动,在 $Ma_0 = \sqrt{2}$ 时的解代替了亚声速流动中的不可压缩解。

通过使用与 14.1 节完全相似的分析,我们得到

$$C_p \left(\delta, \alpha, \textit{Æ} ; \frac{x}{l}, \frac{y}{b} \right) = \frac{1}{Ma_0^2 - 1} C_p^* \left(\sqrt{Ma_0^2 - 1}\, \delta, \sqrt{Ma_0^2 - 1}\, \alpha, \sqrt{Ma_0^2 - 1}\, \textit{Æ} ; \frac{x}{l}, \frac{y}{b} \right)$$

$$\tag{14.42}$$

式中,星号上标表示自由流马赫数等于$\sqrt{2}$时的值。

类似地,空气动力系数分别为

$$C_L(\delta,\alpha,\boldsymbol{AR})=\frac{1}{{Ma^0}^2-1}C_L^*(\sqrt{{Ma^0}^2-1}\,\delta,\sqrt{{Ma^0}^2-1}\,\alpha,\sqrt{{Ma^0}^2-1}\,\boldsymbol{AR})$$

$$(14.43)$$

$$C_D(\delta,\alpha,\boldsymbol{AR})=\frac{1}{({Ma^0}^2-1)^{\frac{3}{2}}}C_D^*(\sqrt{{Ma^0}^2-1}\,\delta,\sqrt{{Ma^0}^2-1}\,\alpha,\sqrt{{Ma^0}^2-1}\,\boldsymbol{AR})$$

$$(14.44)$$

$$C_M(\delta,\alpha,\boldsymbol{AR})=\frac{1}{{Ma^0}^2-1}C_M^*(\sqrt{{Ma^0}^2-1}\,\delta,\sqrt{{Ma^0}^2-1}\,\alpha,\sqrt{{Ma^0}^2-1}\,\boldsymbol{AR})$$

$$(14.45)$$

这里的阻力系数实际上是波阻系数,没有考虑摩擦阻力。对于孤立翼型,某一点的压力系数与 δ 和 α 成正比。因此,相似性方程式(14.42)、式(14.43)、式(14.44)和式(14.45)可以重写为

$$C_p\left(\delta,\alpha,\boldsymbol{AR};\frac{x}{l},\frac{y}{b}\right)=\frac{1}{\sqrt{{Ma^0}^2-1}}C_p^*\left(\delta,\alpha,\sqrt{{Ma^0}^2-1}\,\boldsymbol{AR};\frac{x}{l},\frac{y}{b}\right)$$

$$(14.46)$$

$$C_L(\delta,\alpha,\boldsymbol{AR})=\frac{1}{\sqrt{{Ma^0}^2-1}}C_L^*(\delta,\alpha,\sqrt{{Ma^0}^2-1}\,\boldsymbol{AR}) \qquad (14.47)$$

$$C_D(\delta,\alpha,\boldsymbol{AR})=\frac{1}{\sqrt{{Ma^0}^2-1}}C_D^*(\delta,\alpha,\sqrt{{Ma^0}^2-1}\,\boldsymbol{AR}) \qquad (14.48)$$

$$C_M(\delta,\alpha,\boldsymbol{AR})=\frac{1}{\sqrt{{Ma^0}^2-1}}C_M^*(\delta,\alpha,\sqrt{{Ma^0}^2-1}\,\boldsymbol{AR}) \qquad (14.49)$$

因此,一旦马赫数等于 $\sqrt{2}$ 的问题得到解决,就可以通过上述相似定律得到所有其他马赫数下的空气动力特性。

14.4　高超声速流中的相似律

对于高超声速流动,我们必须回到扰动速度势 φ 的非线性微分方程,定义为

$$\begin{cases} u=U+\dfrac{\partial\varphi}{\partial x} \\[2mm] v=\dfrac{\partial\varphi}{\partial y} \\[2mm] w=\dfrac{\partial\varphi}{\partial z} \end{cases}$$

与第 11 章处理的二维情况类似,我们写出如式(14.50)所示关系式:

$$\begin{cases} x = l\xi \\ y = l\delta\eta \\ z = l\delta\zeta \\ \varphi = a^0 l \dfrac{1}{Ma^0} F(\xi,\ \eta,\ \zeta) \end{cases} \tag{14.50}$$

于是,变换后的势方程为

$$\left[1 - (\gamma-1)\frac{\partial f}{\partial \xi} - \frac{\gamma+1}{2k^2}\left(\frac{\partial f}{\partial \eta}\right)^2 - \frac{\gamma-1}{2k^2}\left(\frac{\partial f}{\partial \zeta}\right)^2 \right]\frac{\partial^2 f}{\partial \eta^2} + \left[1 - (\gamma-1)\frac{\partial f}{\partial \xi} - \right.$$

$$\left. \frac{\gamma-1}{2k^2}\left(\frac{\partial f}{\partial \eta}\right)^2 - \frac{\gamma+1}{2k^2}\left(\frac{\partial f}{\partial \zeta}\right)^2 \right]\frac{\partial^2 f}{\partial \zeta^2} = k^2 \frac{\partial^2 f}{\partial \xi^2} + 2\frac{\partial f}{\partial \eta}\frac{\partial^2 f}{\partial \xi \partial \eta} + 2\frac{\partial f}{\partial \zeta}\frac{\partial^2 f}{\partial \xi \partial \zeta}$$

$$\tag{14.51}$$

式中,

$$k = Ma^0 \delta \tag{14.52}$$

边界条件为

在 $-\infty$ 处

$$\frac{\partial f}{\partial \xi} = \frac{\partial f}{\partial \eta} = \frac{\partial f}{\partial \zeta} = 0 \tag{14.53}$$

并且

$$\left(\frac{\partial f}{\partial \zeta}\right)_{\zeta=\zeta_0} = k^2 h(\xi,\ \eta) \tag{14.54}$$

式中,ζ_0 为机翼表面的变换后的纵坐标 z_0,即

$$\zeta_0 = \frac{z_0}{\delta l} \tag{14.55}$$

这些方程给出了相似性参数问题的表达式。然而,由于 y 坐标的变换,机翼的展弦比 $A\!\!R$ 必须与 δ 成正比。

压力系数 C_p 可以用类似于二维情况的方式计算。因此

$$C_p = \frac{2}{\gamma Ma^{0^2}} \left(\left\{ 1 - (\gamma-1)\frac{\partial f}{\partial \xi} - \frac{\gamma-1}{2k^2}\left[\left(\frac{\partial f}{\partial \eta}\right)^2 + \left(\frac{\partial f}{\partial \zeta}\right)^2 \right] \right\}^{\frac{\gamma}{\gamma-1}} - 1 \right) \tag{14.56}$$

或者

$$C_p\left(\frac{\alpha}{\delta},\ \frac{A\!\!R}{\delta}\right) = \delta^2 \mathcal{P}(k,\ \gamma;\ \xi,\ \eta) \tag{14.57}$$

通过对压力系数进行积分,我们得到空气动力系数如下:

$$C_L\left(\frac{\alpha}{\delta},\ \frac{A\!\!R}{\delta}\right) = \delta^2 \mathcal{L}(k,\ \gamma) \tag{14.58}$$

$$C_M\left(\frac{\alpha}{\delta},\ \frac{A\!\!R}{\delta}\right) = \delta^2 \mathcal{M}(k,\ \gamma) \tag{14.59}$$

$$C_D\left(\frac{\alpha}{\delta},\ \frac{A\!\!R}{\delta}\right) = \delta^3 \mathcal{D}(k,\ \gamma) \tag{14.60}$$

那么,式(14.57)、式(14.58)、式(14.59)和式(14.60)就是有限机翼高超声速绕流的相似律。

第 15 章　超声速流中的矩形机翼

本章将研究恒定对称截面的矩形薄翼上的流动。对于小攻角的问题，可以用第 14 章提及的线性化理论来处理。我们将利用相似性规则，只计算自由流马赫数等于 $\sqrt{2}$ 的情况。具体使用的方法是源和偶极子分布方法。这种方法的优点是概念简单，但其数学计算往往很冗长。因此，超声速机翼理论的研究宜从这种方法开始。在本章中，我们将推导两个非常重要的定理，分别涉及源强度与厚度分布的关系以及偶极子强度与升力分布的关系。

15.1　源和偶极子的分布

在第 12 章中，我们找到了扰动速度势 φ 的线性化微分方程的两个基本解。第一个是位于原点的单位强度源的势 φ_s。 式(12.26)可以写成

$$\varphi_s = -\frac{1}{4\pi} \frac{1}{\sqrt{x^2 - (Ma^{0^2} - 1)(y^2 + z^2)}} \tag{15.1}$$

第二个是"偶极子"分布的势 φ_d。 如果偶极子为单位强度，并且位于原点，则我们由式(12.67)和式(12.70)可以得到

$$\varphi_d = \frac{1}{4\pi} \frac{zx}{(y^2 + z^2)\sqrt{x^2 - (Ma^{0^2} - 1)(y^2 + z^2)}} \tag{15.2}$$

于是，由式(12.67)给出的倾斜回转体的解就是偶极子沿着物体轴线分布的解。

现在让我们具体研究 $Ma^0 = \sqrt{2}$ 的情况，然后通过相似性规则得到其他马赫数的结果。在此假设下，式(15.1)和式(15.2)变成

$$\varphi_s = -\frac{1}{4\pi} \frac{1}{\sqrt{x^2 - (y^2 + z^2)}} \tag{15.3}$$

$$\varphi_d = \frac{1}{4\pi} \frac{zx}{(y^2 + z^2)\sqrt{x^2 - (y^2 + z^2)}} \tag{15.4}$$

此后，除非特别说明，自由流的马赫数将取为 $\sqrt{2}$。

如果我们在 x-y 平面上的源分布处于 $0 \leqslant x \leqslant c$ 和 $-\infty < y < \infty$ 区域内，倘若强度分布由 $f(x)$ 指定，而并非 y 的函数，则整体分布的势 φ_1 为

$$\varphi_1(x, y, z) = -\frac{1}{4\pi}\iint \frac{f(\xi)\mathrm{d}\xi\mathrm{d}\eta}{\sqrt{(x-\xi)^2 - [(y-\eta)^2 + z^2]}} \tag{15.5}$$

积分区域应该扩展到 ξ 和 η 的范围内,对于此范围,根号下的量为正值。故而

$$(x-\xi)^2 \geqslant (y-\eta)^2 + z^2$$

同时,ξ 和 η 的上下限值或 ξ 和 η 的边界值由式(15.6)给出

$$(x-\xi)^2 = (y-\eta)^2 + z^2 \tag{15.6}$$

因此,对于任何给定的 ξ 和 η 的积分范围为

$$-\sqrt{(x-\xi)^2 - z^2} \leqslant \eta - y \leqslant \sqrt{(x-\xi)^2 - z^2}$$

对应于 $y - \eta^* = 0$,ξ 的最大值由式(15.6)给出,为 $x - |z|$。 因此,对于所有 $x - |z| \leqslant c$ 的点,我们有

$$\varphi_1 = -\frac{1}{4\pi}\int_0^{x-|z|} f(\xi)\mathrm{d}\xi \int_{y-\sqrt{(x-\xi)^2-z^2}}^{y+\sqrt{(x-\xi)^2-z^2}} \frac{\mathrm{d}\eta}{\sqrt{(x-\xi)^2 - [(y-\eta)^2 + z^2]}} \tag{15.7}$$

对于 $x - |z| > c$ 的点

$$\varphi_1 = -\frac{1}{4\pi}\int_0^c f(\xi)\mathrm{d}\xi \int_{y-\sqrt{(x-\xi)^2-z^2}}^{y+\sqrt{(x-\xi)^2-z^2}} \frac{\mathrm{d}\eta}{\sqrt{(x-\xi)^2 - [(y-\eta)^2 + z^2]}} \tag{15.8}$$

在进行积分之前,我们注意到式(15.6)是描绘 ξ 和 η 平面的双曲线方程(见图 15.1)。

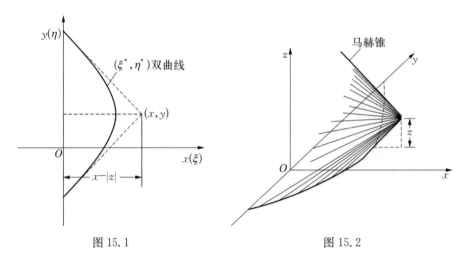

图 15.1   图 15.2

它实际上是以 (x, y, z) 为顶点,对应的马赫角等于 $\sin^{-1}(1/\sqrt{2})$ 的方向向前的马赫锥与 (x, y) 平面的交线(见图 15.2)。之所以如此,是因为只有方向向前的马赫锥内的点才能影响点 (x, y, z),并且因为源位于 (x, y) 平面内。因此,只有锥体和 (x, y) 平面的相交曲线范围内的源才对点 (x, y, z) 处的势 φ_1 产生影响。

代入 $\eta - y = \eta'$,可以很容易地对 η 进行积分,有

$$\int_{y-\sqrt{(x-\xi)^2-z^2}}^{y+\sqrt{(x-\xi)^2-z^2}} \frac{\mathrm{d}\eta}{\sqrt{(x-\xi)^2-[(y-\eta)^2+z^2]}} = \int_{-\sqrt{(x-\xi)^2-z^2}}^{\sqrt{(x-\xi)^2-z^2}} \frac{\mathrm{d}\eta'}{\sqrt{[(x-\xi)^2-z^2]-\eta'^2}}$$

$$= \left[\sin^{-1}\frac{\eta'}{\sqrt{(x-\xi)^2-z^2}}\right]_{\eta'=-\sqrt{(x-\xi)^2-z^2}}^{\eta'=\sqrt{(x-\xi)^2-z^2}} \tag{15.9}$$

因此，这个积分的值等于常数 π。

于是，式(15.7)和式(15.8)变为

$$\varphi_1 = -\frac{1}{4}\int_0^{x-|z|} f(\xi)\mathrm{d}\xi, \quad 0 \leqslant x-|z| \leqslant c \tag{15.10}$$

$$\varphi_1 = -\frac{1}{4}\int_0^c f(\xi)\mathrm{d}\xi, \quad x-|z| > c \tag{15.11}$$

因此，对于 $0 \leqslant x-|z| < c$ 区间内的点来说，有

$$\begin{cases} \dfrac{\partial \varphi_1}{\partial x} = -\dfrac{1}{4}f(x-|z|) \\ \dfrac{\partial \varphi}{\partial z} = \dfrac{1}{4}\dfrac{z}{|z|}f(x-|z|) \end{cases} \tag{15.12}$$

对于该区间之外的点，速度分量为零。现在参数 $x-|z|$ 的定值线是来自 (x,y) 平面的马赫线。因此，由源分布得到的有效二维解实际上是第 10 章所讨论的机翼上的阿克雷特线性化的解。那么，应在 (x,y) 平面上获得近似满足的机翼表面的边界条件为

$$\begin{cases} \left(\dfrac{\partial \varphi_1}{\partial z}\right)_{z=+0} = \dfrac{1}{4}f(x) = U\dfrac{\mathrm{d}\zeta_u}{\mathrm{d}x} \\ \left(\dfrac{\partial \varphi_1}{\partial z}\right)_{z=-0} = -\dfrac{1}{4}f(x) = U\dfrac{\mathrm{d}\zeta_l}{\mathrm{d}x} \end{cases} \tag{15.13}$$

式中，ζ_u 和 ζ_l 分别为上表面和下表面的纵坐标。另外，式(15.13)表明 $|\zeta_u|=|\zeta_l|$，或者机翼一定有对称截面，并且攻角必定为零。如果 ζ 是由机翼厚度引起的纵坐标，即，

$$\zeta = \frac{1}{2}(\zeta_u - \zeta_l)$$

那么，所需的源强度由式(15.14)给出，

$$f(x) = 4U\frac{\mathrm{d}\zeta}{\mathrm{d}x} \tag{15.14}$$

现在我们考虑在 $0 \leqslant x \leqslant c$ 和 $-\infty < y < \infty$ 区域内偶极子的分布。偶极子的强度由函数 $g(x)$ 表示，同样与 y 无关。那么根据式(15.4)，由所有偶极子产生的势 φ_2 为

$$\varphi_2(x,y,z)$$

$$=\frac{z}{4\pi}\int_0^{x-|z|}g(\xi)(x-\xi)\mathrm{d}\xi\int_{y-\sqrt{(x-\xi)^2-z^2}}^{y+\sqrt{(x-\xi)^2-z^2}}\frac{\mathrm{d}\eta}{\left[(y-\eta)^2+z^2\right]\sqrt{(x-\xi)^2-\left[(y-\eta)^2+z^2\right]}}$$

$$(15.15)$$

这里的积分区域与源分布的区域相同，因为根号下的量与之前相同。现在代入

$$t=\frac{(x-\xi)(\eta-y)}{\sqrt{(x-\xi)^2-\left[(y-\eta)^2+z^2\right]}}$$

使得

$$\int_{y-\sqrt{(x-\xi)^2-z^2}}^{y+\sqrt{(x-\xi)^2-z^2}}\frac{\mathrm{d}\eta}{\left[(y-\eta)^2+z^2\right]\sqrt{(x-\xi)^2-\left[(y-\eta)^2+z^2\right]}}$$

$$=\frac{1}{x-\xi}\int_{-\infty}^{\infty}\frac{\mathrm{d}t}{t^2+z^2}=\frac{\pi}{(x-\xi)|z|}$$

因此式(15.15)变为

$$\varphi_2(x,y,z)=\frac{1}{4}\frac{z}{|z|}\int_0^{x-|z|}g(\xi)\mathrm{d}\xi,\quad 0\leqslant x-|z|\leqslant c \qquad (15.16)$$

通过对式(15.16)微分，我们得到速度分量为

$$\begin{cases}\dfrac{\partial\varphi_2}{\partial x}=\dfrac{1}{4}\dfrac{z}{|z|}g(x-|z|)\\[2mm]\dfrac{\partial\varphi_2}{\partial z}=-\dfrac{1}{4}g(x-|z|)\end{cases},\quad 0\leqslant x-|z|\leqslant c \qquad (15.17)$$

再一次看到，速度取恒定值的线是马赫线。与源分布的速度分量相反，这里由偶极子分布引起的垂直分量相对于 z 是对称的。因此，这个解可以用来表示翼型的平均纵坐标，也即拱曲线和攻角。因此有

$$\frac{1}{4}g(x)=-\frac{1}{2}U\frac{\mathrm{d}}{\mathrm{d}x}(\zeta_u+\zeta_l) \qquad (15.18)$$

或者
$$g(x)=-2U\frac{\mathrm{d}}{\mathrm{d}x}(\zeta_u+\zeta_l)$$

特别是，如果没有弯度，并且如果翼型的攻角是 α，那么

$$g(x)=4U\alpha \qquad (15.19)$$

这个方程和式(15.14)一起证明了无限翼展的机翼可以表示为机翼占据的 (x,y) 平面部分上的源和偶极子分布。由此得到的解与第10章中所讨论的阿克雷特解相同。

15.2 源分布和机翼厚度分布之间的一般关系

我们成功地用源分布来处理二维对称机翼，这自然表明，任何平面形状和对称厚度分布的

机翼也可以用源分布来表示。对于这种广义机翼,源分布不能仅仅是 x 的函数,而且还应该是 y 的函数。因此,广义的势 φ_1 为

$$\varphi_1(x,\,y,\,z)=-\frac{1}{4\pi}\iint\frac{f(\xi,\,\eta)\mathrm{d}\xi\mathrm{d}\eta}{\sqrt{(x-\xi)^2-\left[(y-\eta)^2+z^2\right]}} \tag{15.20}$$

分布函数 $f(\xi,\,\eta)$ 必须由表面的边界条件决定。对于目前的理论,边界条件实际上将在 $(x,\,y)$ 平面得到满足。也就是说

$$\left(\frac{\partial\varphi_1}{\partial z}\right)_{z\to 0}=U\frac{\mathrm{d}\zeta}{\mathrm{d}x} \tag{15.21}$$

式中,ζ 为纵坐标或点 $(x,\,y)$ 处机翼的一半厚度。

为了在非常小的 z 值下计算 $\dfrac{\partial\varphi_1}{\partial z}$,我们可以将 $f(\xi,\,\eta_1)\mathrm{d}\eta_1$ 看作是位于 $\eta=\eta_1$ 且宽度为 $\mathrm{d}\eta_1$ 的条带在 x 方向上的分布函数(见图 15.3)。对于这种条带或直线形的源分布,如果从点 $(x,\,y)$ 到线 $\eta=\eta_1$ 的距离 r 很短,则我们可以用式(12.34)和式(12.36)来计算速度的垂直分量。我们假设这个距离很小,然后再行验证。对于小的 r,那么由此条带的源分布而导致的 $\delta\left(\dfrac{\partial\varphi_1}{\partial z}\right)$ 为

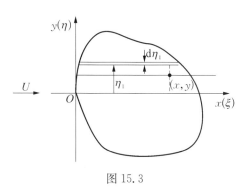

图 15.3

$$\begin{aligned}\delta\left(\frac{\partial\varphi_1}{\partial z}\right)&=\frac{1}{4\pi}\,\frac{1}{r}\,\frac{z}{r}f(x,\,\eta_1)\mathrm{d}\eta_1\\&=\frac{1}{4\pi}\,\frac{z}{(y-\eta_1)^2+z^2}f(x,\,\eta_1)\mathrm{d}\eta_1\end{aligned}$$

现在,如果 z 非常小,那么上述表达式中包含 z 的因子通常可以忽略不计,除非 $(y-\eta)$ 也非常小。因此,要在 z 的非常小情况下计算 $\left(\dfrac{\partial\varphi_1}{\partial z}\right)$,我们只需要考虑那些与 y 非常接近的 η_1 的值。因此,r 确实很小,这也就验证了我们的假设。现在令

$$t=-\left(\frac{y-\eta}{z}\right)\quad\text{或}\quad\eta=-(y-zt)$$

那么由于所有分布条带或完整的源分布而引起的速度的垂直分量是

$$\left(\frac{\partial\varphi_1}{\partial z}\right)_{z\to 0}=\lim_{z\to 0}\frac{1}{4\pi}\int_{t_1}^{t_2}\frac{\mathrm{d}t}{t^2+1}f(x,\,y+zt)$$

式中,t_1 和 t_2 是由机翼平面形状和点 $(x,\,y)$ 确定的积分的相应下限和上限。然而,由于源在 y 轴上通常分布在平行于 x 轴的直线的两侧,所以,我们知道 t_1 是负值,t_2 是正值。故而当 $z\to 0$,则 $t_1\to-\infty$,$t_2\to\infty$。此外,当 $z\to 0$,$f(x,\,y+zt)\to f(x,\,y)$。因此有

$$\left(\frac{\partial \varphi_1}{\partial z}\right)_{z \to 0} = \frac{1}{4\pi} f(x, y) \int_{-\infty}^{\infty} \frac{\mathrm{d}t}{t^2 + 1} = \frac{1}{4} f(x, y) \quad (15.22)$$

式(15.22)表明，任意机翼表面速度的垂直分量仅是源的局部强度的函数。通过结合式(15.21)和式(15.22)，我们得到

$$f(x, y) = 4U\zeta'(x, y) \quad (15.23)$$

式中，

$$\zeta'(x, y) = \frac{\mathrm{d}\zeta(x, y)}{\mathrm{d}x} \quad (15.24)$$

此简单关系意味着，任何有限范围的机翼，只要确定了形状或者更确切而言是确定了厚度分布，就可以立即知晓源强度。于是，势 φ_1 为

$$\varphi_1(x, y, z) = -\frac{U}{4\pi} \iint \frac{\zeta'(\xi, \eta)\mathrm{d}\xi \mathrm{d}\eta}{\sqrt{(x-\xi)^2 - [(y-\eta)^2 + z^2]}} \quad (15.25)$$

由此就完成了与厚度分布有关的问题的解。于是，其他空气动力特性的详细计算将很直截了当。

15.3　零攻角矩形机翼——阻力问题

现在我们将应用上一节的结果来计算零攻角时对称截面的矩形机翼的波阻。机翼的弦长是 c，机翼的翼展是 b。 如果沿翼展的每一位置的机翼截面都相同，那么 ζ' 值只是 ξ 的函数，而不是 η 的函数。因此，这种情况与 15.1 节中所讨论的二维情况完全相同，只是现在对翼展进行了限制。然而，倘若 $\left|y - \frac{b}{2}\right|$ 和 $\left|y + \frac{b}{2}\right|$ 都大于 $\sqrt{x^2 - z^2}$，则积分的双曲区域完全位于源分布的区域内，而且不需要修改 φ_1 的值。因此

$$\varphi_1(x, y, z) = -\frac{U}{\pi} \int_0^{x-|z|} \zeta'(\xi)\mathrm{d}\xi, \quad \text{当} \left| \begin{matrix} y - \dfrac{b}{2} \\ y + \dfrac{b}{2} \end{matrix} \right| > \sqrt{x^2 - z^2} \text{ 时} \quad (15.26)$$

图 15.4

这与二维的情况相同。

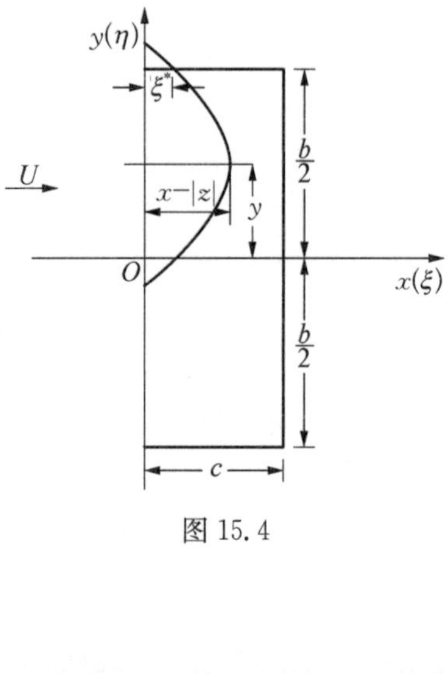

对于其他情况，我们必须研究有限翼展的影响。然而，我们只需要研究单翼尖的效应，因为双翼尖效应总是可以通过适当的叠加得到的。因此，让我们假设

$$\frac{b}{2} - y < \sqrt{x^2 - z^2}$$

那么双曲线和翼尖弦的交点 ξ^*（见图 15.4）由式(15.27a)确定：

$$\frac{1}{2}b = y + \sqrt{(x-\xi^*)^2 - z^2} \quad (15.27a)$$

或者
$$\xi^* = x \pm \sqrt{\left(\frac{b}{2} - y\right)^2 + z^2}$$

但是 ξ^* 必然小于 $x - \mid z \mid$；因此

$$\xi^* = x - \sqrt{\left(\frac{b}{2} - y\right)^2 + z^2} \tag{15.27b}$$

随着积分区域如此固定,对于 $\dfrac{b}{2} - y < \sqrt{x^2 - z^2}$ 范围内的点,我们得到 φ_1 的关系式为

$$\varphi_1(x, y, z) = -\frac{U}{\pi}\left\{\int_0^{\xi^*} \zeta'(\xi)\mathrm{d}\xi \int_{y-\sqrt{(x-\xi)^2-z^2}}^{\frac{b}{2}} \frac{\mathrm{d}\eta}{\sqrt{(x-\xi)^2 - [(y-\eta)^2 + z^2]}} + \right.$$
$$\left. \int_{\xi^*}^{x-|z|} \zeta'(\xi)\mathrm{d}\xi \int_{y-\sqrt{(x-\xi)^2-z^2}}^{y+\sqrt{(x-\xi)^2-z^2}} \frac{\mathrm{d}\eta}{\sqrt{(x-\xi)^2 - [(y-\eta)^2 + z^2]}} \right\}$$

积分的结果是

$$\varphi_1(x, y, z) = -\frac{U}{\pi}\left\{\int_0^{\xi^*} \zeta'(\xi)\mathrm{d}\xi\left[\sin^{-1}\frac{\frac{b}{2}-y}{\sqrt{(x-\xi)^2 - z^2}} + \frac{\pi}{2}\right] + \int_0^{x-|z|}\zeta'(\xi)\mathrm{d}\xi(\pi)\right\}$$

$$= -U\int_0^{x-|z|}\zeta'(\xi)\mathrm{d}\xi - \frac{U}{\pi}\int_0^{\xi^*}\zeta'(\xi)\left[\sin^{-1}\frac{\frac{b}{2}-y}{\sqrt{(x-\xi)^2-z^2}} - \frac{\pi}{2}\right]$$

因此,如果我们为了方便起见,将 $\varphi_1(x, y, z)$ 与其由式(15.26)给出的它的二维值的差值用 $\Delta\varphi_1$ 表示,则

$$\Delta\varphi_1 = -\frac{U}{\pi}\int_0^{\xi^*}\zeta'(\xi)\mathrm{d}\xi\left[\sin^{-1}\frac{b-y}{\sqrt{(x-\xi)^2-z^2}} - \frac{\pi}{2}\right] \tag{15.28}$$

而对于 $\dfrac{b}{2} - y < \sqrt{x^2 - z^2}$,有

$$\varphi_1(x, y, z) = -\frac{U}{\pi}\int_0^{x-|z|}\zeta'(\xi)\mathrm{d}\xi + \Delta\varphi_1 \tag{15.29}$$

让我们计算由于 $\Delta\varphi_1$ 引起的速度的 x 分量:

$$\frac{\partial \Delta\varphi_1}{\partial x} = -\frac{U}{\pi}\frac{\partial \xi^*}{\partial x} \cdot \zeta'(\xi^*)\left[\sin^{-1}\frac{\frac{b}{2}-y}{\sqrt{(x-\xi)^2-z^2}} - \frac{\pi}{2}\right] +$$

$$\frac{U}{\pi}\int_0^{\xi^*}\zeta'(\xi)\mathrm{d}\xi\frac{\left(\frac{b}{2}-y\right)(x-\xi)}{[(x-\xi)^2-z^2]\sqrt{(x-\xi)^2 - \left[\left(\frac{b}{2}-y^2\right)+z^2\right]}}$$

然而,ξ^* 是由式(15.27b)确定的,因此第一项中的反正弦等于 $\dfrac{\pi}{2}$。于是,第一项为零。因此

$$\frac{\partial \Delta \varphi_1}{\partial x} = \frac{U\left(\frac{b}{2} - y\right)}{\pi} \int_0^{\xi^*} \frac{(x-\xi)\zeta'(\xi)\mathrm{d}\xi}{\left[(x-\xi)^2 - z^2\right]\sqrt{(x-\xi)^2 - \left[\left(\frac{b}{2} - y\right)^2 + z^2\right]}}$$

(15.30)

当 $z = 0$ 时，即在翼型表面上，有

$$\left(\frac{\partial \Delta \varphi_1}{\partial x}\right)_{z=0} = \frac{U\left(\frac{b}{2} - y\right)}{\pi} \int_0^{x-\left(\frac{b}{2}-y\right)} \frac{\zeta'(\xi)\mathrm{d}\xi}{(x-\xi)\sqrt{(x-\xi)^2 - \left(\frac{b}{2} - y\right)^2}}$$

(15.31)

现在我们可以计算由于翼尖效应而增加的阻力。由于翼尖效应引起的压力增加由 $-\rho^0 U \frac{\partial \Delta \varphi_1}{\partial x}$ 给出，表面的斜率为 ζ^*。因此，总阻力增加按作用在机翼两侧的压力的 x 分量计算为

$$\Delta D = 2\iint -\rho^0 U\left(\frac{\partial \Delta \varphi_1}{\partial x}\right)_{z=0} \zeta'(x)\mathrm{d}x\,\mathrm{d}y$$

$$= -2\rho^0 U^2 \frac{1}{\pi} \int_0^c \zeta'(x)\mathrm{d}x \int_{\frac{b}{2}-x}^{\frac{b}{2}} \mathrm{d}y\left(\frac{b}{2} - y\right) \int_0^{x-\left(\frac{b}{2}-y\right)} \frac{\zeta'(\xi)\mathrm{d}\xi}{(x-\xi)\sqrt{(x-\xi)^2 - \left(\frac{b}{2} - y\right)^2}}$$

(15.32)

积分上下限由下述事实决定，即受翼尖影响的区域是从翼尖前缘起的马赫锥所包含的三角形区域（见图 15.5），或 $\frac{b}{2} - y \leqslant x$。

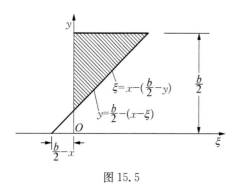

图 15.5

通过 ξ 和 y 积分次序的互换，我们得到

$$\Delta D = -2\rho^0 U^2 \frac{1}{\pi} \int_0^c \zeta'(x)\mathrm{d}x \int_0^x \frac{\zeta'(\xi)\mathrm{d}\xi}{x-\xi} \times$$

$$\int_{\frac{b}{2}-(x-\xi)}^{\frac{b}{2}} \frac{\left(\frac{b}{2} - y\right)\mathrm{d}y}{\sqrt{(x-\xi)^2 - \left(\frac{b}{2} - y\right)^2}}$$

(15.33)

式(15.33)中的最后的积分很容易求出，它等于 $(x-\xi)$。因此式(15.33)简化为

$$\Delta D = -2\rho^0 U^2 \frac{1}{\pi} \int_0^c \zeta'(x)\mathrm{d}x \int_0^x \zeta'(\xi)\mathrm{d}\xi = -2\rho^0 U^2 \frac{1}{\pi} \int_0^c \zeta(x)\zeta'(x)\mathrm{d}x$$

$$= -\rho^0 U^2 \frac{1}{\pi}\left[\zeta^2(x)\right]_{x=0}^{x=c}$$

由于翼型截面为闭合周线,所以 $\zeta(0) = \zeta(c) = 0$。 于是,我们就得出一个重要的结果:

$$\Delta D = 0 \tag{15.34}$$

因此,单翼尖对矩形机翼总阻力的影响为零。波阻与二维情况相同。

然而,阻力的展向分布与二维情况不同,在二维情况下,阻力在展向的每个位置都是相同的。根据阿克雷特理论,在 $Ma^0 = \sqrt{2}$ 的情况下,这个二维值为

$$\left(\frac{\mathrm{d}D}{\mathrm{d}y}\right)_0 = 2\rho^0 U^2 \int_0^c \zeta'(x)^2 \mathrm{d}x \tag{15.35}$$

阻力的展向载荷的增加为

$$\frac{\mathrm{d}\Delta D}{\mathrm{d}y} = -2\rho^0 U^2 \frac{1}{\pi} \int_0^c \zeta'(x)\mathrm{d}x \left(\frac{b}{2} - y\right) \int_0^{x-\left(\frac{b}{2}-y\right)} \frac{\zeta'(\xi)\mathrm{d}\xi}{(x-\xi)\sqrt{(x-\xi)^2 - \left(\frac{b}{2} - y\right)^2}} \tag{15.36}$$

现在让我们研究一下翼尖的条件:这里 $\dfrac{b}{2} - y \to 0$,最后的积分可以通过代入 $\dfrac{x-\xi}{\dfrac{b}{2}-y} = s$ 来变换。因此有

$$\lim_{y\to\frac{b}{2}}\left(\frac{b}{2} - y\right) \int_0^{x-\left(\frac{b}{2}-y\right)} \frac{\zeta'(\xi)\mathrm{d}\xi}{(x-\xi)\sqrt{(x-\xi)^2 - \left(\frac{b}{2} - y\right)^2}}$$

$$= \zeta'(x) \int_1^\infty \frac{\mathrm{d}s}{s\sqrt{s^2 - 1}} = \frac{\pi}{2}\zeta'(x)$$

所以

$$\left(\frac{\mathrm{d}\Delta D}{\mathrm{d}y}\right)_{y\to\frac{b}{2}} = -\rho^0 U^2 \int_0^c [\zeta'(x)]^2 \mathrm{d}x \tag{15.37}$$

通过比较式(15.35)和式(15.37),我们可以看到:翼尖的阻力载荷仅为二维情况的 $1/2$。然而,我们已经证明,总阻力与二维情况相同。那么在 $y = 1/2 - c$ 和 $y = b$ 之间,即翼尖影响区域,阻力载荷必须首先大于然后小于二维值(见图 15.6)。事实证明确实如此。

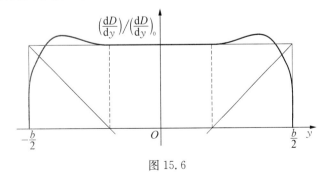

图 15.6

当翼展 b 小于 $2c$ 时，两个翼尖的效应重叠。然而，只要 $b > c$，由翼尖效应引起的阻力增量仍然为零，因为每个翼尖的影响都被抵消了。因此，正如所有前面的计算一样，当自由流马赫数等于 $\sqrt{2}$ 时，倘若 $\mathit{AR} \geqslant 1$，则机翼的波阻等于二维值。应用第 14 章的相似律，倘若 $\sqrt{Ma^{0\,2} - 1}\ \mathit{AR} \geqslant 1$，则对称矩形机翼在零攻角时的波阻通常等于二维值。

15.4　极小展弦比时矩形机翼的阻力

现在回到自由流马赫数 $\sqrt{2}$ 的情况（见图 15.7），我们看到：对于 $\mathit{AR} < 1$，阻力从其二维值有所减小。对于这种展弦比非常小的情况，不能使用式（15.32），因为现在必须改变积分上下限。阻力的总减少量等于单翼尖所减少的阻力的两倍。因此有

$$\Delta D = -4\rho^0 U^2 \frac{1}{\pi}\left[\int_0^b \zeta'(x)\mathrm{d}x \int_{\frac{b}{2}-x}^{\frac{b}{2}}\mathrm{d}y\left(\frac{b}{2}-y\right)\int_0^{x-\left(\frac{b}{2}-y\right)} \frac{\zeta'(\xi)\,\mathrm{d}\xi}{(x-\xi)\sqrt{(x-\xi)^2 - \left(\frac{b}{2}-y\right)^2}} + \right.$$

$$\left. \int_b^c \zeta'(x)\mathrm{d}x \int_{-\frac{b}{2}}^{\frac{b}{2}}\mathrm{d}y\left(\frac{b}{2}-y\right)\int_0^{x-\left(\frac{b}{2}-y\right)} \frac{\zeta'(\xi)\mathrm{d}\xi}{(x-\xi)\sqrt{(x-\xi)^2 - \left(\frac{b}{2}-y\right)^2}} \right] \tag{15.38}$$

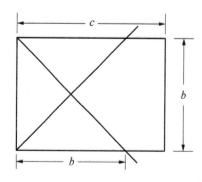 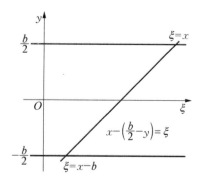

图 15.7

互换 ξ 和 y 的积分次序，我们得到

$$\Delta D = -4\rho^0 U^2 \frac{1}{\pi}\left\{\int_0^b \zeta'(x)\mathrm{d}x \int_0^x \frac{\zeta'(\xi)\mathrm{d}\xi}{x-\xi}\int_{\frac{b}{2}-(x-\xi)}^{\frac{b}{2}} \frac{\left(\frac{b}{2}-y\right)\mathrm{d}y}{\sqrt{(x-\xi)^2 - \left(\frac{b}{2}-y\right)^2}} + \right.$$

$$\int_b^c \zeta'(x)\mathrm{d}x \left[\int_0^{x-b}\frac{\zeta'(\xi)\mathrm{d}\xi}{x-\xi}\int_{-\frac{b}{2}}^{\frac{b}{2}} \frac{\left(\frac{b}{2}-y\right)\mathrm{d}y}{\sqrt{(x-\xi)^2 - \left(\frac{b}{2}-y\right)^2}} + \right.$$

$$\left. \int_{x-b}^{x}\frac{\zeta'(\xi)\mathrm{d}\xi}{x-\xi}\int_{\frac{b}{2}-(x-\xi)}^{\frac{b}{2}}\frac{\left(\dfrac{b}{2}-y\right)\mathrm{d}y}{\sqrt{(x-\xi)^2-\left(\dfrac{b}{2}-y\right)^2}}\right]\right\} \tag{15.39}$$

可以求出最后的积分。于是我们发现,式(15.39)被大大简化了,并且在 $b < c$、$Ma^0 = \sqrt{2}$ 的情况下

$$\Delta D = 4 p^0 U^2 \frac{1}{\pi}\int_b^c \zeta'(x)\mathrm{d}x \int_0^{x-b}\sqrt{1-\left(\frac{b}{x-\xi}\right)^2}\,\zeta'(\xi)\mathrm{d}\xi \tag{15.40}$$

式(15.40)可以用来计算展弦比极小时的波阻。然而,由于在单翼尖的影响下,在翼尖处 $\left(\dfrac{\mathrm{d}\Delta D}{\mathrm{d}y}\right)\Big/\left(\dfrac{\mathrm{d}D}{\mathrm{d}y}\right)_0$ 等于 $-\dfrac{1}{2}$,那么在 $AR = 0$ 时,由双翼尖引起的总减阻等于二维阻力的总体值。所以 $AR = 0$ 时的阻力系数 C_D 一定为零。另一方面,我们之前已经证明,当 $AR \geqslant 1$ 时,阻力系数等于二维阻力系数 C_d。C_D/C_d

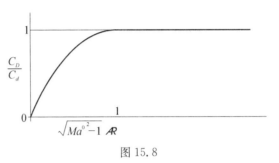

图 15.8

随 AR 的走势必然如图 15.8 所示。当然,曲线的确切形状取决于特定的翼型截面。

15.5　矩形平板的升力问题

与二维机翼的线性化理论类似,升力翼的一般理论可以分为三个部分:

(1) 零攻角时对称截面机翼上的流动;

(2) 零厚度和零攻角,但有拱曲弯度的机翼上的流动;

(3) 零厚度和零弯度,但有攻角的机翼上的流动,或升力平板上的流动。

完整的解是三者的叠加。如果机翼没有弯度,则只需要(1)和(3)部分。此外,机翼的波阻可以按分别计算的各部分解的波阻之和来计算。升力只能通过弯度和攻角获得。因此,由厚度引起的波阻问题,即阻力问题,是与升力问题完全分开的。

为了继续研究矩形机翼,我们现在将讨论矩形平板的升力。式(15.19)给出了二维情况下偶极子分布的强度。对于三维情况,让我们首先考虑由于强度恒定并等于 $-4U\alpha$ 的偶极子的梯形分布而引起的势 φ_2,其中 α 是攻角。因此,偶极子的强度等于二维值。梯形的斜边由线 $|\eta| = \dfrac{1}{2}b - \Theta\xi$ 定义,其中,b 为翼展。梯形的弦长为 c。于是,势 φ_2 为

$$\varphi_2(x, y, z) = \frac{U\alpha}{\pi}\iint \frac{z(x-\xi)\mathrm{d}\xi\mathrm{d}\eta}{\left[(y-\eta)^2+z^2\right]\sqrt{(x-\xi)^2-\left[(y-\eta)^2+z^2\right]}} \tag{15.41}$$

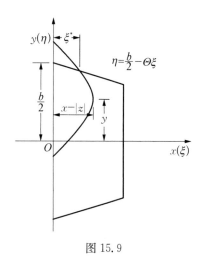

图 15.9

对于不太靠近梯形边界的点,即 (x, y, z) 的值使得式(15.41)中的双曲积分区域完全位于梯形内,势 φ_2 仅仅是二维值:

$$\varphi_2 = U\alpha \frac{z}{|z|}(x - |z|) \tag{15.42}$$

对于位于梯形内部但靠近其边界的点,极限双曲线与梯形的边缘相交,积分区域必须修改(见图 15.9)。双曲线和梯形边缘的交点可以由 ξ^* 来固定。

$$\frac{1}{2}b - \Theta\xi^* = y + \sqrt{(x-\xi^*)^2 - z^2} \tag{15.43}$$

于是,势 φ_2 有

$$\varphi_2(x, y, z) = \frac{U\alpha}{\pi}\left\{\int_0^{\xi^*} z(x-\xi)\mathrm{d}\xi \int_{y-\sqrt{(x-\xi)^2-z^2}}^{\frac{1}{2}b-\Theta\xi} \frac{\mathrm{d}\eta}{[(y-\eta)^2+z^2]\sqrt{(x-\xi)^2+z^2}} + \right.$$

$$\left. \int_{\xi^*}^{x-|z|} z(x-\xi)\mathrm{d}\xi \int_{y-\sqrt{(x-\xi)^2-z^2}}^{y+\sqrt{(x-\xi)^2-z^2}} \frac{\mathrm{d}\eta}{[(y-\eta)^2+z^2]\sqrt{(x-\xi)^2-[(y-\eta)^2+z^2]}}\right\}$$

通过对 η 积分,我们得到

$$\varphi_2(x, y, z) = \frac{U\alpha}{\pi}\left\{\frac{z}{|z|}\int_0^{\xi^*}\left[\tan^{-1}\left(\frac{x-\xi}{|z|}\frac{\left(\frac{b}{2}-y\right)-\Theta\xi}{\sqrt{(x-\xi)^2-\left\{\left[\left(\frac{b}{2}-y\right)-\Theta\xi\right]^2+z^2\right\}}}\right)+\frac{\pi}{2}\right]\mathrm{d}\xi + \right.$$

$$\left. \frac{z}{|z|}\int_{\xi^*}^{x-|z|}\pi\mathrm{d}\xi\right\}$$

因此,如果我们用 $\Delta\varphi_2$ 来表示 $\varphi_2(x, y, z)$ 与式(15.42)给出的二维值的差值,那么有

$$\Delta\varphi_2(x, y, z) = \varphi_2(x, y, z) - U\alpha\frac{z}{|z|}(x - |z|)$$

$$= \frac{U\alpha}{\pi}\frac{z}{|z|}\int_0^{\xi^*}\left[\tan^{-1}\left(\frac{x-\xi}{|z|}\frac{\left(\frac{b}{2}-y\right)-\Theta\xi}{\sqrt{(x-\xi)^2-\left\{\left[\left(\frac{b}{2}-y\right)-\Theta\xi\right]^2+z^2\right\}}}\right)-\frac{\pi}{2}\right]\mathrm{d}\xi \tag{15.44}$$

由于速度的垂直分量与表面的边界条件有关,所以我们对速度的垂直分量尤其关注。为了求 $\Delta\varphi_2$ 相对于 z 的微分,让我们假设 $z > 0$,这是因为,由于偶极子分布的基本特征,$z < 0$ 的情况将产生对称值。$\Delta\varphi_2$ 相对于可变积分上限的微分将不会对 $\frac{\partial\Delta\varphi_2}{\partial z}$ 产生影响,因为将 ξ^*

代入被积函数,给出结果为零。因此,我们只需要求被积函数相对于 z 的微分。微分之后,我们可以令 $z=0$,以便获得 x - y 平面上速度的垂直分量。结果是

$$\left(\frac{\partial \Delta\varphi_2}{\partial z}\right)_{z=0} = -\frac{U\alpha}{\pi}\int_0^{\xi_0^*} \frac{\sqrt{(x-\xi)^2 - \left[\left(\dfrac{b}{2}-y\right)-\Theta\xi\right]^2}}{(x-\xi)\left[\left(\dfrac{b}{2}-y\right)-\Theta\xi\right]}\,\mathrm{d}\xi \qquad (15.45)$$

式中, ξ_0^* 为 $z=0$ 处 ξ^* 的值。这个方程可以引入 θ'、θ 变量进行简化:

$$\theta' = \frac{\left(\dfrac{b}{2}-y\right)-\Theta\xi}{x-\xi} \qquad (15.46)$$

$$\theta = \frac{\dfrac{b}{2}-y}{x} \qquad (15.47)$$

于是, ξ_0^* 对应于 $\theta'=1$,如式(15.43)所示,同时 $\xi=0$ 对应于 $\theta'=0$。常数 θ 的线是从梯形的前端点开始的径向线。那么式(15.45)就变成

$$\left(\frac{\partial \Delta\varphi_2}{\partial z}\right)_{z=0} = -\frac{U\alpha}{\pi}\int_\theta^1 \frac{\sqrt{1-\theta'^2}\,\mathrm{d}\theta'}{\theta'(\theta'-\Theta)} \qquad (15.48)$$

式(15.48)表明,对于梯形边缘上的点 (x, y),即 $\theta=\Theta$ 时,速度的垂直分量有对数无穷大。对于 $\Theta=0$ 或矩形分布也是如此。因此,如果我们要使用常数偶极子的矩形分布,我们将无法满足平板的表面边界条件。研究梯形分布的原因很快就会清楚。

对于梯形外的点,我们必须重新修改积分的上下限(见图 15.10)。这里 ξ^* 由式(15.49)确定:

$$\frac{1}{2}b - \Theta\xi^* = y - \sqrt{(x-\xi^*)^2 - z^2} \qquad (15.49)$$

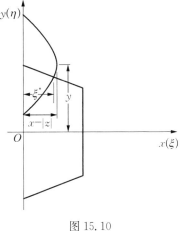

图 15.10

以及

$$\varphi_2(x, y, z) = \frac{U\alpha}{\pi}\int_0^{\xi^*} z(x-\xi)\mathrm{d}\xi \int_{y-\sqrt{(x-\xi)^2-z^2}}^{\frac{b}{2}-\Theta\xi} \frac{\mathrm{d}\eta}{\left[(y-\eta)^2+z^2\right]\sqrt{(x-\xi)^2-\left[(y-\eta)^2+z^2\right]}}$$

于是有

$$\Delta\varphi_2(x, y, z) = \varphi_2(x, y, z) - U\alpha\frac{z}{|z|}(x-|z|)$$

$$= \frac{U\alpha}{\pi}\frac{z}{|z|}\left\{\int_0^{\xi^*}\left[\tan^{-1}\left(\frac{x-\xi}{|z|}\frac{\left(\dfrac{b}{2}-y\right)-\Theta\xi}{\sqrt{(x-\xi)^2-\left\{\left[\left(\dfrac{b}{2}-y\right)-\Theta\xi\right]^2+z^2\right\}}}\right) - \frac{\pi}{2}\right]\mathrm{d}\xi - \int_{\xi^*}^{x-|z|}\pi\mathrm{d}\xi\right\}$$

　　如果我们把 ξ^* 值代入第一个积分的被积函数的 ξ,那么我们会发现该被积函数的值是 $-\pi$。因此,如果我们对具有可变上下限 ξ^* 的积分求导,我们就没有净贡献。因此

$$\left(\frac{\partial \Delta \varphi_2}{\partial z}\right)_{z=0} = -\frac{U\alpha}{\pi}\left\{\int_0^{\xi_0^*} \frac{\sqrt{(x-\xi)^2 - \left[\left(\frac{b}{2}-y\right)-\Theta\xi\right]^2}}{(x-\xi)\left[\left(\frac{b}{2}-y\right)-\Theta\xi\right]}\mathrm{d}\xi - \pi\right\} \tag{15.50}$$

式中,ξ_0^* 为当 $z=0$ 时由式(15.49)给出的 ξ^* 的值。利用式(15.46)和式(15.47),式(15.50)可以写成

$$\left(\frac{\partial \Delta \varphi_2}{\partial z}\right)_{z=0} = -\frac{U\alpha}{\pi}\left[\int_\theta^{-1} \frac{\sqrt{1-\theta'^2}\,\mathrm{d}\theta'}{\theta'(\theta'-\Theta)} - \pi\right] \tag{15.51}$$

但是

$$\int_\theta^{-1} \frac{\sqrt{1-\theta'^2}\,\mathrm{d}\theta'}{\theta'(\theta'-\Theta)} = \int_\theta^1 \frac{\sqrt{1-\theta'^2}\,\mathrm{d}\theta'}{\theta'(\theta'-\Theta)} + \int_1^{-1} \frac{\sqrt{1-\theta'^2}\,\mathrm{d}\theta'}{\theta'(\theta'-\Theta)} \tag{15.52}$$

并且[†]

$$\int_1^{-1} \frac{\sqrt{1-\theta'^2}\,\mathrm{d}\theta'}{\theta'(\theta'-\Theta)} = \pi$$

因此对于梯形外的点,我们可以同样用式(15.48)来计算表面速度的垂直分量。

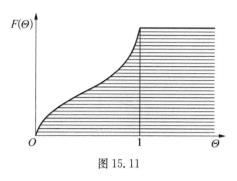

图 15.11

　　现在我们最终得出了平板偶极子分布的解。对于 $\theta \geqslant 1$ 的点,式(15.47)表明它们在翼尖马赫锥之外,并且不受翼尖影响。这些点的偶极子分布必须是完全二维流动的值 $-4U\alpha$。对于 $0 \leqslant \theta \leqslant 1$ 的点,偶极子强度由函数 $F(\theta)$ 修正校正。问题是要在 $F(1)=1$ 和 $F(0)=0$ 的条件下确定 $F(\theta)$。

　　偶极子的变量分布可以认为是由梯形的各层积累而来。每一层的厚度为 $\dfrac{\mathrm{d}F}{\mathrm{d}\Theta}\mathrm{d}\Theta$ 或 $F'(\Theta)\mathrm{d}\Theta$(见图 15.11)。因此,根据式(15.48),在 $\dfrac{b/2-y}{x}=\theta$ 点处,由于这种层产生的垂直速度的增量为

$$\delta\left(\frac{\partial \Delta \varphi_2}{\partial z}\right)_{z=0} = -\frac{U\alpha}{\pi}F'(\Theta)\mathrm{d}\Theta\int_\theta^1 \frac{\sqrt{1-\theta'^2}}{\theta'(\theta'-\Theta)}\mathrm{d}\theta'$$

整个分布上所有层的总增量为

　　[†] 积分计算过程见本章附录。

$$\left(\frac{\partial \Delta \varphi_2}{\partial z}\right)_{z=0} = -\frac{U\alpha}{\pi} \int_0^1 F'(\Theta)\mathrm{d}\Theta \int_\theta^1 \frac{\sqrt{1-\theta'^2}}{\theta'(\theta'-\Theta)}\mathrm{d}\theta' \tag{15.53}$$

因为速度垂直分量的二维值已满足了表面边界条件,为了满足表面边界条件,这个增量必须为零。因此

$$\int_0^1 F'(\Theta)\mathrm{d}\Theta \int_\theta^1 \frac{\sqrt{1-\theta'^2}}{\theta'(\theta'-\Theta)}\mathrm{d}\theta' = 0 \tag{15.54}$$

交换积分的次序可以使式(15.54)简化为

$$\int_\theta^1 \frac{\sqrt{1-\theta'^2}}{\theta'} \left(\int_0^1 \frac{F'(\Theta)\mathrm{d}\Theta}{\theta'-\Theta}\right)\mathrm{d}\theta' = 0$$

由于这个关系式对于 θ 在 $0 \leqslant \theta \leqslant 1$ 范围内的所有值都必须成立,所以我们可以对 θ 求导。于是,有

$$\frac{\sqrt{1-\theta^2}}{\theta} \int_0^1 \frac{F'(\Theta)\mathrm{d}\Theta}{\theta-\Theta} = 0 \tag{15.55}$$

或者写为

$$\int_0^1 \frac{F'(\Theta)\mathrm{d}\Theta}{\theta-\Theta} = 0$$

这是 $F(\Theta)$ 的积分方程。

这里我们必须强调,在求解**给定形状机翼**上的偶极子分布时,由此导致的问题总会是一个积分方程。这与阻力问题形成了直接的对比,在阻力问题中,我们可以利用已知的厚度分布直接写下源分布。因此,一般来说,给定机翼的升力问题比阻力问题的难度要更高。

为了求解式(15.55),我们引入式(15.56)所示变换:

$$\begin{cases} \theta = \dfrac{1}{2}(1-\cos\phi) \\[2mm] \Theta = \dfrac{1}{2}(1-\cos\phi') \end{cases} \tag{15.56}$$

于是式(15.55)变为

$$\int_0^\pi \frac{\sin\phi' F'(\Theta)\mathrm{d}\phi'}{\cos\phi'-\cos\phi} = 0 \tag{15.57}$$

根据我们对不可压缩流动问题的了解,我们知道[†],如果

$$\sin\phi' F'(\Theta) = C \tag{15.58}$$

式中,C 为常数,那么这个积分方程可以得到满足。因此

---

† 示例见参考文献：Glauert，H.：" The Elements of Aerofoil and Airscrew Theory ". Cambridge University Press，p. 93(1926).

$$\frac{\mathrm{d}F(\Theta)}{\mathrm{d}\Theta}=\frac{C}{\sin\phi'}=\frac{C}{2\sqrt{\Theta(1-\Theta)}}$$

这个方程可以很容易地积分成

$$F(\Theta)=\frac{C}{2}\int_0^\Theta \frac{\mathrm{d}\Theta'}{\sqrt{\Theta'(1-\Theta')}}=C\sin^{-1}\sqrt{\Theta}$$

由条件 $F(1)=1$ 可以得出 $C=\dfrac{2}{\pi}$。 因此最后

$$F(\Theta)=\frac{2}{\pi}\sin^{-1}\sqrt{\Theta}, \quad 0\leqslant\Theta\leqslant 1 \tag{15.59}$$

这样我们这就完成了对矩形平板上偶极子分布的探究。

15.6　偶极子分布和升力分布之间的一般关系

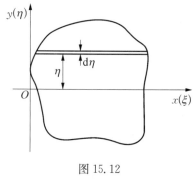

图 15.12

源分布和由源分布引起的速度的垂直分量之间存在着直接关系，我们将在本节展示，与此类似，偶极子分布和由偶极子分布引起的速度的 x 分量之间也存在直接关系。让我们假设偶极子分布 $g(\xi, \eta)$ 是由 ξ 方向上的条带组成。条带的宽度是 $\mathrm{d}\eta$。 偶极子的分布强度为 $g(\xi, \eta)\mathrm{d}\eta$（见图 15.12）。

根据式(12.76)，由于偶极子在表面顶部和距直线分布很短距离处的条带或直线状分布，速度的 x 分量为

$$\delta\left(\frac{\partial\varphi_2}{\partial x}\right)=\frac{1}{4\pi}\frac{z}{(y-\eta)^2+z^2}g(x, \eta)\mathrm{d}\eta \tag{15.60}$$

因此，由于在 (x, y) 平面或机翼表面的整体分布，速度的 x 分量为

$$\left(\frac{\partial\varphi_2}{\partial x}\right)_{z\to 0}=\lim_{z\to 0}\frac{1}{4\pi}\int_{t_1}^{t_2}\frac{z}{(y-\eta)^2+z^2}g(x, \eta)\mathrm{d}\eta$$

类似于 15.2 节的分析将给出式(15.61)：

$$\left(\frac{\partial\varphi_2}{\partial x}\right)_{z=+0}=\frac{1}{4}g(x, y) \tag{15.61}$$

这是一个非常重要的结果。它可以在已知偶极子强度时直接计算机翼表面的压力系数 C_p。因此，由于

$$C_p=-2\frac{1}{U}\left(\frac{\partial\varphi_2}{\partial x}\right)$$

由偶极子分布 $g(x, y)$ 得到的机翼上表面上的压力系数可直接写为

$$(C_p)_{z=+0} = -\frac{1}{U}\,\frac{1}{2}g(x,y) \tag{15.62}$$

同样,由偶极子分布得到的机翼下表面上的压力系数为

$$(C_p)_{z=-0} = \frac{1}{U}\,\frac{1}{2}g(x,y) \tag{15.63}$$

由式(15.62)和式(15.63),可直接得到局部升力系数 C_l(即局部升力强度除以"动压" $\frac{1}{2}\rho^0 U^2$)为

$$C_l = \frac{1}{U}g(x,y) \tag{15.64}$$

因此,只要已知偶极子强度,就可以计算局部升力强度;只要已知局部升力强度,就可以计算偶极子强度。

15.7　矩形机翼的气动特性

根据上一节的结果,我们从式(15.19)得出攻角为 α 时扁平机翼上二维流动的升力系数为

$$C_{l_0} = 4\alpha \tag{15.65}$$

这与第 10 章的阿克雷特理论的结果相一致。

对于攻角为 α 的矩形平板,翼尖马赫锥区域内的偶极子强度从二维值按因子 $F(\theta)$ 减小,其中 $\theta = \left(\dfrac{b}{2}-y\right)\Big/x$。 因此,局部升力系数 C_l 也按与翼尖区域相同的因子减小。升力分布由如图 15.13 所示的等值线图给出,其中 C_{l_0} 是二维值。

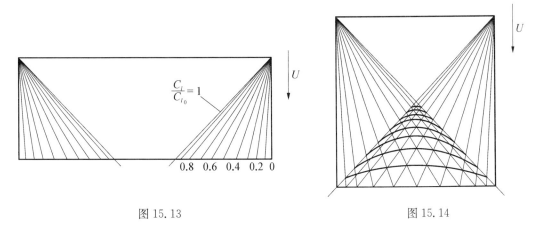

图 15.13　　　　　　　　　　　　　图 15.14

当 $b < 2c$ 时,翼尖区域重叠。对于 $b=c$ 的极端情况,我们有如图 15.14 所示等值线图。然而,这是我们的解仍然有效的最小展弦比。如果展弦比小于此值,则单翼尖的影响会渗透到对面边缘以外的区域。那么双翼尖的影响相互独立的假设就不再成立,所得到的解也不能

使用。

在 θ 的任何值,局部升力按因子 $1-F(\theta)$ 从二维值减小。此外,在 θ 和 $\theta+\mathrm{d}\theta$ 之间的机翼表面面积是 $\frac{1}{2}c^2\mathrm{d}\theta$。因此,整个机翼的升力系数 C_L 由下式给出:

$$C_L=C_{l_0}\left\{1-\dfrac{2\dfrac{1}{2}c^2}{bc}\int_0^1\left[1-F(\theta)\right]\mathrm{d}\theta\right\}$$

或者

$$C_L=C_{l_0}\left\{1-\dfrac{1}{\mathscr{R}}\left[1-\int_0^1 F(\theta)\mathrm{d}\theta\right]\right\}$$

但是由式(15.57),

$$\int_0^1 F(\theta)\mathrm{d}\theta=\dfrac{2}{\pi}\int_0^1\sin^{-1}\sqrt{\Theta}\,\mathrm{d}\theta=\dfrac{1}{2} \tag{15.66}$$

因此,利用式(15.65),机翼升力系数 C_L 为

$$C_L=4\alpha\left(1-\dfrac{1}{2\mathscr{R}}\right),\quad \mathscr{R}\geqslant 1 \tag{15.67}$$

这是自由流马赫数等于 $\sqrt{2}$ 的结果。一般来说,根据式(14.47),任何马赫数 Ma^0 的升力系数为

$$C_L=\dfrac{4\alpha}{\sqrt{Ma^{0^2}-1}}\left(1-\dfrac{1}{2\sqrt{Ma^{0^2}-1}\,\mathscr{R}}\right),\quad \sqrt{Ma^{0^2}-1}\,\mathscr{R}\geqslant 1 \tag{15.68}$$

当 $\sqrt{Ma^{0^2}-1}\,\mathscr{R}=1$ 时,也就是我们的理论能够应用的极限情况下,升力仅为二维值的 $\dfrac{1}{2}$。

二维升力在平板上的分布是均匀的。因此,二维升力绕弦中点的力矩为零。对于矩形机翼,绕弦中点的失速力矩系数 $C_{m_{\frac{1}{2}}}$ 为

$$\begin{aligned}C_{m_{\frac{1}{2}}}&=2C_{l_0}\dfrac{1}{bc^2}\int_0^c\left(x-\dfrac{c}{2}\right)\mathrm{d}x\int_{\frac{b}{2}-x}^{\frac{b}{2}}\left[1-F(\theta)\right]\mathrm{d}y\\&=2C_{l_0}\dfrac{1}{bc^2}\int_0^c x\left(x-\dfrac{c}{2}\right)\mathrm{d}x\left[1-\int_0^1 F(\theta)\mathrm{d}\theta\right]\end{aligned}$$

因此,由式(15.66),我们最终得出

$$C_{m_{\frac{1}{2}}}=\dfrac{1}{3}\dfrac{\alpha}{\mathscr{R}},\quad Ma^0=\sqrt{2} \tag{15.69}$$

那么,一般来说,由式(14.49)得出的失速力矩系数为

$$C_{m_{\frac{1}{2}}} = \frac{1}{3} \frac{\alpha}{(Ma^{0^2}-1)\, \textit{\AE}} \tag{15.70}$$

力矩系数和升力系数的比值给出了以翼弦 c 的分数表示的弦中点之前的压力中心的位置 d。因此,由式(15.68)和式(15.70)给出

$$\frac{d}{c} = \frac{1}{6} \frac{1}{2\, \textit{\AE}\sqrt{Ma^{0^2}-1}-1} \tag{15.71}$$

因此,当 $\textit{\AE}\sqrt{Ma^{0^2}-1}=1$ 时,压力中心位于距机翼前缘的 1/3 弦点处,而对于大展弦比,该点位于弦中点处。因此,减小展弦比具有将压力中心向前移动的效果。对于亚声速马赫数,大展弦比时压力中心大约在距前缘的 1/4 弦点处,随着展弦比的减小,压力中心缓慢向前移动。因此,如果使用大展弦比机翼,从亚声速到超声速的压力中心后移将会相当大。如果我们使用小的展弦比,这种偏移可能会小得多。由于通过声速时的配平变化是设计者面临的难题之一,这一事实对超声速飞机的设计有重要影响。

由于压力垂直于机翼表面,平板的阻力直接由升力乘以攻角 α 给出。于是,阻力系数直接为 $C_L \cdot \alpha$。因此,如果 ζ 是机翼剖面厚度分布的纵坐标,那么对于 $\textit{\AE}\sqrt{Ma^{0^2}-1} \geqslant 1$ 的情况,无摩擦的总阻力系数为

$$C_D = \frac{4}{\sqrt{Ma^{0^2}-1}} \int_0^1 (\zeta')^2 \,\mathrm{d}\left(\frac{x}{c}\right) + \frac{4\alpha^2}{\sqrt{Ma^{0^2}-1}} \left(1 - \frac{1}{2\sqrt{Ma^{0^2}-1}\,\textit{\AE}}\right) \tag{15.72}$$

如果我们用零攻角时的阻力系数 C_{D_0} 表示由厚度分布引起的阻力系数,那么

$$C_D = C_{D_0} + \frac{C_L^2}{\dfrac{4}{\sqrt{Ma^{0^2}-1}}\left(1 - \dfrac{1}{2\sqrt{Ma^{0^2}-1}\,\textit{\AE}}\right)} \tag{15.73}$$

这就是均匀对称截面矩形机翼的阻力-升力关系方程。

附录

积分

$$I(y) = \int_1^{-1} \frac{\sqrt{1-x^2}}{x(x-y)} \,\mathrm{d}x, \quad 0 \leqslant y \leqslant 1$$

由于

$$\frac{1}{x(x-y)} = \frac{1}{y}\left(\frac{1}{x-y} - \frac{1}{x}\right)$$

$I(y)$ 可以写为

$$I(y) = \frac{1}{y} \int_1^{-1} \left(\frac{\sqrt{1-x^2}}{x-y} - \frac{\sqrt{1-x^2}}{x} \right) \mathrm{d}x$$

由于被积函数的反对称,第二项积分为零[①]。

因此有

$$I(y) = \frac{1}{y} \int_1^{-1} \frac{\sqrt{1-x^2}}{x-y} \mathrm{d}x$$

现在让我们令

$$\begin{cases} x = \cos\theta \\ y = \cos\phi \end{cases}$$

那么

$$I(y) = \frac{1}{\cos\phi} \int_0^\pi \frac{\sin^2\theta \mathrm{d}\theta}{\cos\phi - \cos\theta} = \frac{1}{\cos\phi} \int_0^\pi \frac{1-\cos^2\theta}{\cos\phi - \cos\theta} \mathrm{d}\theta$$

或者

$$I(y) = \frac{1}{\cos\phi} \left(\int_0^\pi \cos\theta \mathrm{d}\theta + \cos\phi \int_0^\pi \mathrm{d}\theta - \sin^2\phi \int_0^\pi \frac{\mathrm{d}\theta}{\cos\phi - \cos\theta} \right)$$

这三项积分中,只有第二项不等于零。因此

$$I(y) = \pi$$

---

① 此处第二项积分是否为零存疑。——译注

第 16 章　线性化超声速机翼理论

在本章中,我们将不关注任何特定机翼上的超声速流动,而是要讨论线性化超声速机翼理论中的几个基本概念。我们已经看到,对于机翼上的亚声速二维流动,只有由于流体的黏性而产生的阻力,而对于机翼上的超声速二维流动,除此之外还有相当大的波阻。因此,二维翼型在马赫数等于 1 附近阻力系数突然增加,实际上,阻力系数对马赫数的曲线上在声速附近有一个峰值。我们将证明,对于三维流动,阻力系数峰值相对于马赫数的位置可以通过机翼前缘的后掠或前掠来控制。

我们还将证明一个关于给定机翼在前进和后退飞行中所遭受的阻力的重要定理。然后我们将分析与升力有关的流动,以展现波阻和诱导阻力之间的差异,并将简要讨论机翼后面的下洗问题。

16.1　无限翼展后掠翼

让我们考虑一个等截面无限翼展的机翼,其前缘垂直于速度为 V_1、马赫数为 Ma_1 的自由流。因此,这种机翼上的流动是二维的。现在假设此流动的观察者,不是相对于机翼有一个固定的位置,而是沿着机翼的翼展以速度 V_2 运动,并且 $\dfrac{V_2}{a_0}$ 的比率等于 Ma_2。 在这个流场中每一点上的气流压力、密度和温度都是物理量,不会因观察者的运动而改变(见图 16.1)。

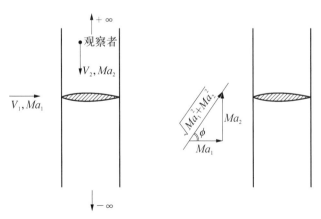

图 16.1

然而,对于不知道自己在运动着的观察者来说,此流谱不是前缘垂直于流动的机翼的流谱,而是后掠角为 $\phi=\tan^{-1}(Ma_2/Ma_1)=\tan^{-1}(V_2/V_1)$ 的后掠翼的流谱。相对于运动着的观察者,自由流速度 U 为 $\sqrt{V_1^2+V_2^2}=V_1\sec\phi$,自由流马赫数 Ma^0 为 $Ma_1\sec\phi$。 对于这个运动着的观察者来说,机翼表面的流体速度不会为零,而为速度 V_2,这是因为,原来流动中机翼表面的流体速度由于流体的黏性而为零。

现在,在自由流马赫数 $Ma^0 = Ma \sec \phi$（ϕ 为后掠角）以及自由流速度 $U = V_1 \sec \phi$ 的情况下,比较由运动着的观察者观察到的这种流谱与无限翼展后掠翼上的流谱。如果两者垂直于前缘的平面上的机翼截面相同,那么除了后掠机翼上的表面速度为零之外,这两种流动完全相似。但是这两种情况下的表面速度差异是由流体的黏度引起的,通常仅限于狭窄的边界层。因此,如果黏性效应可以忽略,那么由运动着的观察者观察到的普通机翼上的流动与后掠机翼上的流动完全相同。

如果我们**规定机翼截面总是在自由流方向**,那么与普通机翼相比,由于垂直于前缘的平面上的弦长较小,两者截面的厚度比 δ 必须增加到 $\delta \sec \phi$,并且攻角必须增加到 $\alpha \sec \phi$。 因此,如果 C_L、C_D 和 C_M 分别是后掠翼的升力、波阻和力矩系数,C_l、C_d 和 C_m 分别是在**平行于自由流**的截面上具有相似剖面的对应普通机翼的升力、波阻和力矩系数,那么有

$$C_L(Ma^0, \delta, \alpha, \phi) = \cos^2 \phi C_l(Ma^0 \cos \phi, \delta \sec \phi, \alpha \sec \phi) \tag{16.1}$$

$$C_D(Ma^0, \delta, \alpha, \phi) = \cos^3 \phi C_d(Ma^0 \cos \phi, \delta \sec \phi, \alpha \sec \phi) \tag{16.2}$$

$$C_M(Ma^0, \delta, \alpha, \phi) = \cos^2 \phi C_m(Ma^0 \cos \phi, \delta \sec \phi, \alpha \sec \phi) \tag{16.3}$$

力矩是相对于平行于前缘的轴线而取的。式(16.2)应仅适用于波阻。表面摩擦近似地只是表面面积的函数,故而它不受掠角 ϕ 的影响。因此,如果 C_{D_V} 和 C_{d_V} 是由于黏性而引起的阻力系数,那么

$$C_{D_V}(Ma^0, \delta, \alpha, \phi) = C_{d_V}(Ma^0, \delta, \alpha) \tag{16.4}$$

于是,式(16.1)、式(16.2)、式(16.3)和式(16.4)给出了无限翼展后掠翼的气动性能与相似翼型的二维流动特性或截面特性的函数关系。如果阻力峰值是由于波阻引起的,那么阻力峰值的马赫数通过后掠被推迟到由因子 $\sec \phi$ 计算的更高的马赫数。当然,式(16.2)确定的厚度比的变化也会改变阻力峰值相对于马赫数的位置;因此,上面所述的因子 $\sec \phi$ 只是近似值。但是无论如何,如果我们能使 $Ma^0 \cos \phi$ 小于二维阻力系数出现大幅度增加的马赫数,那么后掠翼的阻力系数就能保持为仅包括表面摩擦的数值。于是我们甚至可以在 $Ma^0 > 1$ 的情况下得到亚声速阻力系数。这就是后掠翼的基本概念。

式(16.1)表明后掠翼的升力斜率大大减小,则有

$$\frac{dC_L}{d\alpha}(Ma^0, \delta, \phi) = \cos \phi \frac{dC_l}{d\alpha}(Ma^0 \cos \phi, \delta \sec \phi) \tag{16.5}$$

因此,必须增大后掠机翼的攻角,以获得相同的升力系数。

16.2 三角形源分布

上一节对无限翼展后掠翼的讨论非常清楚地指出了,使用足够大的后掠角 ϕ 在减小阻力方面的优势,即使 $Ma^0 \cos \phi$ 小于阻力快速增加的二维临界马赫数。由于该临界马赫数小于1,$Ma^0 \cos \varphi$ 必须小于1。因此,前缘和自由流之间的角度必须小于马赫角。这种情况通常称为

前缘位于马赫锥后面。

　　对于有限翼展的后掠机翼,通过后掠基本上可以获得同样的减阻优势,但是,由于翼尖的存在,这里的情况更加复杂。而且,即使前缘在马赫锥后面,也会有波阻。然而,我们将证明,这种有限波阻很小,并且在超声速马赫数下,前缘位于马赫锥之后的后掠机翼比直翼的阻力小得多。为了证明这一事实,我们将首先计算半楔角等于 δ 的无限长三角楔的绕流。

　　前缘与自由流成 Θ 角。让我们把 Θ 角的余切记为 k 即

$$\cot\Theta = k \tag{16.6}$$

为了简化计算,我们假设 $Ma^0 = \sqrt{2}$。那么,由于在当前问题中,关键参数是 k 与马赫角的余切值或 $\sqrt{Ma^{0^2}-1}$ 之比,所以由 $Ma^0 = \sqrt{2}$ 所得出的最终结果中出现 k 的地方,对于一般的 Ma^0 值来说就应该出现 $k/\sqrt{Ma^{0^2}-1}$。从第 14 章中对超声速流相似性规则的一般性讨论中也可以明显看出这一点。

　　由于表面的斜率是一个常数,所以这里的源强度是一个常数。通过利用一般关系式 (15.25),我们得到扰动势 φ 为

$$\varphi(x, y, z) = -\frac{U\delta}{\pi}\iint \frac{\mathrm{d}\xi\mathrm{d}\eta}{\sqrt{(x-\xi)^2-[(y-\eta)^2+z^2]}} \tag{16.7}$$

在随后的计算中,我们将主要考虑表面压力系数 C_p。因此,我们只需要计算 $z=0$ 时的 $\frac{\partial\varphi}{\partial x}$ 的值。但是

$$\left(\frac{\partial\varphi}{\partial x}\right)_{z=0} = \frac{\partial\varphi(x, y, 0)}{\partial x} \tag{16.8}$$

所以,我们只需要计算机翼表面或 x-y 平面上的位势的值。由式(16.7)可得

$$\varphi(x, y, 0) = -\frac{U\delta}{\pi}\iint \frac{\mathrm{d}\xi\mathrm{d}\eta}{\sqrt{(x-\xi)^2-(y-\eta)^2}} \tag{16.9}$$

图 16.2

严格意义上的积分区域现在由两条向前行进的马赫线而不是由双曲线来定义。这是因为 $z=0$ 这一事实。如果我们指定用 y_1 和 y_2 来表示这两条马赫线和机翼前缘的交点,如图 16.2 所示,那么,

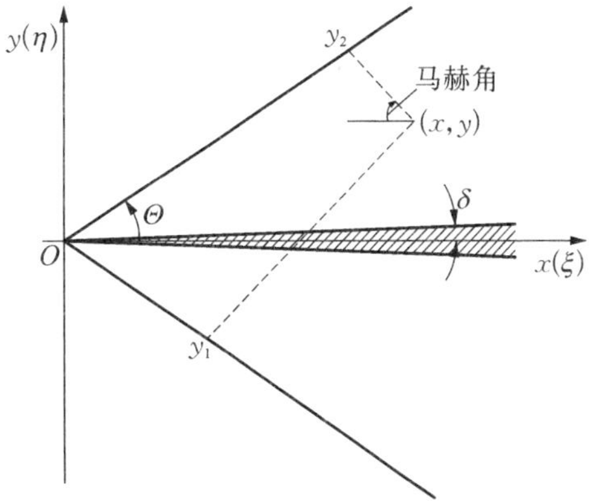

$$\varphi(x, y, 0) = -\frac{U\delta}{\pi}\left[\int_{y_1}^{0}\mathrm{d}\eta\int_{-k\eta}^{x-(y-\eta)}\frac{\mathrm{d}\xi}{\sqrt{(x-\xi)^2-(y-\eta)^2}} + \right.$$

$$\left.\int_{0}^{y}\mathrm{d}\eta\int_{k\eta}^{x-(y-\eta)}\frac{\mathrm{d}\xi}{\sqrt{(x-\xi)^2-(y-\eta)^2}} + \int_{y}^{y_2}\mathrm{d}\eta\int_{k\eta}^{x-(\eta-y)}\frac{\mathrm{d}\xi}{\sqrt{(x-\xi)^2-(y-\eta)^2}}\right] \tag{16.10}$$

式(16.10)中关于 ξ 的积分很容易求出,例如通过代换 $x-\xi=s$,

$$\int_{-k\eta}^{x-(y-\eta)}\frac{\mathrm{d}\xi}{\sqrt{(x-\xi)^2-(y-\eta)^2}}=\int_{y-\eta}^{x+k\eta}\frac{\mathrm{d}s}{\sqrt{s^2-(y-\eta)^2}}=\left[\cosh^{-1}\frac{s}{y-\eta}\right]_{y-\eta}^{x+k\eta}$$

$$=\cosh^{-1}\frac{x+k\eta}{y-\eta}$$

因此式(16.10)可以写成

$$\varphi(x,\ y,\ 0)=-\frac{U\delta}{\pi}\left[\int_{y_1}^{0}\cosh^{-1}\left(\frac{x+k\eta}{y-\eta}\right)\mathrm{d}\eta+\int_{0}^{y_2}\cosh^{-1}\left(\frac{x-k\eta}{\eta-y}\right)\mathrm{d}\eta\right] \quad (16.11)$$

积分限 y_1 和 y_2 由式(16.12)和式(16.13)给出:

$$-ky_1=x-(y-y_1) \quad \text{或} \quad x+ky_1=y-y_1 \quad\quad (16.12)$$

$$+ky_2=x-(y_2-y_1) \quad \text{或} \quad x-ky_2=y_2-y \quad\quad (16.13)$$

现在式(16.11)可以对 x 求导。对积分上下限求导不会产生任何贡献,因为如果将 y_1 或 y_2 代入它们相应的被积函数,那么由于式(16.12)和式(16.13),被积函数将为零。因此

$$\left(\frac{\partial\varphi}{\partial x}\right)_{z=0}=-\frac{U\delta}{\pi}\left[\int_{y_1}^{0}\frac{\mathrm{d}\eta}{\sqrt{(x+k\eta)^2-(y-\eta)^2}}+\int_{0}^{y_2}\frac{\mathrm{d}\eta}{\sqrt{(x-k\eta)^2-(y-\eta)^2}}\right]$$

$$(16.14)$$

让我们考虑第一项积分分母中根号下部分

$$(x+k\eta)^2-(y-\eta)^2=(k^2-1)\left[\eta^2+2\left(\frac{kx+y}{k^2-1}\right)\eta+\frac{x^2-y^2}{k^2-1}\right]$$

$$=(k^2-1)\left\{\left(\eta+\frac{kx+y}{k^2-1}\right)^2-\left[\left(\frac{kx+y}{k^2-1}\right)^2-\frac{x^2-y^2}{k^2-1}\right]\right\}$$

$$=(k^2-1)\left[\left(\eta+\frac{kx+y}{k^2-1}\right)^2-\left(\frac{x+ky}{k^2-1}\right)^2\right]$$

现在让我们令

$$\eta+\frac{kx+y}{k^2-1}=\frac{s}{k^2-1}$$

于是

$$\int_{y_1}^{0}\frac{\mathrm{d}\eta}{\sqrt{(x+k\eta)^2-(y-\eta)^2}}=\frac{1}{\sqrt{k^2-1}}\int_{(k^2-1)y_1+kx+y}^{kx+y}\frac{\mathrm{d}s}{\sqrt{s^2-(x+ky)^2}}$$

$$=\frac{1}{\sqrt{k^2-1}}\cosh^{-1}\frac{kx+y}{x+ky}$$

对第二项积分进行类似的分析,最终将得到

$$\left(\frac{\partial \varphi}{\partial x}\right)_{z=0} = -\frac{U\delta}{\pi}\frac{1}{\sqrt{k^2-1}}\left(\cosh^{-1}\frac{kx+y}{x+ky} + \cosh^{-1}\frac{kx-y}{x-ky}\right) \tag{16.15}$$

现在让我们引入新的变量 t，定义为

$$t = k\frac{y}{x} \tag{16.16}$$

因此，在前缘处 $t=1$，在 x 轴上 $t=0$。于是式(16.15)可以写为

$$\left(\frac{\partial \varphi}{\partial x}\right)_{z=0} = -\frac{U\delta}{\pi}\frac{1}{\sqrt{k^2-1}}\left[\cosh^{-1}\left(\frac{k+\dfrac{t}{k}}{1+t}\right) + \cosh^{-1}\left(\frac{k-\dfrac{t}{k}}{1-t}\right)\right]$$

该形式可以进一步简化为

$$\left(\frac{\partial \varphi}{\partial x}\right)_{z=0} = -\frac{U\delta}{\pi}\frac{2}{\sqrt{k^2-1}}\cosh^{-1}k\sqrt{\frac{1-\left(\dfrac{t}{k}\right)^2}{1-t^2}} \tag{16.17}$$

因此，表面压力系数 $(C_p)_s$ 为

$$(C_p)_s = \frac{4\delta}{\pi}\frac{1}{\sqrt{k^2-1}}\cosh^{-1}k\sqrt{\frac{1-\left(\dfrac{t}{k}\right)^2}{1-t^2}} \tag{16.18}$$

式(16.18)给出了 $Ma^0 = \sqrt{2}$ 的压力系数。对于其他马赫数，k 应由 n 代替，n 的定义如式(16.19)：

$$n = \frac{k}{\sqrt{Ma^{0^2}-1}} \tag{16.19}$$

那么一般来说，根据式(14.47)，有

$$(C_p)_s = \frac{4\delta}{\pi}\frac{1}{\sqrt{Ma^{0^2}-1}}\frac{1}{\sqrt{n^2-1}}\cosh^{-1}\sqrt{\frac{n^2-t^2}{1-t^2}} \tag{16.20}$$

因为前缘在马赫锥后面，所以 $n>1$。

式(16.20)适用于三角形范围内的点，也即 $t\leqslant 1$ 的点。对位于前缘之前、头部马赫波之后(也即 $1<t<n$)的点进行类似的计算，可得

$$(C_p)_{z=0} = \frac{4\delta}{\pi}\frac{1}{\sqrt{Ma^{0^2}-1}\sqrt{n^2-1}}\cosh^{-1}\sqrt{\frac{n^2-1}{t^2-1}} \tag{16.21}$$

对于马赫波前面的点或 $t>n$ 的点，流动不受干扰，所以有

$$(C_p)_{z=0} = 0, \quad t>n \tag{16.22}$$

那么，式(16.26)、式(16.21)和式(16.22)就给出了三角楔表面和 x-y 平面上各点的压力系数的完整信息。

16.3　箭头形机翼

现在可以用上一节中获得的三角楔的解来计算具有双楔形截面且厚度比为 δ 的无限翼展的箭头形机翼在零攻角时表面上的压力分布。我们用非常有用的解的叠加方法来实现这个目的。

翼面前半部分的倾斜度为 δ。翼面后半部分的倾斜度为 $-\delta$。根据流动的对称性的要求，机翼下游侧的流动倾角为零。这些条件可以通过叠加三角楔的三个独立解来满足。第一个解是三角楔顶点位于箭头形机翼顶点的解。楔厚角为 δ，其前缘与箭头形机翼前缘重合。第二个解是三角楔顶点在箭头形机翼的对称线上，但自机翼顶点向后移动到距离为 $c/2$ 处的解（c 是机翼的弦长），其楔角为 -2δ，其前缘与箭头形机翼前缘平行。第三个解还是三角楔顶点在箭头形机翼的对称线上，但自机翼顶点向后移动到距离为 c 处的解，其楔角为 δ。将所有三个解相加，则机翼前半部分绕流的倾角简单地为 δ。机翼后半部分绕流的倾角为第一个解和第二个解的倾角相加之和，或 $\delta+(-2\delta)=-\delta$。对于机翼后面的点，所有三个解都对绕流倾角有贡献，于是 $\delta+(-2\delta)+\delta=0$。因此满足所有边界条件。

这种为满足新问题的边界条件而叠加基本解的技术极为有用，并且应用颇多。

这三个不同的基本解的相应参数 t 为

第一个解：　　$t_1 = k\dfrac{y}{x}$　　　　(16.23)

第二个解：　$t_2 = k\dfrac{y}{x-c/2}$　　(16.24)

第三个解：　$t_3 = k\dfrac{y}{x-c}$　　　(16.25)

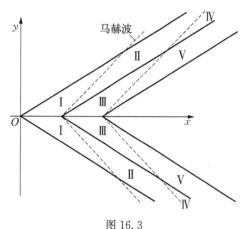

图 16.3

式中，k 为箭头形机翼后掠角的正切值。压力系数 C_p 在不同区域有不同的形式（见图 16.3）。

区域 I ：　　$C_p = \dfrac{4\delta}{\pi}\dfrac{1}{\sqrt{Ma_0^2-1}\sqrt{n^2-1}}\cosh^{-1}\dfrac{\sqrt{n^2-t_1^2}}{\sqrt{1-t_1^2}}$　　(16.26a)

区域 II ：

$$C_p = \frac{4\delta}{\pi}\frac{1}{\sqrt{Ma_0^2-1}\sqrt{n^2-1}}\left(\cosh^{-1}\sqrt{\frac{n^2-t_1^2}{1-t_1^2}} - 2\cosh^{-1}\sqrt{\frac{n^2-t_2^2}{1-t_2^2}} + \cosh^{-1}\sqrt{\frac{n^2-1}{t_3^2-1}}\right)$$

(16.26b)

区域 III ：

$$C_p = \frac{4\delta}{\pi} \frac{1}{\sqrt{Ma^{0^2}-1}\sqrt{n^2-1}} \left(\cosh^{-1}\sqrt{\frac{n^2-t_1^2}{1-t_1^2}} - 2\cosh^{-1}\sqrt{\frac{n^2-t_2^2}{1-t_2^2}} \right) \quad (16.27)$$

区域 IV：

$$C_p = \frac{4\delta}{\pi} \frac{1}{\sqrt{Ma^{0^2}-1}\sqrt{n^2-1}} \left(\cosh^{-1}\sqrt{\frac{n^2-t_1^2}{1-t_1^2}} - 2\cosh^{-1}\sqrt{\frac{n^2-1}{t_2^2-1}} + \cosh^{-1}\sqrt{\frac{n^2-1}{t_3^2-1}} \right)$$

$$(16.28)$$

区域 V：

$$C_p = \frac{4\delta}{\pi} \frac{1}{\sqrt{Ma^{0^2}-1}\sqrt{n^2-1}} \left(\cosh^{-1}\sqrt{\frac{n^2-t_1^2}{1-t_1^2}} - 2\cosh^{-1}\sqrt{\frac{n^2-t_2^2}{1-t_2^2}} + \cosh^{-1}\sqrt{\frac{n^2-1}{t_3^2-1}} \right)$$

$$(16.29)$$

$y=0$ 处截面上的压力分布最容易计算，因为这里 $t_1 = t_2 = 0$。于是有

$$\begin{cases} C_p = \dfrac{4\delta}{\pi} \dfrac{\cosh^{-1}n}{\sqrt{Ma^{0^2}-1}\sqrt{n^2-1}}, & 0 < x < \dfrac{c}{2},\ y=0 \\[3mm] C_p = -\dfrac{4\delta}{\pi} \dfrac{\cosh^{-1}n}{\sqrt{Ma^{0^2}-1}\sqrt{n^2-1}}, & \dfrac{c}{2} < x < c,\ y=0 \end{cases} \quad (16.30)$$

这种分布与二维超声速流动的分布完全类似，并且肯定会产生阻力。在远离中心线的截面处，压力分布有所改变，作用在截面上的阻力减小，如图 16.4 所示。在远离中心线的地方，沿表面

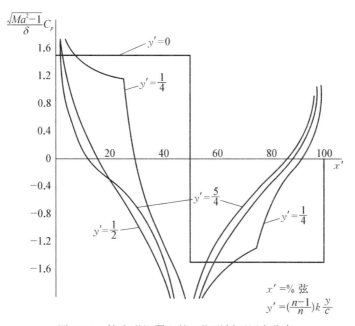

图 16.4　箭头形机翼上的双楔形剖面压力分布

的压力分布相对于弦中点几乎是对称的，因此截面阻力为零。正如 16.1 节的讨论中所预期的那样，那里的主导条件与亚声速流动类似。因此，无限翼展的箭头形机翼的阻力集中在机翼顶点附近。

无限翼展箭头形机翼的总阻力 D 实际上是有限的。由计算可得[†]

$$D = \rho^0 U^2 c^2 \delta^2 \left(\frac{2\log 2}{\pi}\right) \frac{1}{k^2} \frac{n(3n-1)}{(n^2-1)^{\frac{3}{2}}}, \quad n \geqslant 1 \tag{16.31}$$

当 $Ma^0 = 1$ 时，则根据式(16.19)，$n \to \infty$。于是，式(16.31)给出[①]

$$D_{Ma^0=1} = \rho^0 U^2 c^2 \delta^2 \left(\frac{2\log 2}{\pi}\right) \frac{3}{k^2}; \quad Ma^0 = 1 \tag{16.32}$$

这是数值相对较小的有限量。因此，当前缘在马赫波后面时，箭头形机翼有一个较小的有限阻力。当然，当前缘与马赫波重合或 $n=1$ 时，阻力就变成无穷大。

式(16.31)给出了无限翼展箭头形机翼的阻力。当翼展有限时，翼尖可能存在附加阻力。如果翼尖与机翼中心部分之间的干扰不大，那么我们可以认为阻力由两部分组成：第一部分是没有翼尖的箭头形机翼的阻力，也即无限翼展的箭头形机翼的阻力；第二部分是翼尖阻力，计算下来它是后掠角与箭头形机翼相同的半无限长机翼阻力的 2 倍。但是冯·卡门以及 Harman 和 Swanson 都证明了作用在 $n > 1$ 的后掠机翼下游翼尖上的阻力为零。

因此，任意大展弦比（$\mathcal{R}\sqrt{Ma^{0\,2}-1} > 1$）的箭头形机翼的阻力等于由式(16.31)给出的无限展弦比的箭头形机翼的阻力。因此，零攻角时的阻力系数 C_{D_0} 为

$$C_{D_0} \approx \frac{4\log 2}{\pi} \frac{\delta^2}{\mathcal{R}} \frac{1}{k^2} \frac{n(3n^2-1)}{(n^2-1)^{\frac{3}{2}}} \tag{16.33}$$

式中，$\mathcal{R}$ 为展弦比。当 $Ma^0 = 1$ 时，$n \to \infty$，因此

$$(C_{D_0})_{Ma^0=1} \approx \frac{12\log 2}{\pi} \frac{\delta^2}{k^2 \mathcal{R}}, \quad Ma^0 = 1 \tag{16.34}$$

所以，对于 $\delta = 0.08$，后掠角等于 45°，或 $k=1$ 且 $\mathcal{R} = 8$ 时，

$$(C_{D_0})_{Ma^0=1} \approx \frac{12\log 2}{\pi} \frac{0.006\,4}{8} = 0.002\,12$$

这的确是一个很小的波阻系数。如果机翼没有后掠，阻力系数会很大，事实上，根据线性化理论它等于无穷大。因此，前缘在马赫波后面的情况下使用后掠的优势是显而易见的。

当马赫波接近前缘时，近似式(16.33)的精度很差，因为这时不能忽略翼尖和机翼中心部分之间的干扰。尽管如此，式(16.33)给出的当马赫波与前缘重合时阻力很大的指示仍是正确的。这意味着，如果我们希望在超声速飞行时减小阻力，我们应该使后掠角足够大，使前缘躲

[†] 见本章参考文献[3]。

① 原稿如此。——译注

在马赫波之后。如果马赫波靠近前缘,或者马赫波在前缘后面,后掠翼的阻力系数实际上大于直翼。由于太大的后掠角在结构设计中很麻烦,后掠翼概念最有用的马赫数范围可能为 $0.8\sim1.5$。对于较高的马赫数,展弦比很小的直机翼或双平面机翼将具有较低的阻力,并且在结构上也是实用的。

16.4　反流定理

让我们考虑位于点 $x=\xi$、$y=\eta$、$z=0$ 的源单元 $f(\xi,\eta)\mathrm{d}\xi\mathrm{d}\eta$。由这个源产生的势 $\delta\varphi$ 为

$$\delta\varphi=-\frac{1}{4\pi}\frac{f(\xi,\eta)\mathrm{d}\xi\mathrm{d}\eta}{\sqrt{(x-\xi)^2-(Ma^{0^2}-1)[(y-\eta)^2+z^2]}} \tag{16.35}$$

如果点 (x,y,z) 位于顶点为 (ξ,η) 的马赫锥内,则扰动速度的 x 分量为

$$\frac{\partial\delta\varphi}{\partial x}=\frac{1}{4\pi}\frac{(x-\xi)f(\xi,\eta)\mathrm{d}\xi\mathrm{d}\eta}{\{(x-\xi)^2-(Ma^{0^2}-1)[(y-\eta)^2+z^2]\}^{\frac{3}{2}}} \tag{16.36}$$

那么,在表面点 $(x,y,0)$ 由于势 $\delta\varphi$ 而产生的压力增量 $\delta\Delta p$ 为

$$\delta\Delta p=-\rho^0 U\left(\frac{\partial\delta\varphi}{\partial x}\right)_{z=0}$$

或者

$$\delta\Delta p=-\frac{\rho^0 U}{4\pi}\frac{(x-\xi)f(\xi,\eta)\mathrm{d}\xi\mathrm{d}\eta}{[(x-\xi)^2-(Ma^{0^2}-1)(y-\eta)^2]^{\frac{3}{2}}} \tag{16.37}$$

在点 $(x,y,0)$ 处,由式(15.23)给出的表面斜率如下:

$$\frac{\partial\xi}{\partial x}=\frac{1}{4U}f(x,y)$$

因此,考虑到作用在机翼两个表面上的压力(由源分布表示),由于源单元 $f(\xi,\eta)\mathrm{d}\xi\mathrm{d}\eta$ 所导致的作用于面积 $\mathrm{d}x\mathrm{d}y$ 的单元上而产生的阻力单元 δD_1 为

$$\delta D_1=-\frac{\rho^0}{8\pi}\frac{(x-\xi)f(x,y)f(\xi,\eta)\mathrm{d}x\mathrm{d}y\mathrm{d}\xi\mathrm{d}\eta}{[(x-\xi)^2-(Ma^{0^2}-1)(y-\eta)^2]^{\frac{3}{2}}} \tag{16.38}$$

现在考虑一个新的坐标系 $x'(\xi')$、$y'(\eta')$(见图 16.5),使得

$$\begin{cases}x'=-\xi\\y'=\eta\\\xi'=-x\\\eta'=y\end{cases} \tag{16.39}$$

在这个新的坐标系中,还有另一个源分布 g,并且令

$$g(x', y') = f(\xi, \eta) \tag{16.40}$$

同时

$$g(\xi', \eta') = f(x, y)$$

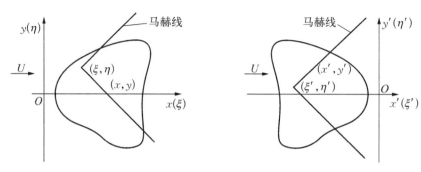

图 16.5

除了点对的相对位置现在反转了之外,这个新的源分布实际上与以前相同。点 (x', y') 现在位于马赫锥内,顶点为 (ξ', η')。那么作用于面积 $\mathrm{d}x'\mathrm{d}y'$ 上由 $\mathrm{d}\xi'\mathrm{d}\eta'$ 上的源导致的阻力单元 δD_2 为

$$\delta D_2 = -\frac{\rho^0}{8\pi} \frac{(x'-\xi')g(x', y')g(\xi', \eta')\mathrm{d}x'\mathrm{d}y'\mathrm{d}\xi'\mathrm{d}\eta'}{\left[(x-\xi')^2 - (Ma^{0^2}-1)(y'-\eta')^2\right]^{\frac{3}{2}}} \tag{16.41}$$

由于式(16.39)和式(16.40),式(16.41)实际上等于式(16.38)。因此有

$$\delta D_1 = \delta D_2 \tag{16.42}$$

所以,当我们将源在一对点上的相对位置反转过来时,源在这对点上的相互作用所产生的阻力单元不会改变。

由于源分布引起的总阻力是相应点对相互作用的所有阻力单元的总和。因此,通过反转源分布的几何排列,阻力保持不变。但是一个源分布只对应于一个翼的厚度分布。因此,**有限翼的厚度分布引起的阻力不会因飞行方向的逆转而改变**。例如,前掠箭头形机翼零攻角时的超声速阻力等于上一节中给出的相应后掠箭头形机翼的阻力。这就是**第一反流定理**。

一个类似的论点将证明:由于偶极子分布引起的阻力不会因为反转偶极子分布的几何排列而改变。由于偶极子分布与升力分布成正比,因此我们就有了**第二反流定理:有限范围内给定升力分布引起的阻力不会因飞行方向的逆转而改变**。然而,要想在倒转自由流方向的情况下产生相同的升力分布,可能需要改变机翼的弯曲度和攻角。因此,第二反流定理不如第一反流定理强大。另一方面,如果机翼上下表面之间没有相互作用,那么可以证明,倒转飞行方向只会改变局部升力的正负号,而阻力保持不变。

这里需要指出的是,即使飞行方向倒转时总阻力相同,但表面上的阻力分布并不相同。这可以从式(16.38)和式(16.41)中看出:阻力总是作用在下游侧的点上。通过倒转飞行方向,这两点的角色互换,因此阻力分布也发生了变化。这些逆流定理最早是由 Hayes 论述的。

16.5　机翼边缘的条件

对于二维流动,我们知道在亚声速流动中平板翼型上的压力分布与超声速流动中同一翼型上的压力分布有很大不同。在亚声速流动的情况下,压力分布类似于升力集中在前缘附近的不可压缩流动。事实上,前缘的升力强度是无穷大的。而后缘由于流动不能绕过其尖锐后缘,或者说由于库塔-茹科夫斯基条件的要求,使得其升力强度为零。此外,在亚声速流动中,无黏流体不会产生阻力。作用在机翼表面的法向压力产生的阻力必须被作用在机翼前缘的吸力抵消。对于真实流体,当然存在边界层分离,并且理论上确定的吸力的全值永远不会完全实现。

对于平板翼型上的超声速流,第 10 章中讨论的阿克雷特理论给出了表面上的压力是均匀分布的。因此,前缘和后缘的升力强度都是有限的。此外,不存在前缘吸力。

我们在讨论后掠翼时已经表明:对于三维流动,控制参数不是自由流马赫数,而是垂直于前缘或后缘的自由流速度分量的马赫数。或者从另一个角度来看,控制因素是机翼的上、下表面是否可以相互影响。如果马赫数的法向分量大于 1,或者如果机翼的上、下面不能相互影响,那么我们就基本具备了超声速条件。如果马赫数的法向分量小于 1,或者如果机翼的顶面和底面可以相互影响,那么我们基本上就具备了亚声速条件(见图 16.6)。

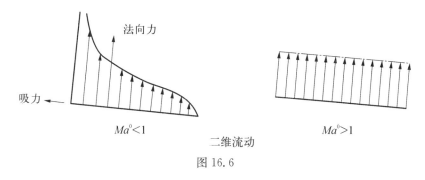

图 16.6

让我们考虑如图 16.7 所示的超声速流中的椭圆机翼,我们有四种类型的机翼边缘:

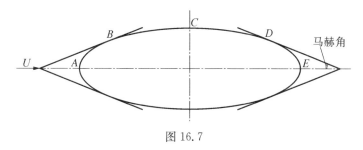

图 16.7

(1) 由于马赫数的法向分量大于 1,从 A 到 B 的前缘被称为超声速前缘。这个前缘的升力强度是有限的。

(2) 由于马赫数的法向分量小于 1,从 B 到 C 的边缘将被称为亚声速前缘。这个前缘的升力强度是无限的,但是可积的,并且有一个吸力作用在这个边缘上。

(3) 从 C 到 D 的边缘将称为亚声速后缘。这里的升力强度为零,并且必须满足库塔-茹科夫斯基条件。

(4) 最后,边界 D 到 E 是超声速后缘,那里的升力强度通常是有限的。然而,它不是一定为有限的。例如,在 $A\!\!R\sqrt{Ma^{02}-1}=1$ 的矩形机翼的超声速后缘,升力强度实际上为零(参见第 15 章)。

这种对机翼边界的分类有一个直接的应用:在亚声速运动中,为了最大限度地减少机翼前缘的边界层分离,使用圆前缘是有利的;在超声速飞行中,我们应该圆化机翼的亚声速[①]前缘;而超声速前缘应该是尖锐的,以尽量减少激波损失。

16.6　机翼后面的流动

让我们考虑位于原点的单位强度的偶极子或基本马蹄涡。根据式(15.2),速度势 φ 为

$$
\begin{cases}
\varphi=\dfrac{1}{4\pi}\dfrac{xz}{(y^2+z^2)\sqrt{x^2-(Ma^{02}-1)(y^2+z^2)}}, & x^2>(Ma^{02}-1)(y^2+z^2) \\
\varphi=0, & x^2<(Ma^{02}-1)(y^2+z^2)
\end{cases}
\tag{16.43}
$$

通过位势求导,我们在 $x^2>(Ma^{02}-1)(y^2+z^2)$ 的情况下或者在马赫锥内得到如式(16.44)、式(16.45)、式(16.46)所示关系式:

$$
\frac{\partial\varphi}{\partial x}=-\frac{1}{4\pi}\frac{(Ma^{02}-1)z(y^2+z^2)}{(y^2+z^2)[x^2-(Ma^{02}-1)(y^2+z^2)]^{\frac{3}{2}}}
\tag{16.44}
$$

$$
\frac{\partial\varphi}{\partial y}=-\frac{1}{4\pi}xyz\frac{[x^2-(Ma^{02}-1)(y^2+z^2)]+[x^2-2(Ma^{02}-1)(y^2+z^2)]}{(y^2+z^2)^2[x^2-(Ma^{02}-1)(y^2+z^2)]^{\frac{3}{2}}}
\tag{16.45}
$$

$$
\frac{\partial\varphi}{\partial z}=\frac{1}{4\pi}x\frac{y^2[x^2-(Ma^{02}-1)(y^2+z^2)]-z^2[x^2-2(Ma^{02}-1)(y^2+z^2)]}{(y^2+z^2)^2[x^2-(Ma^{02}-1)(y^2+z^2)]^{\frac{3}{2}}}
\tag{16.46}
$$

在马赫锥之外,扰动速度为零。

式(16.44)、式(16.45)和式(16.46)表明,在任何 x 等于常数的平面上,条件都是相似的,在 $\dfrac{y}{x}$ 和 $\dfrac{z}{x}$ 相等的情况下,所有扰动速度都与 $\dfrac{1}{x^2}$ 成正比。扰动集中在 x 轴、$y^2+z^2=0$ 处以及 $x^2-(Ma^{02}-1)(y^2+z^2)=0$ 的马赫锥处。而且,扰动流被式(16.47)所述表面划分成两个区域。

$$
x^2-2(Ma^{02}-1)(y^2+z^2)=0
\tag{16.47}
$$

---

① 原稿此处笔误为超声速。——译注

这是马赫锥内的一个锥体。其半顶角的正切等于马赫角正切的 $\dfrac{1}{\sqrt{2}}$ 倍。在这个表面上,式(16.45)和式(16.46)给出

$$\frac{\dfrac{\partial \varphi}{\partial z}}{\dfrac{\partial \varphi}{\partial y}} = \frac{w}{v} = -\frac{y}{z}$$

因此 v 和 w 分量的矢量和与式(16.47)定义的锥面相切。完整的流谱如图 16.8 所示。

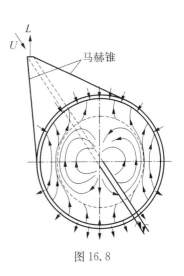

图 16.8

　　其内部流动与亚声速自由流中的偶极子或基本马蹄涡后面的流动非常相似。既然我们把在亚声速流中产生翼后扰动速度的阻力称为诱导阻力,那么我们也可以把在超声速流中与翼后的内部流动有关的阻力称为"诱导"阻力。扰动的另一部分集中在马赫锥附近,与之相关的阻力可称为"波"阻。超声速和亚声速的区别在于:除了诱导阻力之外,还出现了产生升力的波阻。诱导阻力和产生升力的波阻都与攻角的平方成正比或与升力的平方成正比。

　　虽然前面的讨论是建立在基本的马蹄涡的位势的基础上的,但是任何机翼下游很远处的流谱并没有太大的不同。扰动仍然集中在机翼的镜像(即 y 轴)附近或马赫波面附近,前一部分代表诱导阻力,后一部分代表波阻。

　　当然,机翼后缘附近的流动与上述流谱有很大不同,这是由于分布在机翼表面上的不同偶极子相互干扰而造成的。一旦确定了机翼上的升力分布,就可以计算出尾翼面设计所需要的精确下洗分布。因为如式(15.64)所示,偶极子分布与升力分布直接相关,并且只要知道偶极子分布,就可以立即写下扰动势,所以这是可能的。**然而,正如在亚声速情况下那样,以这种方式确定的下洗会受到可能发生的尾涡面不稳定性以及随后尾涡的卷起的影响。使用下洗的理论计算结果的时候,必须牢记这一事实。**

参考文献

A. 一般理论

[1] Busemann, A.: "Infinitesimale kegelige Uberschallströmung". Jahrbuch 1942 - 1943, Vol. 7B, No. 3, pp. 105 - 122 (1943). Also available as NACA TM No. 1100

[2] Lagerstrom, P. A., Wall, D., and Graham, M. E.: "Formulas in Three Dimensional Wing Theory". Douglas Report No. SM - 11901 (1946)

[3] von Kármán, Th.: "Supersonic Aerodynamics — Principles and Applications". J. Aeronaut. Sci., Vol. 14, No. 7, pp. 373 - 402 (1947)[①]

[4] Hayes, W. D.: "Linearized Supersonic Flow". North American Aviation Co. Report No. AL - 222

---

①　原稿此处页码错误,已修改。——译注

(1947)

[5] Evvard, J. C. :"Distribution of Wave Drag and Lift in the Vicinity of Wing Tips at Supersonic Speeds". NACA TN No. 1382 (1947)

[6] Robinson, A. :"On Source and Vortex Distribution in the Linearized Theory of Steady Supersonic Flight". College of Aeronautics Report No. 9 (1947)

[7] Heaslet, M. A. , Lomax, H. , and Jones, A. L. :"Volterra's Solution of the Wave Equation as Applied to Three Dimensional Supersonic Airfoil Problems". NACA TN No. 1412 (1947)

[8] Heaslet, M. A. and Lomax, H. :"The Use of Source, Sink and Doublet Distributions Extended to the Solution of Arbitrary Boundary Value Problems in Supersonic Flow". NACA TN No. 1515 (1948)

[9] Gunn, J. C. :"Linearized Supersonic Aerofoil Theory". Phil. Trans. R. Soc. A, Vol. 240, No. 820, pp. 327 - 373 (1947)

B. 矩形机翼

[10] Schlichting, H. : " Tragflügeltheorie bei Überschallgeschwindigkeit ". Jahrbuch 1937 der deutschen Luftfahrtforschung, Sect. Ⅰ, pp. 181 - 197 (1937). Also available as NACA TM No. 897(1939)

[11] Lighthill, M. J. :"The Supersonic Theory of Wings of Finite Span". British R. & M. No. 2001 (1944)

[12] Bonney, E. A. :"Aerodynamic Characteristics of Rectangular Wings at Supersonic Speeds". J. Aeronaut. Sci. , Vol. 14, No. 2, p. 110 (1947)

[13] Lagerstrom, P. A. and Graham, M. :"Low Aspect Ratio Rectangular Wings in Supersonic Flow". Douglas Report No. SM - 13110 (1947)

C. 后掠机翼

[14] Jones, R. T. :"Properties of Low Aspect Ratio Pointed Wings at Speeds Below and Above the Speed of Sound". NACA TN No. 1032 (1946)

[15] Jones, R. T:"Wing Planforms for High Speed Flight". NACA TN No. 1033 (1946)

[16] Jones, R. T. :"Thin Oblique Airfoils at Supersonic Speed". NACA TN No. 1107 (1946)

[17] Puckett, A. E. :"Supersonic Wave Drag of Thin Airfoils". J. Aeronaut. Sci. , Vol. 13, No. 9, pp. 475 - 484 (1946)

[18] Stewart, H. J. :"Lift of a Delta Wing at Supersonic Speeds". Quart. Appl. Math. , Vol. 4, No. 3, pp. 246 - 254 (1946)

[19] Hayes W. D. , Browne, S. H. , and Lew. R. J. :"Linearized Theory of Conical Supersonic Flow With Application to Triangular Wings". North American Aviation Co. Report No. NA - 46 - 818 (1946)

[20] Brown, C. E. :"Lift and Drag of Thin Triangular Wings at Supersonic Speeds". NACA TN No. 1183 (1946)

[21] Stewart, H. J. and Puckett, A. E. :"Aerodynamic Performance of Delta Wings at Supersonic Speeds". J. Aeronaut. Sci. , Vol. 14, No. 10, p. 566 (1947)

[22] Harmon, S. M. and Swanson, M. D. :"Calculation of the Supersonic Wave Drag of Non-Lifting Wings with Arbitrary Sweepback and Aspect Ratio Wings Swept Behind the Mach Lines", NACA TN No. 1319 (1947)

[23] Jones, R. T. :"Estimated Lift-Drag Ratios at Supersonic Speeds". NACA TN No. 1350 (1947)

[24] Roberts, R. C. :"Note on the Lift of a Triangular Wing at Supersonic Speeds". J. Math. Phys. , Vol. 27, No. 1 (1948)

[25] Evvard J. C. :"The Effects of Yawing Thin Pointed Wings at Supersonic Speeds". NACA TN No. 1429 (1947)

[26] Margolis, K. :"Supersonic Wave Drag of Sweptback Tapered Wings at Zero Lift". NACA TN No. 1448

(1947)

[27] Harmon, S. M. : "Theoretical Supersonic Wave Drag of Untapered Sweptback and Rectangular Wings at Zero Lift". NACA TN No. 1449 (1947)

[28] Robinson, A. and Davies, F. T. : "The Effect of Sweepback of Delta Wings on the Performance of an Aircraft at Supersonic Speeds". College of Aeronautics Report No. 6 (1947)

[29] Beskin, L. : "Supersonic Characteristics of Triangular Wings". To be published, J. Aeronaut. Sci.

[30] Margolis, K. : "Effect of Chordwise Location of Maximum Thickness on the Supersonic Wave Drag of Sweptback Wings". NACA TN No. 1543 (1948)

[31] Moeckel, W. E. : "Effect of Yaw at Supersonic Speeds on Theoretical Aerodynamic Coefficients of Thin Pointed Wings with Several Types of Trailing Edge". NACA TN No. 1549 (1948)

[32] Cohen, D. : "The Theoretical Lift of Flat Swept-Back Wings at Supersonic Speeds". NACA TN No. 1555 (1948)

D. 其他平面形状

[33] Ward, G. N. : "The Pressure Distribution on Some Flat Laminar Aerofoils at Incidence at Supersonic Speeds". British R & M No. 2206 (1946)

[34] Nielsen, J. N. : "Effect of Aspect Ratio and Taper on the Pressure Drag at Supersonic Speeds of Unswept Wings at Zero Lift". NACA TN No. 1487 (1947)

[35] Evvard, J. C. : "Theoretical Distribution of Lift on Thin Wings at Supersonic Speeds (an Extension)". NACA TN No. 1585 (1948)

[36] Snow, R. N. : "Aerodynamics of Thin Quadrilateral Wings at Supersonic Speeds". Quart. Appl. Math. , Vol. 5, No. 4, pp. 417 - 428 (1948)

E. 翼-身干扰

[37] Kirkby, S. and Robinson, A. : "Wing Body Interference at Supersonic Speed". College of Aeronautics Report No. 7 (1947)

[38] Ferrari, C. : "Interference Between Wing and Body at Supersonic Speeds — Theory and Numerical Application". J. Aeronaut. Sci. , Vol. 15, No. 6, pp. 317 - 336 (1948)

[39] Browne S. H. , Friedman, L. and Hodes, I. : "A Wing-Body Problem in a Supersonic Conical Flow". J. Aeronaut. Sci. , Vol. 15, No. 8, pp. 443 - 452 (1948)

[40] Spreiter, J. R. : "Aerodynamic Properties of Slender Wing Body Combinations at Subsonic, Transonic and Supersonic Speeds". NACA TN No. 1662 (1948)

F. 稳定性导数和控制特性

[41] Robinson, A. and Hunter-Tod, J. H. : "The Aerodynamic Derivatives with Respect to Sideslip for a Delta Wing with a Small Dihedral at Supersonic Speeds". College of Aeronautics Report No. 12 (1947)

[42] Ribner, H. S. : "The Stability Derivatives of Low Aspect Ratio Triangular Wings at Subsonic and Supersonic Speeds". NACA TN No. 1423 (1947)

[43] Cole, C. W. and Levitt, B. B. : "A Dynamic Longitudinal Stability Analysis for a Canard Type Airplane in Supersonic Flight". CIT - JPL, Memo. No. 4 - 21 (1947)

[44] Lagerstrom, P. A. and Graham, M. : "Linearized Theory of Supersonic Control Surfaces". Douglas Report SM - 13060 (1947). Also available as J. Aeronaut. Sci. , Vol. 16. , No. 1, pp. 31 - 34(1949).

[45] Donovan, A. V. , Flax, A. H. , and Cheilek, H. A. : "Stability and Control of Supersonic Aircraft". To be published, J. Aeronaut. Sci.

[46] Jones, A. L. and Alkane, A. : "The Damping Due to Roll of Triangular, Trapezoidal and Related Plan Forms in Supersonic Flow". NACA TN No. 1548 (1948)

[47] Frick, C. W. : "Application of the Linearized Theory of Supersonic Flow to the Estimation of Control Surface Characteristics". NACA TN No. 1554 (1948)

[48] Brown, C. E. and Adams, M. : "Damping in Pitch and Roll of Triangular Wings at Supersonic Speeds". NACA TN No. 1566 (1948)

[49] Ribner, S. and Malvesuto, F. S. : "Stability Derivatives of Triangular Wings at Supersonic Speeds". NACA TN No. 1572 (1948).

[50] Tucker, W. A. : "Characteristics of Thin Triangular Wings with Triangular Tip Control Surfaces at Supersonic Speeds with Mach Lines Behind the Leading Edge". NACA TN No. 1600 (1948)

[51] Tucker, W. A. and Nelson, R. L. : "Characteristics of Thin Triangular Wings with Constant Chord Partial Span Control Surfaces at Supersonic Speeds". NACA TN No. 1660 (1948)

G. 下洗

[52] Lagerstrom, P. A. and Graham, M. : "Downwash and Sidewash Induced by Three Dimensional Lifting Wings in Supersonic Flow". Douglas Report SM-13007 (1947)

[53] Robinson, A. and Hunter-Tod, J. H. : "Bound and Trailing Vortices in the Linearized Theory of Supersonic Flow and the Downwash in the Wake of a Delta Wing". College of Aeronautics Report No. 10 (1947)

[54] Evvard, J. C. and Turner, L. R. : "Theoretical Lift Distribution and Upwash Velocities for Thin Wings at Supersonic Speeds". NACA TN No. 1484 (1947)

[55] Heaslet, M. A. and Lomax, H. : "The Calculation of Downwash Behind Supersonic Wings with an Application to Triangular Plan Forms". NACA TN No. 1620 (1948)

第4卷

流体的黏性与导热

第 17 章　黏性可压缩流体的流动

在前面几乎所有的章节中,我们都忽略了流体的黏度。这是可以接受的。因为正如第 1 章所述,黏性的影响通常局限于物体表面上的一个薄层,即所谓的边界层。因此,一般的流谱很少受到流体黏度的影响,我们在前面章节中的分析是有效的。然而,机翼和机身的气动性能受到黏性的影响,这就产生了所谓的表面摩擦阻力。黏性除了对机翼和机身空气动力学的影响之外,在超声速流中还存在激波和边界层的相互作用,甚至由此导致机身上的压力分布也会受到流体黏度的影响。因此,在最后一组章节中,我们将把可压缩流体视为有黏性且导热的流体。本章的目的是通过现象学推理,建立一般的运动方程,也即纳维-斯托克斯方程,然后得出几个基本结论。

17.1　应力及其转换方程

应力是作用在流体元表面上的力,它们具有压力的量纲,即单位面积上的力。垂直于表面的应力称为正应力或法向应力,用 σ 表示。如果力的方向是离开表面的,则认为它们是正的。在表面的平面上的应力称为剪应力,用 τ 表示。现在让我们考虑一个由边 $\mathrm{d}x$,$\mathrm{d}y$ 和 $\mathrm{d}z$ 组成的基本立方体。作用在立方体表面的正应力如图 17.1 所示[①]。因此我们就有 9 个量,分别是 σ_x、σ_y、σ_z、τ_{xy}、τ_{yz}、τ_{zx}、τ_{yx}、τ_{zy}、τ_{xz}。　有 时 这 些 量 可 写 成 如 式 (17.1)所示形式:

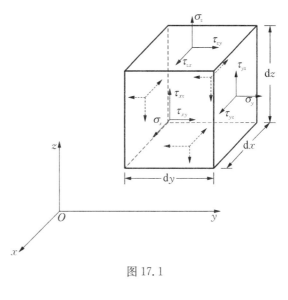

图 17.1

$$\begin{pmatrix} \sigma_x & \tau_{xy} & \tau_{xz} \\ \tau_{yx} & \sigma_y & \tau_{yz} \\ \tau_{zx} & \tau_{zy} & \sigma_z \end{pmatrix} \qquad (17.1)$$

这组量称为应力张量。作用在"反"面(图中未示出的面)上的应力根据定义与"正"面上的相应应力大小相等,但方向相反,如虚线箭头所示。

然而,这 6 个剪应力并不是独立的。如果我们取关于 x 轴的力矩,应力必须平衡;因为流体的惯性力给出了更高阶的力矩,因此惯性力在这里可以忽略不计。因此

[①]　原稿图 17.1 将 τ_{xz} 和 τ_{xy} 误为 σ_{xz} 和 σ_{xy},已修改。——译注

$$\tau_{yz}(\mathrm{d}x\,\mathrm{d}z)\cdot\mathrm{d}y=\tau_{zy}(\mathrm{d}x\,\mathrm{d}y)\cdot\mathrm{d}z$$

或者

$$\tau_{yz}=\tau_{zy} \tag{17.2}$$

类似地,通过取关于 y 轴和 z 轴的力矩,我们得到

$$\tau_{zx}=\tau_{xz} \tag{17.3}$$

$$\tau_{xy}=\tau_{yx} \tag{17.4}$$

数组(17.1)中非对角线上的项的这种性质称为对称性。因此应力张量是对称的。

应力张量属于被称为张量的广义的变量,是矢量的一般化。张量根据定义明确的规律随着坐标变换而变换。我们在这里不研究这些规律,而是通过平衡条件得到应力转换的方程。让我们通过考虑二维应力来简化计算。于是我们有 3 个量: σ_x、σ_y、$\tau_{xy}(\tau_{yx})$。现在假设我们希望在一个新坐标系中求出应力,这个新坐标系与旧坐标系不同,它由旧坐标系旋转 θ 角度而成(见图17.2)。设新坐标系用 (x',y') 表示,转换后的应力用 $\sigma_{x'}$、$\sigma_{y'}$ 和 $\tau_{x'y'}(\tau_{y'x'})$ 表示(见图 17.3)。

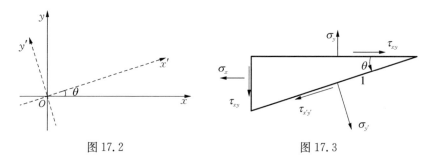

图 17.2   图 17.3

同样,由于惯性力属于高阶的力,作用在单位宽度的基本楔形体斜面上的应力必须平衡。因此

$$\begin{cases}\tau_{xy}\cos\theta-\sigma_x\sin\theta-\tau_{x'y'}\cos\theta+\sigma_{y'}\sin\theta=0\\\sigma_y\cos\theta-\tau_{xy}\sin\theta-\tau_{x'y'}\sin\theta-\sigma_{y'}\cos\theta=0\end{cases} \tag{17.5}$$

通过求 $\sigma_{y'}$ 和 $\tau_{x'y'}$,我们得到

$$\sigma_{y'}=\frac{\sigma_x+\sigma_y}{2}-\frac{\sigma_x-\sigma_y}{2}\cos2\theta-\tau_{xy}\sin2\theta \tag{17.6}$$

以及

$$\tau_{x'y'}=-\frac{\sigma_x-\sigma_y}{2}\sin2\theta+\tau_{xy}\cos2\theta \tag{17.7}$$

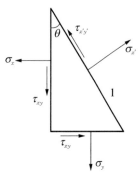

图 17.4

考虑不同楔形体上的力的平衡(见图 17.4),可以获得 $\sigma_{x'}$ 的转换方程

$$\begin{cases}-\sigma_x\cos\theta-\tau_{xy}\sin\theta-\tau_{x'y'}\sin\theta+\sigma_{x'}\cos\theta=0\\-\tau_{xy}\cos\theta-\sigma_y\sin\theta+\tau_{x'y'}\cos\theta+\sigma_{x'}\sin\theta=0\end{cases} \tag{17.8}$$

求解 $\sigma_{x'}$，我们得到

$$\sigma_{x'} = \frac{\sigma_x + \sigma_y}{2} + \frac{\sigma_x - \sigma_y}{2}\cos 2\theta + \tau_{xy}\sin 2\theta \qquad (17.9)$$

式(17.6)、式(17.7)和式(17.9)是坐标系旋转角度 θ 时应力转换的方程式[①]。

17.2　应变率及其转换方程

如果 u，v，w 是沿三个坐标轴的速度分量,则由运动引起的应变率是这些速度分量相对于坐标的一阶导数。设 ε 表示正应变率,γ 表示剪切应变率,则有

$$\begin{cases} \varepsilon_x = \dfrac{\partial u}{\partial x} \\[2mm] \varepsilon_y = \dfrac{\partial v}{\partial y} \\[2mm] \varepsilon_z = \dfrac{\partial w}{\partial z} \end{cases} \qquad (17.10)$$

以及

$$\begin{cases} \gamma_{xy} = \dfrac{\partial v}{\partial x} + \dfrac{\partial u}{\partial y} = \gamma_{yx} \\[2mm] \gamma_{yz} = \dfrac{\partial w}{\partial y} + \dfrac{\partial v}{\partial z} = \gamma_{zy} \\[2mm] \gamma_{zx} = \dfrac{\partial u}{\partial z} + \dfrac{\partial w}{\partial x} = \gamma_{xz} \end{cases} \qquad (17.11)$$

那么应变率张量是

$$\begin{bmatrix} \varepsilon_x & \frac{1}{2}\gamma_{xy} & \frac{1}{2}\gamma_{xz} \\[2mm] \frac{1}{2}\gamma_{yx} & \varepsilon_y & \frac{1}{2}\gamma_{yz} \\[2mm] \frac{1}{2}\gamma_{zx} & \frac{1}{2}\gamma_{zy} & \varepsilon_z \end{bmatrix}^{[②]} \qquad (17.12)$$

---

① 原稿此处背面有三行手写公式如下：

$$u - u_p = (x - x_p)\frac{\partial u}{\partial x} + (y - y_p)\frac{\partial u}{\partial y} + (z - z_p)\frac{\partial u}{\partial z} + 高阶项,$$

$$v - v_p = (x - x_p)\frac{\partial v}{\partial x} + (y - y_p)\frac{\partial v}{\partial y} + (z - z_p)\frac{\partial v}{\partial z} + 高阶项,$$

$$w - w_p = (x - x_p)\frac{\partial w}{\partial x} + (y - y_p)\frac{\partial w}{\partial y} + (z - z_p)\frac{\partial w}{\partial z} + 高阶项。\quad ——译注$$

② 原稿上式右侧有指向该式的手写内容如下：对称由 $\begin{pmatrix} u_x & v_x & w_x \\ u_y & v_y & w_y \\ u_z & v_z & w_z \end{pmatrix}$ 得到。——译注

我们现在想要计算新坐标系中应变率的数值,作为原始应变率的函数。为了简化问题,让我们再次考虑二维情况(见图 17.2)。将旧坐标系 $(x，y)$ 旋转 θ 角度,得到新的坐标系 $(x'，y')$。如果 $(x'，y')$ 的速度分量是 u'、v',则可以得到

$$\begin{cases} x = x'\cos\theta - y'\sin\theta \\ y = x'\sin\theta + y'\cos\theta \end{cases} \tag{17.13}$$

和

$$\begin{cases} u' = u\cos\theta + v\sin\theta \\ v' = -u\sin\theta + v\cos\theta \end{cases} \tag{17.14}$$

利用式(17.13)和式(17.14),我们可以计算新应变率 $\varepsilon_{x'}$:

$$\varepsilon_{x'} = \frac{\partial u'}{\partial x'} = \frac{\partial u'}{\partial x}\frac{\partial x}{\partial x'} + \frac{\partial u'}{\partial y}\frac{\partial y}{\partial x'}$$

所以

$$\varepsilon_{x'} = \left(\cos\theta\frac{\partial u}{\partial x} + \sin\theta\frac{\partial v}{\partial x}\right)\cos\theta + \left(\cos\theta\frac{\partial u}{\partial y} + \sin\theta\frac{\partial v}{\partial y}\right)\sin\theta$$

$$= \frac{\partial u}{\partial x}\cos^2\theta + \frac{\partial v}{\partial y}\sin^2\theta + \left(\frac{\partial v}{\partial x} + \frac{\partial u}{\partial y}\right)\sin\theta\cos\theta$$

因此,根据旧的应变率,我们有

$$\varepsilon_{x'} = \frac{1}{2}(\varepsilon_x + \varepsilon_y) + \frac{1}{2}(\varepsilon_x - \varepsilon_y)\cos 2\theta + \frac{1}{2}\gamma_{xy}\sin 2\theta \tag{17.15}$$

同样,我们还有

$$\varepsilon_{y'} = \frac{1}{2}(\varepsilon_x + \varepsilon_y) - \frac{1}{2}(\varepsilon_x - \varepsilon_y)\cos 2\theta - \frac{1}{2}\gamma_{xy}\sin 2\theta \tag{17.16}$$

以及

$$\frac{1}{2}\gamma_{x'y'} = -\frac{1}{2}(\varepsilon_x - \varepsilon_y)\sin 2\theta + \frac{1}{2}\gamma_{x'y'}\cos 2\theta \tag{17.17}$$

式(17.15)~式(17.17)是应变率的转换公式。通过将这些公式与上一节中式(17.6)、式(17.7)和式(17.9)进行比较,可以看出张量 ε_x、ε_y 和 $\frac{1}{2}r_{xy}$ 的变换方式与 σ_x、σ_y 和 τ_{xy} 完全相同。这点在意料之中,因为所有张量都有相同的变换规则。

17.3　应力和应变率之间的关系

为了确定应力和应变率之间的关系,我们可以从一组简单合理的假设出发,然后推导得出结果。这些假设除了符合逻辑,并且从我们的经验来看似乎是合理的之外,没有任何依据。因此,由此得到的应力应变关系必须由以下两种方法之一(或两种方法)来证明:

(1) 理论计算结果与实验数据的比较;

（2）与物理理论（即基于气体的基本原子和分子结构的理论）结果的比较。

我们将首先通过简单的假设推导出应力-应变关系,然后从这两个角度讨论结果。我们将引入的假设如下：

（1）应力和应变率之间的关系是线性的；

（2）在由轴的旋转或轴的镜面反射构成的坐标变换下,这些关系式不应改变形式；

（3）当所有速度梯度都为零时,应力必须减小到流体静压 p。

第一个假设可以认为是我们只关注小应变和小应力的结果。那么线性项只不过是更完整表达式中的一级近似或一阶项。引入第二个假设是为了说明任何物理定律都不能依赖于坐标系的选择,坐标系的选择实际上是非常人为和随意的。引入第三个假设是为了能连续过渡到流体静力的情况,我们知道在静力情况下,应力仅由压力 p 组成。

让我们再次考虑二维情况,那么在假设（1）下,应力-应变关系必须是以下形式：

$$\sigma_x = A_1 \varepsilon_x + B_1 \varepsilon_y + C_1 \gamma_{xy} + D_1 \tag{17.18}$$

$$\sigma_y = A_2 \varepsilon_x + B_2 \varepsilon_y + C_2 \gamma_{xy} + D_2 \tag{17.19}$$

$$\tau_{xy} = A_3 \varepsilon_x + B_3 \varepsilon_y + C_3 \gamma_{xy} + D_3 \tag{17.20}$$

式中, A_1、A_2、A_3、B_1、B_2、B_3、C_1、C_2、C_3、D_1、D_2、D_3 都是常数。因此,常数的总数是 12。

现在让我们考虑一个新的坐标系 (x'', y''),它具有以下性质：

$$x'' = -x, \quad y'' = y \tag{17.21}$$

因此,(x'', y'') 坐标系是 (x, y) 坐标系相对于 y 轴的镜像。在这个新的坐标系下,速度分量 u'' 和 v'' 为

$$u'' = -u, \quad v'' = v \tag{17.22}$$

所以有

$$
\begin{cases}
\varepsilon_{x''} = \dfrac{\partial u''}{\partial x''} = \dfrac{\partial u}{\partial x} = \varepsilon_x \\[2mm]
\varepsilon_{y''} = \dfrac{\partial v''}{\partial y''} = \dfrac{\partial v}{\partial y} = \varepsilon_y \\[2mm]
\gamma_{x''y''} = \dfrac{\partial v''}{\partial x''} + \dfrac{\partial u''}{\partial y''} = -\left(\dfrac{\partial v}{\partial x} + \dfrac{\partial u}{\partial y} \right) = -\gamma_{xy}
\end{cases}
\tag{17.23}
$$

应力 $\sigma_{x''}$、$\sigma_{y''}$ 和 $\tau_{x''y''}$ 为

$$
\begin{cases}
\sigma_{x''} = \sigma_x \\
\sigma_{y''} = \sigma_y \\
\tau_{x''y''} = -\tau_{xy}
\end{cases}
\tag{17.24}
$$

将式(17.23)和式(17.24)代入式(17.18)~式(17.20),我们得到

$$
\begin{cases}
\sigma_{x''} = A_1 \varepsilon_{x''} + B_1 \varepsilon_{y''} - C_1 \gamma_{x''y''} + D_1 \\
\sigma_{y''} = A_2 \varepsilon_{x''} + B_2 \varepsilon_{y''} - C_2 \gamma_{x''y''} + D_2 \\
\tau_{x''y''} = -A_3 \varepsilon_{x''} - B_3 \varepsilon_{y''} + C_3 \gamma_{x''y''} - D_3
\end{cases}
\tag{17.25}
$$

另一方面,如果我们按照假设(2),尽管坐标发生变化,但应力-应变关系应具有相同的形式,则有

$$
\begin{cases}
\sigma_{x''} = A_1 \varepsilon_{x''} + B_1 \varepsilon_{y''} + C_1 \gamma_{x''y''} + D_1 \\
\sigma_{y''} = A_2 \varepsilon_{x''} + B_2 \varepsilon_{y''} + C_2 \gamma_{x''y''} + D_2 \\
\tau_{x''y''} = A_3 \varepsilon_{x''} + B_3 \varepsilon_{y''} + C_3 \gamma_{x''y''} + D_3
\end{cases}
\tag{17.26}
$$

因此,通过比较式(17.25)和式(17.26),我们得到

$$
C_1 = C_2 = A_3 = B_3 = D_3 = 0
\tag{17.27}
$$

我们由此将应力-应变关系中的常数数量减少到 7 个。

通过这个简化,应力-应变关系为

$$
\begin{cases}
\sigma_x = A_1 \varepsilon_x + B_1 \varepsilon_y \qquad + D_1 \\
\sigma_y = A_2 \varepsilon_x + B_2 \varepsilon_y \qquad + D_2 \\
\tau_{xy} = \qquad\qquad\quad C_3 \gamma_{xy}
\end{cases}
\tag{17.28}
$$

但是根据假设(2),应力-应变的形式在坐标旋转下不应该改变。因此有

$$
\begin{cases}
\sigma_{x'} = A_1 \varepsilon_{x'} + B_1 \varepsilon_{y'} \qquad + D_1 \\
\sigma_{y'} = A_2 \varepsilon_{x'} + B_2 \varepsilon_{y'} \qquad + D_2 \\
\tau_{x'y'} = \qquad\qquad\quad C_3 \tau_{xy}
\end{cases}
\tag{17.29}
$$

将式(17.6)、式(17.7)、式(17.9)和式(17.15)~式(17.17)代入式(17.29),然后利用式(17.28)得到一个仅以 ε_x、ε_y 和 γ_{xy} 表示的方程,我们得到

$$
\left[\frac{1}{2}(A_1 + B_1)(\varepsilon_x + \varepsilon_y) + D_1 \right] + \left[\frac{1}{2}(A_1 - B_1)(\varepsilon_x - \varepsilon_y) \right] \cos 2\theta + \left[\frac{1}{2}(A_1 - B_1)\gamma_{xy} \right] \sin 2\theta
$$

$$
= \left[\frac{1}{2}(A_1 + A_2)\varepsilon_x + \frac{1}{2}(B_1 + B_2)\varepsilon_y + \frac{1}{2}(D_1 + D_2) \right] +
$$

$$
\left[\frac{1}{2}(A_1 - A_2)\varepsilon_x + \frac{1}{2}(B_1 - B_2)\varepsilon_y + \frac{1}{2}(D_1 - D_2) \right] \cos 2\theta + C_3 \gamma_{xy} \sin 2\theta
$$

因为这个方程必须对所有 θ 值都成立,所以方程两边的 $\cos\theta$ 的系数、$\sin\theta$ 的系数以及与 θ 无关的项必须相等。因此有

$$
\frac{1}{2}(A_1 + B_1)(\varepsilon_x + \varepsilon_y) + D_1 = \frac{1}{2}(A_1 + A_2)\varepsilon_x + \frac{1}{2}(B_1 + B_2)\varepsilon_y + \frac{1}{2}(D_1 + D_2)
$$

$$
\frac{1}{2}(A_1 - B_1)(\varepsilon_x - \varepsilon_y) = \frac{1}{2}(A_1 - A_2)\varepsilon_x + \frac{1}{2}(B_1 - B_2)\varepsilon_y + \frac{1}{2}(D_1 - D_2)
$$

$$
\frac{1}{2}(A_1 - B_1) = C_3
\tag{17.30}
$$

这些方程必须对所有的 ε_x、ε_y 值都成立。因此有

$$
\begin{cases}
D_1 = D_2 \\
A_1 = B_2 \\
B_1 = A_2
\end{cases}
\tag{17.31}
$$

式(17.30)和式(17.31)进一步将应力-应变关系中的常数数量减少到 3 个,最后得到

$$\begin{cases} \sigma_x = (A_1 - B_1)\varepsilon_x + B_1(\varepsilon_x + \varepsilon_y) + D_1 \\ \sigma_y = (A_1 - B_1)\varepsilon_y + B_1(\varepsilon_x + \varepsilon_y) + D_1 \\ \tau_{xy} = \dfrac{1}{2}(A_1 - B_1)\gamma_{xy} \end{cases} \tag{17.32}$$

现在我们可以利用假设(3),它要求当 $\varepsilon_x = \varepsilon_y = \gamma_{xy} = 0$ 时,$\sigma_x = -p$,并且 $\sigma_y = -p$、$\tau_{xy} = 0$ 时。这个条件显然使

$$D_1 = -p \tag{17.33}$$

因此,我们原来的 12 个常数现在减少成 2 个,即 A_1 和 B_1。在我们的假设下,这是确定应力-应变关系所需的最少的常数个数。没有进一步减少的可能。然而,我们可以重写式(17.33)以符合传统的表示法。让我们设

$$A_1 - B_1 = 2\mu \tag{17.34}$$

同时

$$B_1 = \frac{2}{3}(\mu - \mu') \tag{17.35}$$

这样,我们用两个新常数 μ 和 μ' 来代替 A_1 和 B_1。

因此,二维应力-应变关系式为

$$\begin{cases} \sigma_x = 2\mu\dfrac{\partial u}{\partial x} - \dfrac{2}{3}(\mu - \mu')\left(\dfrac{\partial u}{\partial x} + \dfrac{\partial v}{\partial y}\right) - p \\ \sigma_y = 2\mu\dfrac{\partial v}{\partial y} - \dfrac{2}{3}(\mu - \mu')\left(\dfrac{\partial u}{\partial x} + \dfrac{\partial v}{\partial y}\right) - p \\ \tau_{xy} = \mu\left(\dfrac{\partial v}{\partial x} + \dfrac{\partial u}{\partial y}\right) \end{cases} \tag{17.36}$$

这些最终应力-应变关系式包含两个常数 μ 和 μ',可以很容易地推广到三维流动。具体如式(17.37)所示:

$$\begin{cases} \sigma_x = 2\mu\dfrac{\partial u}{\partial x} - \dfrac{2}{3}(\mu - \mu')\left(\dfrac{\partial u}{\partial x} + \dfrac{\partial v}{\partial y} + \dfrac{\partial w}{\partial z}\right) - p \\ \sigma_y = 2\mu\dfrac{\partial v}{\partial y} - \dfrac{2}{3}(\mu - \mu')\left(\dfrac{\partial u}{\partial x} + \dfrac{\partial v}{\partial y} + \dfrac{\partial w}{\partial z}\right) - p \\ \sigma_z = 2\mu\dfrac{\partial w}{\partial z} - \dfrac{2}{3}(\mu - \mu')\left(\dfrac{\partial u}{\partial x} + \dfrac{\partial v}{\partial y} + \dfrac{\partial w}{\partial z}\right) - p \\ \tau_{xy} = \mu\left(\dfrac{\partial v}{\partial x} + \dfrac{\partial u}{\partial y}\right) = \tau_{yx} \\ \tau_{yz} = \mu\left(\dfrac{\partial w}{\partial y} + \dfrac{\partial v}{\partial z}\right) = \tau_{zy} \\ \tau_{zx} = \mu\left(\dfrac{\partial u}{\partial z} + \dfrac{\partial w}{\partial x}\right) = \tau_{xz} \end{cases} \tag{17.37}$$

这些是根据我们的三个简化假设推导的应力-应变关系。

17.4　应力-应变关系正确性的证明

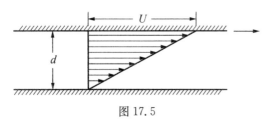

图 17.5

流体的黏性系数一般是通过考虑两个无限长平行板之间的剪切运动来定义的。一个板是固定的,而另一个板以速度 U 平行于固定板运动(见图 17.5)。如果两个板之间的距离是 d,那么

$$\text{黏性系数} = \frac{\tau_{xy}(\text{剪切应力})}{U/d}$$

现在已知,在规定的条件下,流体的速度从固定板由零均匀地增加到移动板的速度 U。因此,$U/d = \partial u/\partial y$。这里 $v = 0$,因此,$\dfrac{\partial v}{\partial x} = 0$。然后通过与式(17.37)比较,则有

$$\mu = \text{黏性系数}$$

这就确定了应力-应变关系式中的一个常数。另一个常数 μ' 通常可称为第二黏性系数。式(17.37)表明它只与散度

$$\text{Div} \boldsymbol{q} = \nabla \cdot \boldsymbol{q} = \frac{\partial u}{\partial x} + \frac{\partial v}{\partial y} + \frac{\partial w}{\partial z}$$

有关。因此,它与气体的体积膨胀率有关。到目前为止,还没有实验确定它的大小。幸运的是,正如将在下一章中看到的那样,在边界层理论中,μ' 的影响是次要的,可以忽略不计。

在边界层理论中忽略第二黏性系数 μ' 的情况下,我们发现上一节导出的应力-应变关系式给出的结果与实验数据非常接近。因此,由式(17.37)给出的应力-应变关系可以说已经得到了实验验证。这种应力-应变关系的另一个证明可以在非均匀气体理论(气体动理论,或称分子运动学)中寻求,该理论以气体是分子集合的气体分子运动论概念为基础。根据 Maxwell、Boltzmann、Enskog 和 Chapman 提出的这种气体动理论,如果气体的主导压力不太小,就可以得出与式(17.37)相同的应力-应变关系。研究表明,如果分子不在平动自由度和分子内部自由度(振动和旋转)之间交换能量,那么 μ' 为零[①]。此外,如果平动自由度和分子内部自由度之间存在能量交换,就像多原子分子通常存在的那样,那么 μ' 不为零。但重要的一点是,如果气体压力不是太小,那么基于分子运动论概念的物理理论给我们提供了完整的应力-应变关系式(17.37)的验证。

在相同的条件下,气体动理论还给出了非常重要的边界条件,即

$$u = v = w = 0 \text{（在固定表面上）} \tag{17.38}$$

或者更一般地讲,物体表面上的流体黏附在物面上,并具有与物面相同的速度。这是黏性流体的新的边界条件,而我们以前的对非黏性流体的边界条件仅仅是流体必须沿着固壁流动,但不

---

①　原稿此页有手写文字如下：所以单原子气体球对称,有 $\mu' = 0$。——译注

是黏附在壁上。当然,这个新的黏性流体边界条件是经过实验验证的。

相比上一节多少有些唯象处理的应力-应变关系,由于气体动理论是建立在基本物理原理基础上的,所以气体动理论所给出的信息要多得多。气体动理论表明:当气体的密度或压力极低,以至于分子与其他分子碰撞之间的平均距离(也即平均自由程)与边界层厚度相当时,应力-应变定律(17.37)就不再准确。当平均自由程不是小得可以忽略不计时,我们必须修正基本方程,并且出现了新的流动特性。这就是所谓的稀薄气体动力学,一个关于气体的全新的力学领域。

17.5　纳维-斯托克斯方程

现在我们考虑作用在基本立方体 $\mathrm{d}x\mathrm{d}y\mathrm{d}z$ 的力的平衡,需要考虑更高阶的近似(见图 17.6)[1]。让我们观察垂直于 x 轴的面:在 x 处,有 x 方向的力

$$-\sigma_x \mathrm{d}y\mathrm{d}z$$

在 $x + \mathrm{d}x$ 处,有一个 x 方向的力

$$\left(\sigma_x + \frac{\partial \sigma_x}{\partial x}\mathrm{d}x\right)\mathrm{d}y\mathrm{d}z\;^{[2]}$$

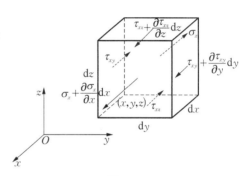

图 17.6

那么,所有面在 x 方向上的净力为

$$\left(\frac{\partial \sigma_x}{\partial x} + \frac{\partial \tau_{xy}}{\partial y} + \frac{\partial \tau_{xz}}{\partial z}\right)\mathrm{d}x\mathrm{d}y\mathrm{d}z$$

这个力必须与惯性力平衡。现在基本立方体的质量是 $\rho\mathrm{d}x\mathrm{d}y\mathrm{d}z$,在 x 方向的加速度是 $\dfrac{\mathrm{D}u}{\mathrm{D}t}$。因此有[3]

$$\rho\frac{\mathrm{D}u}{\mathrm{D}t} = \frac{\partial \sigma_x}{\partial x} + \frac{\partial \tau_{xy}}{\partial y} + \frac{\partial \tau_{xz}}{\partial z} \tag{17.39}$$

同理,有

$$\rho\frac{\mathrm{D}v}{\mathrm{D}t} = \frac{\partial \tau_{xy}}{\partial x} + \frac{\partial \sigma_y}{\partial y} + \frac{\partial \tau_{yz}}{\partial z} \tag{17.40}$$

$$\rho\frac{\mathrm{D}w}{\mathrm{D}t} = \frac{\partial \tau_{xz}}{\partial x} + \frac{\partial \tau_{yz}}{\partial y} + \frac{\partial \sigma_z}{\partial z} \tag{17.41}$$

---

① 该段文字右侧有手写文字如下:这是不正确的看法,应力被认为是作用在一个点上而不是在一个空间上,既没有也不需要 $\mathrm{d}x$、$\mathrm{d}y$。但是这种微元体力学分析常见诸力学分析著作,如弹性力学著作。——译注

② 该式右侧有手写文字如下:此处根据泰勒表达式得出。——译注

③ 式(17.39)～式(17.41)右边有手写文字如下:在这些方程中,需要应力与应变率之间的关系式,给出速度式中的 p、d、e。——译注

式中应力由式(17.37)给出。连续性方程不受黏性影响。因此[1]

$$\frac{\partial \rho}{\partial t} + \frac{\partial \rho u}{\partial x} + \frac{\partial \rho v}{\partial y} + \frac{\partial \rho w}{\partial z} = 0 \tag{17.42}$$

由于 μ 和 μ' 是气体状态的函数,所以当压力 p、密度 ρ 和温度 T 已知时,就可以确定 μ 和 μ'。但是 p、ρ、T 是通过下面的状态方程联系起来的,即

$$T = T(p, \rho) \tag{17.43}$$

所以因变量是 p、ρ、T、u、v、w,总共 6 个,而式(17.39)~式(17.43)只有 5 个方程。还需要一个方程。这就是能量守恒方程,或者说能量方程。

根据热力学第一定律,加入气体的能量是用来增加气体的内能。增加能量有两种方式:通过热量和对气体做功。设 Q 为单位质量气体所添加的热量。**单位容积气体上的应力所做的功**为

$$\sigma_x \varepsilon_x + \sigma_y \varepsilon_y + \sigma_z \varepsilon_z + \tau_{xy} \gamma_{xy} + \tau_{yz} \gamma_{yz} + \tau_{zx} \gamma_{zx}$$

因此,如果 e 是单位质量气体的内能,那么

$$\frac{DQ}{Dt} + \frac{1}{\rho}(\sigma_x \varepsilon_x + \sigma_y \varepsilon_y + \sigma_z \varepsilon_z + \tau_{xy} \gamma_{xy} + \tau_{yz} \gamma_{yz} + \tau_{zx} \gamma_{zx}) = \frac{De}{Dt} \tag{17.44}[2]$$

利用式(17.11)和式(17.37),我们得到

$$\frac{DQ}{Dt} + \frac{1}{\rho}\Phi = \frac{De}{Dt} + \frac{p}{\rho}\left(\frac{\partial u}{\partial x} + \frac{\partial v}{\partial y} + \frac{\partial w}{\partial z}\right) \tag{17.45}$$

式中,Φ 为所谓的耗散函数,

$$\Phi = -\frac{2}{3}(\mu - \mu')\left(\frac{\partial u}{\partial x} + \frac{\partial v}{\partial y} + \frac{\partial w}{\partial z}\right)^2 + 2\mu\left[\left(\frac{\partial u}{\partial x}\right)^2 + \left(\frac{\partial v}{\partial y}\right)^2 + \left(\frac{\partial w}{\partial z}\right)^2\right] +$$
$$\mu\left[\left(\frac{\partial v}{\partial x} + \frac{\partial u}{\partial y}\right)^2 + \left(\frac{\partial w}{\partial y} + \frac{\partial v}{\partial z}\right)^2 + \left(\frac{\partial u}{\partial z} + \frac{\partial w}{\partial x}\right)^2\right] \tag{17.46}$$

式(17.45)可以用连续性方程(17.42)写成更简便的形式。于是

$$\frac{D}{Dt}\left(\frac{p}{\rho}\right) = \frac{1}{\rho}\frac{Dp}{Dt} - \frac{p}{\rho^2}\frac{D\rho}{Dt}$$

但是根据式(17.42),有

$$-\frac{D\rho}{Dt} = \rho\left(\frac{\partial u}{\partial x} + \frac{\partial v}{\partial y} + \frac{\partial w}{\partial z}\right)$$

所以

$$\frac{p}{\rho}\left(\frac{\partial u}{\partial x} + \frac{\partial v}{\partial y} + \frac{\partial w}{\partial z}\right) = \frac{D}{Dt}\left(\frac{p}{\rho}\right) - \frac{1}{\rho}\frac{Dp}{Dt}$$

---

① 式(17.42)左边有手写文字如下:亦即 μ,μ' 不依赖于速度分量。——译注

② 原稿此式左边括号内漏第二项 $\sigma_y \varepsilon_y$。——译注

将此方程与式(17.45)结合,我们得到

$$\frac{\mathrm{D}Q}{\mathrm{D}t} + \frac{1}{\rho}\Phi = \frac{\mathrm{D}h}{\mathrm{D}t} - \frac{1}{\rho}\frac{\mathrm{D}p}{\mathrm{D}t} \tag{17.47}$$

式中,h 为单位质量气体的焓,或 $e + \dfrac{p}{\rho}$。Q 一旦被确定后式(17.47)是所需的能量方程。Q 可以通过化学反应或热传导引入直接加热。如果**没有直接加热**,则有

$$\rho\frac{\mathrm{D}Q}{\mathrm{D}t} = \frac{\partial}{\partial x}\left(\lambda\frac{\partial T}{\partial x}\right) + \frac{\partial}{\partial y}\left(\lambda\frac{\partial T}{\partial y}\right) + \frac{\partial}{\partial z}\left(\lambda\frac{\partial T}{\partial z}\right) \text{①} \tag{17.48}$$

于是,当没有直接加热时,能量方程为

$$\frac{\partial}{\partial x}\left(\lambda\frac{\partial T}{\partial x}\right) + \frac{\partial}{\partial y}\left(\lambda\frac{\partial T}{\partial y}\right) + \frac{\partial}{\partial z}\left(\lambda\frac{\partial T}{\partial z}\right) + \Phi = \rho\cdot\frac{\mathrm{D}h}{\mathrm{D}t} - \frac{\mathrm{D}p}{\mathrm{D}t} \tag{17.49}$$

这里 λ 是导热系数。由式(17.47)或式(17.49),连同前面的方程组和边界条件(17.38),就可以完全确定黏性流体的流动问题。这个方程组有时称为纳维-斯托克斯方程。

对于在普通密度下的气体,气体动理论和实验表明:μ 和 λ 都只是温度 T 的函数。这个事实大大简化了我们的分析。

17.6　能量方程

能量方程(17.47)可以通过与三个动力学方程式(17.39)～式(17.41)相结合而进一步修改。我们先写下:

$$
\begin{aligned}
\pi_{xx} &= \sigma_x + p = 2\mu\frac{\partial u}{\partial x} - \frac{2}{3}(\mu - \mu')\left(\frac{\partial u}{\partial x} + \frac{\partial v}{\partial y} + \frac{\partial w}{\partial z}\right)\\
\pi_{yy} &= \sigma_y + p = 2\mu\frac{\partial u}{\partial y} - \frac{2}{3}(\mu - \mu')\left(\frac{\partial u}{\partial x} + \frac{\partial v}{\partial y} + \frac{\partial w}{\partial z}\right)\\
\pi_{zz} &= \sigma_z + p = 2\mu\frac{\partial w}{\partial z} - \frac{2}{3}(\mu - \mu')\left(\frac{\partial u}{\partial x} + \frac{\partial v}{\partial y} + \frac{\partial w}{\partial z}\right)\\
\pi_{xy} &= \tau_{xy}, \ \pi_{yz} = \tau_{yz}, \ \pi_{zx} = \tau_{zx}
\end{aligned} \tag{17.50}
$$

于是有

$$
\begin{aligned}
\frac{\mathrm{D}}{\mathrm{D}t}\left(\frac{u^2 + v^2 + w^2}{2}\right) &= u\frac{\mathrm{D}u}{\mathrm{D}t} + v\frac{\mathrm{D}v}{\mathrm{D}t} + w\frac{\mathrm{D}w}{\mathrm{D}t}\\
&= \frac{1}{\rho}\frac{\partial p}{\partial t} - \frac{1}{\rho}\frac{\mathrm{D}p}{\mathrm{D}t} + \frac{u}{\rho}\left(\frac{\partial\pi_{xx}}{\partial x} + \frac{\partial\pi_{xy}}{\partial y} + \frac{\partial\pi_{xz}}{\partial z}\right) +\\
&\quad \frac{v}{\rho}\left(\frac{\partial\pi_{xy}}{\partial x} + \frac{\partial\pi_{yy}}{\partial y} + \frac{\partial\pi_{yz}}{\partial z}\right) + \frac{w}{\rho}\left(\frac{\partial\pi_{xz}}{\partial x} + \frac{\partial\pi_{yz}}{\partial y} + \frac{\partial\pi_{zz}}{\partial z}\right)
\end{aligned}
$$

---

① 式(17.48)下方有手写公式如下:$\left[k\dfrac{\partial T}{\partial y} + \dfrac{\partial}{\partial y}\left(k\dfrac{\partial T}{\partial y}\right)\mathrm{d}y\right]\mathrm{d}y\mathrm{d}z$。——译注

从这个方程和式(17.47)中消去 $\dfrac{1}{\rho}\dfrac{\mathrm{D}p}{\mathrm{D}t}$，我们可以得到

$$\frac{\mathrm{D}}{\mathrm{D}t}\left[h+\frac{1}{2}(u^2+v^2+w^2)\right]=\frac{\mathrm{D}Q}{\mathrm{D}t}+\frac{1}{\rho}\frac{\partial p}{\partial t}+\frac{\Phi}{\rho}+\frac{u}{\rho}\left(\frac{\partial\pi_{xx}}{\partial x}+\frac{\partial\pi_{xy}}{\partial y}+\frac{\partial\pi_{xz}}{\partial z}\right)+$$

$$\frac{v}{\rho}\left(\frac{\partial\pi_{xy}}{\partial x}+\frac{\partial\pi_{yy}}{\partial y}+\frac{\partial\pi_{yz}}{\partial z}\right)+\frac{w}{\rho}\left(\frac{\partial\pi_{xz}}{\partial x}+\frac{\partial\pi_{yz}}{\partial y}+\frac{\partial\pi_{zz}}{\partial z}\right)$$

$$(17.51)$$

但是根据式(17.46)，Φ 实际上是[①]

$$\Phi=\frac{\partial u}{\partial x}\pi_{xx}+\frac{\partial v}{\partial y}\pi_{yy}+\frac{\partial w}{\partial z}\pi_{zz}+\left(\frac{\partial v}{\partial x}+\frac{\partial u}{\partial y}\right)\pi_{xy}+\left(\frac{\partial w}{\partial y}+\frac{\partial v}{\partial z}\right)\pi_{yz}+\left(\frac{\partial u}{\partial z}+\frac{\partial w}{\partial x}\right)\pi_{zx}$$

因此，式(17.51)可以写为

$$\frac{\mathrm{D}}{\mathrm{D}t}\left[h+\frac{1}{2}(u^2+v^2+w^2)\right]=\frac{\mathrm{D}Q}{\mathrm{D}t}+\frac{1}{\rho}\frac{\partial p}{\partial t}+\frac{1}{\rho}\nabla\cdot(\boldsymbol{\Pi}\cdot\boldsymbol{q}) \qquad (17.52)$$

式中，$\boldsymbol{\Pi}$ 为由上述六个 π 的变量形成的张量，即，

$$\boldsymbol{\Pi}\cdot\boldsymbol{q}=\begin{pmatrix}\pi_{xx}&\pi_{xy}&\pi_{xz}\\\pi_{xy}&\pi_{yy}&\pi_{yz}\\\pi_{xz}&\pi_{yz}&\pi_{zz}\end{pmatrix}\cdot\begin{pmatrix}u\\v\\w\end{pmatrix}$$

$$=\boldsymbol{i}(u\pi_{xx}+v\pi_{xy}+w\pi_{xz})+\boldsymbol{j}(u\pi_{xy}+v\pi_{yy}+w\pi_{yz})+\boldsymbol{k}(u\pi_{xz}+v\pi_{yz}+w\pi_{zz})$$

$$(17.53)$$

式(17.52)现在可以与无黏性流体的能量方程进行比较。对于**定常流**，$\dfrac{\partial p}{\partial t}=0$。如果**没有热量加入**，则

$$\rho(\boldsymbol{q}\cdot\nabla)\left[h+\frac{1}{2}(u^2+v^2+w^2)\right]=\nabla\cdot(\boldsymbol{\Pi}\cdot\boldsymbol{q}) \qquad (17.54)$$

我们现在可以在某个体积范围内对这个方程进行积分。利用斯托克斯定理，有

$$\oint_S\rho q_{\mathrm{n}}\left[h+\frac{1}{2}(u^2+v^2+w^2)\right]\mathrm{d}A=\oint_S(q_{\mathrm{n}}\pi_{\mathrm{nn}}+q_{\mathrm{t}}\pi_{\mathrm{nt}})\mathrm{d}A \qquad (17.55)$$

式中，q_{n} 为在表面的 $\mathrm{d}A$ 面元处的法向速度分量；S 为包围该体积的表面；q_{t} 为切向速度分量；π_{nn} 为法向应力；π_{nt} 为切向速度 q_{t} 方向上的剪应力。

现在让我们限定 S 的范围为实体管的管道壁面和两个端截面（见图 17.7）。那么根据边界条件，在管壁上，q_{n} 和 q_{t} 为零。在端截面上，q_{t} 为零。因此，式(17.55)的左侧是进入管子与离开管子的焓加动能的通量之差。根据我们在第 2 章的无黏一维流动分析，这个差值应该

---

① 对比式(17.44)和式(17.45)可得。——译注

为零。但是式(17.55)表明,对于黏性流动,这并不完全等于零,而是等于量 $q_n \pi_{nn}$ 在两个端截面上的积分。一般来说,由于黏性系数小,所以 π_{nn} 很小,而且两个端面上的积分的差别幅度也很小。因此,即使在管壁上有明显的黏性应力时,对于管中的定常流,焓加动能是一个常数的简单定理也是足够精确的。[①]

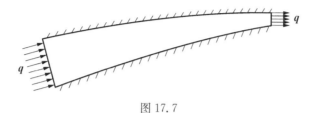

图 17.7

第18章 边 界 层

在工程实践中,空气和许多其他气体的黏度很小,或者更准确地说,根据第 1 章中规定的雷诺数的定义,其雷诺数很大。当流动的雷诺数很大时,第 17 章中的精确的纳维-斯托克斯微分方程可以进行简化。四十多年前,普朗特首先证明了这一点。由此得到的方程被称为边界层方程。从数学上讲,将精确方程简化为边界层方程的过程,就是当雷诺数非常大时,求精确方程的一阶近似。换句话说,就是精确方程的渐近积分。在本章中,我们将首先推导边界层方程,然后推导几个关于小曲率表面上流动的一般定理。我们将证明摩擦阻力系数受空气可压缩性的影响很小。最后,我们将简要讨论层流边界层的稳定性和湍流边界层的问题。

18.1 边界层方程

让我们考虑一个黏性流体的二维流动,其中正 x 轴是问题中唯一的壁。离开壁面的流体速度不必是均匀的。其精确的动力学方程为

$$\rho\,\frac{\partial u}{\partial t}+\rho u\,\frac{\partial u}{\partial x}+\rho v\,\frac{\partial u}{\partial y}$$
$$=-\frac{\partial p}{\partial x}+\frac{\partial}{\partial x}\left[2\mu\,\frac{\partial u}{\partial x}-\frac{2}{3}(\mu-\mu')\left(\frac{\partial u}{\partial x}+\frac{\partial v}{\partial y}\right)\right]+\frac{\partial}{\partial y}\left[\mu\left(\frac{\partial v}{\partial x}+\frac{\partial u}{\partial y}\right)\right] \tag{18.1}$$

$$\rho\,\frac{\partial v}{\partial t}+\rho u\,\frac{\partial v}{\partial x}+\rho v\,\frac{\partial v}{\partial y}$$
$$=-\frac{\partial p}{\partial y}+\frac{\partial}{\partial x}\left[\mu\left(\frac{\partial v}{\partial x}+\frac{\partial u}{\partial y}\right)\right]+\frac{\partial}{\partial y}\left[2\mu\,\frac{\partial v}{\partial y}-\frac{2}{3}(\mu-\mu')\left(\frac{\partial u}{\partial x}+\frac{\partial v}{\partial y}\right)\right] \tag{18.2}$$

连续性方程为

$$\frac{\partial \rho}{\partial t}+\frac{\partial \rho u}{\partial x}+\frac{\partial \rho v}{\partial y}=0 \tag{18.3}$$

能量方程为

$$\frac{\partial}{\partial x}\left(\lambda\,\frac{\partial T}{\partial x}\right)+\frac{\partial}{\partial y}\left(\lambda\,\frac{\partial T}{\partial y}\right)+\left\{2\mu\left[\left(\frac{\partial u}{\partial x}\right)^2+\left(\frac{\partial v}{\partial y}\right)^2\right]-\right.$$
$$\left.\frac{2}{3}(\mu-\mu')\left(\frac{\partial u}{\partial x}+\frac{\partial v}{\partial y}\right)^2+\mu\left(\frac{\partial v}{\partial x}+\frac{\partial u}{\partial y}\right)^2\right\}$$
$$=\rho\,\frac{\partial c_p T}{\partial t}+\rho u\,\frac{\partial c_p T}{\partial x}+\rho v\,\frac{\partial c_p T}{\partial y}-\frac{\partial p}{\partial t}-u\,\frac{\partial p}{\partial x}-v\,\frac{\partial p}{\partial y} \tag{18.4}$$

在式(18.4)中,我们用 $c_p T$ 来代替焓 h,正如完全气体的情况一样。

假设 μ、μ' 和 λ 都很小,我们现在来简化这个精确微分方程组。乍看之下,直接忽略与黏性系数 μ、μ' 和导热系数 λ 相关的项或许能够实现这一目的。但是,如果这样做,方程将被简化为无黏和无导热流体的方程。然而,我们知道:无黏流体在壁面上的速度不是零,只是与壁面相切。因此黏性流体的边界条件

在壁面
$$u = v = 0 \tag{18.5}$$

就无法满足。从数学上看,如果我们忽略与 μ、μ' 和 λ 有关的项,我们就降低了微分方程的阶数,那么,式(18.5)所规定的边界条件就会太多而不能全部满足。从物理上看,困难在于:当我们逐渐减小 μ、μ' 和 λ 的值时,我们也减小了边界层的厚度。在边界层,气流速度从壁面的零增加到自由流值。因此,当减小 μ、μ' 和 λ 的值时,我们增加了法向的速度梯度。由于进入方程的是 μ、μ' 和 λ 与法向梯度的乘积,所以不能忽略 μ、μ' 和 λ 在边界层中的影响。[①]

由于气体的普朗特数 $\dfrac{c_p \mu}{\lambda}$ 的数量级为1,所以 μ 和 λ 可以看作是同一阶的量。我们发现,边界层的厚度 δ 为 $\sqrt{\mu}$ 的量级。那么靠近 x 轴或壁面的流线的斜率也是 $\sqrt{\mu}$ 的量级。因此,速度的 y 分量,即 v 的值也必须是 $\sqrt{\mu}$ 的量级。靠近壁面的 y 方向上的梯度为 $1/\sqrt{\mu}$ 的量级。考虑到这些幅度的量级关系,式(18.1)就变为

$$\rho \frac{\partial u}{\partial t} + \rho u \frac{\partial u}{\partial x} + \rho v \frac{\partial u}{\partial y} = -\frac{\partial p}{\partial x} + \frac{\partial}{\partial y}\left(\mu \frac{\partial u}{\partial y}\right) \tag{18.6}$$

式(18.2)变为

$$0 = -\frac{\partial p}{\partial y} \tag{18.7}$$

因为所有其他项均为 $\sqrt{\mu}$ 的量级,且该量级很小。式(18.3)保持不变。式(18.4)现在变为

$$\frac{\partial}{\partial y}\left(\lambda \frac{\partial T}{\partial y}\right) + \mu \left(\frac{\partial u}{\partial y}\right)^2 = \rho \frac{\partial c_p T}{\partial t} + \rho u \frac{\partial c_p T}{\partial x} + \rho v \frac{\partial c_p T}{\partial y} - \frac{\partial p}{\partial t} - u \frac{\partial p}{\partial x} \tag{18.8}$$

包括式(18.6)、式(18.7)、式(18.3)和式(18.8)在内的这些方程可称为边界层方程,它们是由精确方程大幅度简化而来,仅适用于大雷诺数时的边界层,即 $\dfrac{\rho U x}{\mu}$ 值较大的情况,其中 U 是边界层外的速度。那么,显然边界层方程在板前端附近 x 的数值很小的情况下不成立(见图

---

① 原稿本段背页有手写文字及简图如下:

δ 依赖于 μ 的简单直观方法

焦油　　　　　　　　　　空气

有焦油时维持速度 v 所需的力较大,表明随着 μ 增加,静止壁面区域的影响更远。——译注

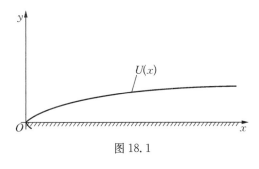

图 18.1

18.1)。然而，由于该区域非常小，引入的误差并不严重，所以完全可以忽略这个缺陷。式(18.6)和式(18.8)是耦合方程，这一事实表明了表面摩擦和热传导的相互影响。这是可压缩边界层问题的一个特点。[①]

式(18.7)表明：根据一级近似，横贯边界层的压力梯度为零。因此，在每一 x 值处的压力等于在边界层外相同 x 值处的自由流的压力。所以，倘若边界层的存在并未对自由流造成严重改变，或者倘若边界层和自由流之间不存在严重的相互作用，那么我们可以首先计算壁上的压力分布，而不考虑黏度。于是我们得到 $p^0(x)$ 和 $U(x)$。然后，我们通过利用给定的 $p(x)$ 和 $U(x)$，解出边界层方程，从而对流动进行修正，即每个 x 值的压力等于 $p^0(x)$，并且随着 y 的增加，每个 x 值的速度 u 必须趋近于 $U(x)$。同样，温度 T 必须趋近于自由流温度 $T^0(x)$。因此，y 为较大值时或在边界层边缘的边界条件为[②]

$$u(x, \infty) \rightarrow U(x) \tag{18.9}$$

$$T(x, \infty) \rightarrow T^0(x) \tag{18.10}$$

$$p(x, y) = p^0(x) \tag{18.11}$$

而且，在 $y=0$ 的壁面处边界条件为

$$u = v = 0 \tag{18.12}$$

$$T(x, 0) = T_w(x) \tag{18.13}$$

式中，$T_w(x)$ 为 x 处壁面的给定温度。

我们在未考虑壁面曲率的情况下已经正式给出了边界层问题的描述。实际上，如果与边界层的厚度相比，壁面的曲率半径较大，如通常的情况那样，则上述方程也适用于曲面壁面。在这种情况下，x 是沿着壁面的距离，y 是垂直于壁面的距离。

18.2 边界层中的定常流和温度-速度关系

当流动为定常时，所有对于 t 的偏导数都为零。于是边界层方程组变为

$$\rho u \frac{\partial u}{\partial x} + \rho v \frac{\partial u}{\partial y} = -\frac{\partial p}{\partial x} + \frac{\partial}{\partial y}\left(\mu \frac{\partial u}{\partial y}\right)$$

$$0 = -\frac{\partial p}{\partial y} \tag{18.14}$$

---

① 原稿此处背页有手写文字如下：当马赫数大于 1，即使在平板平面情况，边界层也会产生头部激波。——译注

② 原稿此段左侧有手写文字如下：在超声速流中，边界层将平板变为有限宽度的平板，向无限远处发出干扰。——译注

$$\frac{\partial \rho u}{\partial x} + \frac{\partial \rho v}{\partial y} = 0 \qquad (18.15)$$

同时

$$\rho u \frac{\partial c_p T}{\partial x} + \rho v \frac{\partial c_p T}{\partial y} = u \frac{\partial p}{\partial x} + \frac{\partial}{\partial y}\left(\lambda \frac{\partial T}{\partial y}\right) + \mu\left(\frac{\partial u}{\partial y}\right)^2 \qquad (18.16)$$

让我们假设普朗特数等于 1,即

$$c_p \mu = \lambda \qquad (18.17)$$

并且,温度 T 只是 u 的函数:

$$c_p T = f(u) \text{①} \qquad (18.18)$$

我们将根据这些假设推导出一些结果。

根据这些假设,式(18.16)变为

$$\left(\rho u \frac{\partial u}{\partial x} + \rho v \frac{\partial u}{\partial y}\right) f'(u) = u \frac{\partial p}{\partial x} + \frac{\partial}{\partial y}\left[\mu f'(u)\frac{\partial u}{\partial y}\right] + \mu\left(\frac{\partial u}{\partial y}\right)^2$$

$$= u \frac{\partial p}{\partial x} + f'(u)\frac{\partial}{\partial y}\left(\mu \frac{\partial u}{\partial y}\right) + \mu\left(\frac{\partial u}{\partial y}\right)^2 [f''(u)+1] \text{①} \qquad (18.19)$$

因此,为了使能量方程与我们的假设式(18.17)和式(18.18)下的动力学方程式(18.14)一致,以下条件必须成立:

$$\begin{cases} f'(u) = -u \\ f''(u) = -1 \end{cases} \qquad (18.20)$$

于是,由这些条件给出

$$c_p T = \text{常数} - \frac{1}{2}u^2 \qquad (18.21)$$

在边界层的边缘,

$$c_p T^0 = \text{常数} - \frac{1}{2}U^2 \qquad (18.22)$$

因此式(18.21)和式(18.22)中的常数必须是自由流的滞止焓 $c_p T_0$。对于在远离固体的位置具有均匀状态的流动,$c_p T_0$ 在整个自由流中都是一个常数,故而式(18.21)很容易得到满足。空气动力学问题遇到的通常都是这种情况。然而,即使滞止温度在整个自由流中不是一个常数,如第 4 章所述,T_0 在自由流中沿任何流线都应该是一个常数。在这种情况下,如果 T_0 在不同流线之间的变化不大,那么由于边界层厚度是小量,我们仍然可以近似地取式(18.21)和式(18.22)中的常数作为"零流线"(即包含壁的流线)的滞止焓 $c_p T_0$。因此,对于这两种情况,

① 原稿背页有手写文字如下: $\frac{u}{f'}p + \frac{1}{f}$。——译注

我们都可以写为

$$c_p T = c_p T_0 - \frac{1}{2} u^2 \qquad (18.23)$$

式(18.23)表明:流体的焓和动能之和在整个边界层中是一个常数。因此,我们的情况与非黏性流动非常相似。实际上,摩擦产生的热量和边界层中的热传导总是存在的。式(18.23)的单一结果是这两个因素微妙平衡的结果,即所有局部产生的热量都被传导或对流出去,因此每个流体元的"总能量"保持不变。

由于

$$\lambda \frac{\partial T}{\partial y} = -\mu u \frac{\partial u}{\partial y} \qquad (18.24)^{①}$$

壁上 u 为零这一事实导致传导到壁上的热量为零。这就是所谓的绝热壁的条件。因此我们得出一个重要的结论:**倘若普朗特数等于 1,并且没有热量流向壁面或从壁面流出,则根据式(18.24),定常流壁面温度等于滞止温度 T_0,即**

$$T_w = T_0 \qquad (18.25)$$

该结论直接有两个重要应用:第一,由于置于气流中的温度计需要温度平衡来保持稳定状态,因此,从温度计表面没有热量流入或流出,温度计表面的温度以及温度计测得的温度就是滞止温度,这一事实意味着:任何普通的温度计都不能测量局部或静态温度;第二个应用是超声速风洞。如果离开压缩机的空气在进入喷嘴之前被冷却到室温②,那么尽管喷嘴中气体的温度由于等熵膨胀可能非常低,但整个喷嘴壁的温度仍将是室温。

当然,只有当普朗特数 Pr 等于 1 时,式(18.25)才成立。当 $Pr \neq 1$ 时,能量方程和动力学方程不能简化为单一方程。这样就需要同时解几个微分方程,问题就会变得更加困难。有些研究人员进行了许多数值积分,当没有热流通量进出壁面时,数值结果似乎给出如式(18.26)所示经验公式:

$$T_w = T^0 \left(1 + \sqrt{Pr}\, \frac{\gamma - 1}{2} Ma^{0^2}\right) \qquad (18.26)$$

式中,Ma^0 为自由流的马赫数。正如我们分析中假设的那样,当流动是湍流而不是层流时,式(18.25)对绝热壁面也同样适用。当然,这个最后的结果完全是经验性的,而且试验验证可能也有点少。

18.3　无压力梯度的边界层

当沿壁面的压力梯度 $\frac{\partial p}{\partial x}$ 为零时,边界层方程可以进一步简化。具体如下:

---

① 原稿针对式中 λ 有手写标注 $c_p \mu$。——译注
② 原稿此处有手写内容如下:即在 $u \approx 0$ 的静止段。——译注

$$\rho u\,\frac{\partial u}{\partial x}+\rho v\,\frac{\partial u}{\partial y}=\frac{\partial}{\partial y}\Big(\mu\,\frac{\partial u}{\partial y}\Big) \tag{18.27}$$

$$\frac{\partial \rho u}{\partial x}+\frac{\partial \rho v}{\partial y}=0 \tag{18.28}$$

$$\rho u\,\frac{\partial c_p T}{\partial x}+\rho v\,\frac{\partial c_p T}{\partial y}=\frac{\partial}{\partial y}\Big(\lambda\,\frac{\partial T}{\partial y}\Big)+\mu\Big(\frac{\partial u}{\partial y}\Big)^{2} \tag{18.29}$$

如果我们仍然假设普朗特数等于 1,根据(18.17),并且

$$c_p T=F(u) \tag{18.30}$$

那么,式(18.30)变为

$$\Big(\rho u\,\frac{\partial u}{\partial x}+\rho v\,\frac{\partial u}{\partial y}\Big)F'(u)=F'(u)\,\frac{\partial}{\partial y}\Big(\mu\,\frac{\partial u}{\partial y}\Big)+\big[F''(u)+1\big]\mu\Big(\frac{\partial u}{\partial y}\Big)^{2} \tag{18.31}$$

因此,为了使能量方程和动力学方程相互一致,我们必须设定

$$F''(u)=-1 \tag{18.32}$$

式(18.33)可以积分为

$$c_p T=A+Bu-\frac{1}{2}u^{2} \tag{18.33}$$

式中,A 和 B 为积分常数。在没有压力梯度的情况下,在温度和速度关系式中有两个常数,因此情况不那么严格。在壁面,$u=0$ 和 $T=T_w$。 由于沿壁面的压力是一个常数,所以,在边界层边缘,$u=U$ 和 $T=T^0$,现在是常数。因此我们得到

$$\begin{cases} c_p T_w=A \\ c_p T^0=A+BU-\dfrac{1}{2}U^{2} \end{cases}$$

解 A 和 B,并将值代入式(18.33),可得

$$\frac{T}{T^0}=\frac{T_w}{T^0}-\Big(\frac{T_w}{T^0}-1\Big)\frac{u}{U}+\frac{\gamma-1}{2}Ma^{0\,2}\Big(1-\frac{u}{U}\Big)\frac{u}{U} \tag{18.34}$$

式中,Ma^0 为自由流的马赫数,也是一个常数。

将式(18.35)对 y 求导,可得

$$\frac{\partial T}{\partial y}=T^0\Big[1-\Big(\frac{T_w}{T^0}-1\Big)\frac{1}{U}\,\frac{\partial u}{\partial y}+(\gamma-1)Ma^{0\,2}\Big(\frac{1}{2}-\frac{u}{U}\Big)\frac{1}{U}\,\frac{\partial u}{\partial y}\Big] \tag{18.35}$$

设 q_0 为单位时间内单位面积传导到壁面中的热量,τ_0 为壁面的局部剪应力,即

$$q_0=\Big(\lambda\,\frac{\partial T}{\partial y}\Big)_{y=0}$$

$$\tau_0 = \left(\mu\, \frac{\partial u}{\partial y} \right)_{y=0} \tag{18.36}$$

然后借助于式(18.17),式(18.36)给出了 $Pr=1$ 时热通量与剪应力之间重要关系式,

$$q_0 = \frac{c_p T^0}{U} \tau_0 \left[\left(1 - \frac{T_w}{T^0} \right) + \frac{\gamma-1}{2} Ma^{0^2} \right] \tag{18.37}$$

当 T_w 等于滞止温度时, $T_0 = T^0 \left(1 + \frac{\gamma-1}{2} Ma^{0^2} \right)$,热通量 q_0 为零,正如上一节预测的那样。
当 $T_w > T_0$ 时,则 $q_0 < 0$,即热量传导到流体中。当 $T_w < T_0$ 时,则 $q_0 > 0$,即热量传导到壁面上。式(18.37)是传热和表面摩擦之间的广义雷诺类比。它非常清楚地表明,由于流体的动态加热,计算热传导温降的参考温度是滞止温度,而不是静态温度 T^0。

τ_0 与壁面速度梯度成正比,与边界层厚度成反比。因此,壁前缘附近的剪应力较大。式(18.37)则表明,壁前缘的 q_0 或热流强度也最大。然而,壁温 T_w 将是一个常数。这种情况通常要求壁的材料是良好的导热体,以易于调节不均匀的热输入,从而使温度分布均匀。

假设 $Pr=1$,则温度只是 u 的函数。因此,温度和速度在边界层边缘的同样 y 值处达到自由流值。因此,"温度边界层"和"速度边界层"具有相同的厚度。当普朗特数不为 1 时,这两个层的厚度不同。当普朗特数小于 1 时,真实气体一般是这种情况(请参见表 1.1[①]),我们发现温度层比速度层厚。

18.4 平板上边界层的近似解

如果我们假设普朗特数等于 1,并且沿壁面的压力梯度为零,即壁面是一块平板,那么边界层问题就是在式(18.34)给出的温度的条件下求解式(18.27)和式(18.28)。在本节中,我们将给出这个问题的近似解。

我们可以通过引入流函数 ψ 来满足式(18.28),其定义为

$$\rho u = \frac{\partial \psi}{\partial y}, \quad -\rho v = \frac{\partial \psi}{\partial x} \tag{18.38}$$

ψ 在壁面上取为零。我们现在将使用 x 和 ψ 作为自变量。为了尽量减少混淆,让我们使用下标来指定在进行偏微分时保持固定的变量。
因此

$$\left(\frac{\partial u}{\partial x} \right)_y = \left(\frac{\partial u}{\partial x} \right)_\psi + \left(\frac{\partial u}{\partial \psi} \right)_x \frac{\partial \psi}{\partial x} = \left(\frac{\partial u}{\partial x} \right)_\psi - \rho v \left(\frac{\partial u}{\partial \psi} \right)_x$$

同理有

$$\left(\frac{\partial u}{\partial y} \right)_x = \left(\frac{\partial u}{\partial \psi} \right)_x \left(\frac{\partial \psi}{\partial y} \right) = \rho u \left(\frac{\partial u}{\partial \psi} \right)_x \tag{18.39}$$

---

① 原稿此处为第 5 页,编辑根据页面内容将其对应为表 1.1。——编注

并且

$$\left\{\frac{\partial}{\partial y}\left[\mu\left(\frac{\partial u}{\partial y}\right)_x\right]\right\}_x = \rho u\left\{\frac{\partial}{\partial \psi}\left[\mu\rho u\left(\frac{\partial u}{\partial \psi}\right)_x\right]\right\}$$

因此式(18.27)现在可以不用下标写为

$$\frac{\partial u}{\partial x} = \frac{\partial}{\partial \psi}\left(\mu\rho u \frac{\partial u}{\partial \psi}\right) \tag{18.40}$$

这是以 x 和 ψ 为自变量的边界层方程。

由于压力在我们的问题中是一个常数,所以密度 ρ 与温度 T 成反比,或者

$$\frac{\rho}{\rho_0} = \frac{T^0}{T} \tag{18.41}$$

黏性系数 μ 可被视为与 T 的幂成正比,即为

$$\frac{\mu}{\mu^0} = \left(\frac{T}{T^0}\right)^n \tag{18.42}$$

对于通常温度范围内的空气,指数 n 的值为 0.76。于是式(18.40)可以写为

$$\frac{\partial u}{\partial x} = \mu^0 \rho^0 \frac{\partial}{\partial \psi}\left[\left(\frac{T}{T^0}\right)^{n-1} u \frac{\partial u}{\partial \psi}\right] \tag{18.43}$$

式(18.43)与式(18.34)共同确定了问题。

作为一个近似值,我们可以设

$$n = 1 \tag{18.44}$$

那么式(18.43)就大大简化了,变为

$$\frac{\partial u}{\partial x} = \mu^0 \rho^0 \frac{\partial}{\partial \psi}\left(u \frac{\partial u}{\partial \psi}\right) \tag{18.45}$$

在这个方程中,流体是可压缩的这一事实并未明显出现。如果 $u_i(x, \psi)$ 是不可压缩解,且 $u(x, \psi)$ 是可压缩解,两者都具有相同的 ρ^0 和 μ^0,那么根据式(18.45)有

$$u_i(x, \psi) = u(x, \psi) \tag{18.46}$$

这意味着对于每个 x 值,ψ 的值相等时,u 和 u_i 的值相等。

此外,根据式(18.39),有

$$\tau = \mu\left(\frac{\partial u}{\partial y}\right)_x = \mu\rho u \frac{\partial u}{\partial \psi}$$

但根据我们的假设和式(18.44),有

$$\mu\rho = \mu^0 \rho^0 \tag{18.47}$$

因此

$$\tau = \mu^0 \rho^0 u \frac{\partial u}{\partial \psi} \tag{18.48}$$

所以,根据式(18.46),x 和 ψ 相等时的剪应力不受压缩性的影响。特别是,壁面($\psi = 0$)上的剪应力 τ_0 等于具有相同 μ^0、ρ^0 和 x 的不可压缩流体的剪应力 τ_{0_i}。如果 L 是板的长度,则基于 L 的雷诺数为

$$Re = \frac{\rho^0 UL}{\mu^0} \tag{18.49}$$

对于不可压缩流动,已知表面摩擦系数 C_f,由式(18.50)给出:

$$C_f = \frac{\int_0^L \tau_0 \mathrm{d}x}{\frac{1}{2}\rho^0 U^2 L} = \frac{1.328}{\sqrt{Re}} \tag{18.50}$$

通过上述分析,同样的方程也可以用于任何马赫数和壁面温度下的可压缩流动。

当然,表面摩擦系数 C_f 不依赖于马赫数和壁面温度的结论只是基于 $Pr = 1$ 或 μ 与 T 成正比的假设下的近似。当使用更精确的关系时,C_f 将取决于马赫数和壁面温度。不过,变化是相当小的。当壁面为"绝热"时,根据冯·卡门和钱学森的计算,$C_f \sqrt{Re}$ 的值从 $Ma^0 = 0$ 时的 1.328 减少到 $Ma^0 = 10$ 时的 0.975。

然而,作为 y 的函数的速度分布很大程度上受可压缩性的影响,即速度剖面取决于马赫数和壁温。在任何给定的 x 值下,流函数 ψ 是 y 的函数。但是根据 ψ 的定义,由式(18.3)可得

$$\mathrm{d}y = \left(\frac{\mathrm{d}\psi}{\rho u}\right)_x$$

同理,对于不可压缩流动而言,

$$\mathrm{d}y_i = \left(\frac{\mathrm{d}\psi}{\rho^0 u_i}\right)_x$$

根据我们的简化假设,式(18.46)成立,因此有

$$\mathrm{d}y = \frac{\rho^0}{\rho}\mathrm{d}y_i$$

或者根据式(18.34)和式(18.41),对于 x 的任何固定值,有

$$y = \int_0 \left[\frac{T_w}{T^0} - \left(\frac{T_w}{T^0} - 1\right)\frac{u}{U} + \frac{\gamma - 1}{2}Ma^{0^2}\left(1 - \frac{u}{U}\right)\frac{u}{U}\right]\mathrm{d}y_i \tag{18.51①}$$

上述方程应该解释如下:已知不可压缩的速度剖面或 $\frac{u}{U}(y_i)$ 关系式,就可以将积分计算到

---

① 原稿此式中无积分上限。——译注

$\dfrac{u}{U} = \left(\dfrac{u}{U}\right)^*$ 的任意值,而计算出的积分值等于 $\dfrac{u}{U}$ 的值为 $\left(\dfrac{u}{U}\right)^*$ 时的 y 的值。由于被积函数一般大于 1,所以可压缩边界层的厚度大于不可压缩边界层。计算结果表明:高马赫数下的边界层剖面线几乎趋于一条直线(见图 18.2)。

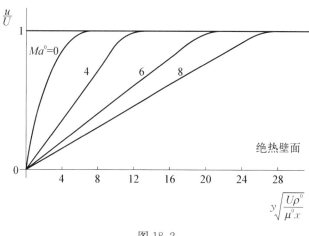

图 18.2

18.5　辐射冷却

当飞行器于长时间内以非常高的速度在低空飞行时,由于已建立平衡,机体壁面将处于没有热量流入的情况。那么根据 18.2 节的结论,此时壁温等于滞止温度。在高马赫数下,滞止温度非常高。因此,高速飞行器的平衡壁温可能会使人担心结构被严重削弱。然而在高空,由于空气密度低,可能的热通量大大减少。于是流向低温壁面的热通量可以通过辐射回到大气中。我们现在将定量地证明这一点。

根据式(18.37)和式(18.50),每秒流入长度为 L、单位宽度的壁面的总热量为

$$\int_0^L q_0 \, dx = \frac{c_p T^0}{U}\left[\left(1 - \frac{T_w}{T^0}\right) + \frac{\gamma-1}{2}Ma^{0\,2}\right]\frac{1.328}{\sqrt{Re}}\,\frac{1}{2}\rho^0 U^2 L$$

如果 ε 是壁面的比辐射率,σ 是斯特藩-玻尔兹曼辐射常数,则从长度为 L、单位宽度的壁面每秒辐射的总热量为

$$\varepsilon \sigma L T_w^4$$

在平衡状态下,热输入和热损失必须相等。于是

$$c_p T^0\left[\left(1 - \frac{T_w}{T^0}\right) + \frac{\gamma-1}{2}Ma^{0\,2}\right]\frac{0.664}{\sqrt{Re}}\rho^0 U = \varepsilon \sigma T_w^4 \tag{18.52}$$

由于 ε 的数量级为 1,并且 $\sigma = 0.481 \times 10^{-12}$ Btu/(ft^2·s·°R^4),如果 ρ^0 很小,T_w 将远低于滞止温度 T_0,$T_0 = T^0\left(1 + \dfrac{\gamma-1}{2}Ma^{0\,2}\right)$。例如,如果我们取 $T_w = T^0$,并且 $Ma^0 = 2$、$Re = 90\,000$、

$U=2\,000\ \text{ft/s}$、$\varepsilon=1$、$c_p=0.743\ \text{Btu/slug}$ [1]、$T^0=500°\text{R}$，那么 ρ^0 应该是 $0.000\,002\,19\ \text{slug/ft}^3$，或者约为海平面密度的 $1/1\,000$。那么，相应的高度一定是约为 30 mile。

18.6 回转体上的定常边界层

在上一节中，我们已经讨论了二维流动中的边界层。在应用空气动力学中，我们通常也对回转体上的定常边界层感兴趣。这里的问题是轴对称流动。让我们用 x 表示沿回转体子午线的距离，用 y 表示法线方向上离表面的距离（见图 18.3）。相应的速度分量是 u 和 v。那么如果子午线的曲率半径与边界层的厚度相比较大，则动力学方程仍然为

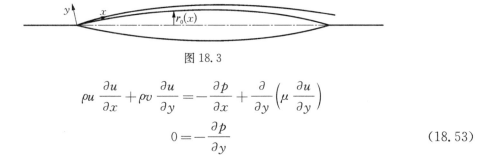

图 18.3

$$\rho u\,\frac{\partial u}{\partial x}+\rho v\,\frac{\partial u}{\partial y}=-\frac{\partial p}{\partial x}+\frac{\partial}{\partial y}\left(\mu\,\frac{\partial u}{\partial y}\right)$$
$$0=-\frac{\partial p}{\partial y} \tag{18.53}$$

能量方程同样也未改变，

$$\rho u\,\frac{\partial c_p T}{\partial x}+\rho v\,\frac{\partial c_p T}{\partial y}=u\,\frac{\partial p}{\partial x}+\frac{\partial}{\partial y}\left(\lambda\,\frac{\partial T}{\partial y}\right)+\mu\left(\frac{\partial u}{\partial y}\right)^2 \tag{18.54}$$

唯一的修改是在连续性的方程中。同样，如果边界层的厚度与 x 处回转体的半径 $r_0(x)$ 相比较小，那么连续性方程为

$$\frac{\partial}{\partial x}(\rho r_0 u)+\frac{\partial}{\partial y}(\rho r_0 v)=0 \tag{18.55}$$

式中，r_0 只是 x 的函数。边界层厚度小于半径 r_0 的条件显然不能在回转体的尖头端得到满足。在这些点上，我们的方程以及由此推导出的结果是不准确的。然而，这些区域很小，计算的平均摩擦阻力一定是相当准确的。

Mangler 发现方程组式(18.53)～式(18.55)可以转换为二维流动的方程组。于是回转体上的边界层问题就简化为前面几节所讨论的二维情况的问题。这是很大的简化。我们现在将讨论这种转换。

让我们引入流函数 ψ，定义如下：

$$\rho r_0 u=\frac{\partial \psi}{\partial y},\quad -\rho r_0 v=\frac{\partial \psi}{\partial x} \tag{18.56}$$

---

① c_p 单位与数值疑有误，根据表 1.1 数据，32 ℉(0℃)海平面的空气 $c_p=7.73\ \text{Btu/(slug·℉)}$，此数据经核实是比较准确的。以质量计的气体比热容与温度有一定关系，与气体密度关系不大，原稿此处数据及单位不对，比热容单位分母应有温度，此处没有。——译注

我们将定义一组带上划线的变量,具体如式(18.57)所示:

$$
\begin{cases}
\bar{x} = \displaystyle\int_0^x \frac{r_0{}^2(x)}{L^2}\mathrm{d}x \\[3mm]
\bar{y} = \dfrac{r_0(x)}{L}y \\[3mm]
\bar{\psi}(\bar{x},\,\bar{y}) = \dfrac{\psi(x,\,y)}{L} \\[3mm]
\bar{p}(\bar{x}) = p(x) \\[2mm]
\overline{T}(\bar{x},\,\bar{y}) = T(x,\,y) \\[2mm]
\bar{\rho}(\bar{x},\,\bar{y}) = \rho(x,\,y) \\[2mm]
\bar{\mu}(\bar{x},\,\bar{y}) = \mu(x,\,y)
\end{cases}
\tag{18.57}
$$

式中, L 为固定的参照长度,比如回转体的最大半径。速度分量 $\bar{u}$ 和 $\bar{v}$ 由式(18.58)给出:

$$
\bar{\rho}\,\bar{u} = \frac{\partial \bar{\psi}}{\partial \bar{y}}, \quad -\bar{\rho}\,\bar{v} = \frac{\partial \bar{\psi}}{\partial \bar{x}}
\tag{18.58}
$$

现在根据式(18.57),有

$$
u = \frac{1}{\rho r_0}\,\frac{\partial \psi}{\partial y}
$$

因此,就有上划线的变量而言,有

$$
u = \frac{1}{\rho r_0}L\,\frac{\partial \bar{\psi}}{\partial \bar{y}}\,\frac{\partial \bar{y}}{\partial y} = \frac{1}{\bar{\rho}}\,\frac{\partial \bar{\psi}}{\partial \bar{y}} = \bar{u}
$$

而且

$$
v = -\frac{1}{\rho r_0}\,\frac{\partial \psi}{\partial x} = -\frac{1}{\rho r_0}L\left(\frac{\partial \bar{\psi}}{\partial \bar{x}}\,\frac{\partial \bar{x}}{\partial x} + \frac{\partial \bar{\psi}}{\partial \bar{y}}\,\frac{\partial \bar{y}}{\partial x}\right)
$$

或者

$$
v = \frac{r_0}{L}\bar{v} - \frac{r_0'}{r_0}\bar{u}y
$$

因此

$$
\begin{aligned}
\rho u\,\frac{\partial u}{\partial x} + \rho v\,\frac{\partial u}{\partial y} &= \bar{\rho}\,\bar{u}\left(\frac{\partial \bar{u}}{\partial \bar{x}}\,\frac{r_0{}^2}{L^2} + \frac{\partial \bar{u}}{\partial \bar{y}}\,\frac{r_0'}{L}y\right) + \bar{\rho}\left(\frac{r_0}{L}\bar{v} - \frac{r_0'}{r_0}\bar{u}y\right)\frac{\partial \bar{u}}{\partial \bar{y}}\,\frac{r_0}{L} \\[2mm]
&= \left(\bar{\rho}\,\bar{u}\,\frac{\partial \bar{u}}{\partial \bar{x}} + \bar{\rho}\,\bar{v}\,\frac{\partial \bar{u}}{\partial \bar{y}}\right)\frac{r_0{}^2}{L^2}
\end{aligned}
$$

由于 $\bar{p} = p$ 只是 $\bar{x}$ 的函数,所以

$$
\frac{\partial p}{\partial x} = \frac{\partial \bar{p}}{\partial \bar{x}}\,\frac{\partial \bar{x}}{\partial x} = \frac{\partial \bar{p}}{\partial \bar{x}}\,\frac{r_0{}^2}{L^2}
\tag{18.59}
$$

同理,有

$$
\frac{\partial}{\partial y}\left(\mu\,\frac{\partial u}{\partial y}\right)=\frac{r_0^{\,2}}{L^2}\,\frac{\partial}{\partial\overline{y}}\left(\overline{\mu}\,\frac{\partial\overline{u}}{\partial\overline{y}}\right)
$$

故而,式(18.53)变为

$$
\overline{\rho}\,\overline{u}\,\frac{\partial\overline{u}}{\partial\overline{x}}+\overline{\rho}\,\overline{v}\,\frac{\partial\overline{u}}{\partial\overline{y}}=-\frac{\partial\overline{p}}{\partial\overline{x}}+\frac{\partial}{\partial\overline{y}}\left(\overline{\mu}\,\frac{\partial\overline{u}}{\partial\overline{y}}\right) \tag{18.60}
$$

连续性方程式(18.55)可转换如下:

$$
\frac{\partial}{\partial x}(\rho r_0 u)+\frac{\partial}{\partial y}(\rho r_0 v)=\left[r_0'\overline{\rho}\,\overline{u}+r_0\,\frac{\partial}{\partial\overline{x}}(\overline{\rho}\,\overline{u})\,\frac{\partial\overline{x}}{\partial x}+r_0\,\frac{\partial}{\partial\overline{y}}(\overline{\rho}\,\overline{u})\,\frac{\partial\overline{y}}{\partial x}\right]+
$$

$$
\left[\frac{r_0^{\,2}}{L}\,\frac{\partial}{\partial\overline{y}}(\overline{\rho}\,\overline{v})\,\frac{\partial\overline{y}}{\partial y}-\overline{\rho}r_0'\overline{u}-yr_0'\,\frac{\partial}{\partial\overline{y}}(\overline{\rho}\,\overline{u})\,\frac{\partial\overline{y}}{\partial y}\right]
$$

$$
=\frac{r_0^{\,3}}{L^2}\left[\frac{\partial}{\partial\overline{x}}(\overline{\rho}\,\overline{u})+\frac{\partial}{\partial\overline{y}}(\overline{\rho}\,\overline{v})\right]
$$

因此,连续性方程变为

$$
\frac{\partial}{\partial\overline{x}}(\overline{\rho}\,\overline{u})+\frac{\partial}{\partial\overline{y}}(\overline{\rho}\,\overline{v})=0 \tag{18.61}
$$

这也可以直接从式(18.58)给出的 $\overline{u}$、$\overline{v}$ 的定义中得到。

同理,能量方程变成

$$
\overline{\rho}\,\overline{u}\,\frac{\partial c_p\overline{T}}{\partial\overline{x}}+\overline{\rho}\,\overline{v}\,\frac{\partial c_p\overline{T}}{\partial\overline{y}}=\overline{u}\,\frac{\partial\overline{p}}{\partial\overline{x}}+\frac{\partial}{\partial\overline{y}}\left(\overline{\lambda}\,\frac{\partial\overline{T}}{\partial\overline{y}}\right)+\overline{\mu}\left(\frac{\partial\overline{u}}{\partial\overline{y}}\right)^2 \tag{18.62}
$$

三个方程式(18.60)、式(18.61)和式(18.62)组成二维流动的方程组。因此,满足上述条件的回转体的边界层问题可以用式(18.57)变换使之简化为相应的二维问题。我们注意到:轴对称流中在相应的 x 处的压力梯度 $\dfrac{\partial p}{\partial x}$ 的值不同于相应的二维问题中在相应的 $\overline{x}$ 处的压力梯度 $\dfrac{\partial\overline{p}}{\partial\overline{x}}$ 的值。它们之间的关系由式(18.59)规定。

对于相似的物体,我们可以通过定义无量纲的局部剪应力 τ_0^* 来考虑雷诺数的影响。τ_0^* 定义如下:

$$
\tau_0^*=\frac{\tau_0}{\frac{1}{2}\rho^0 U^2}\left(\frac{\rho^0 x U}{\mu^0}\right)^{\frac{1}{2}} \tag{18.63}
$$

式中,ρ^0 和 U 分别为**边界层边缘**的气流密度和速度。τ_0^* 是相关点的纵向位置、普朗特数以及壁温与自由流温度之比的函数。对于相应的二维流动,类似的量 $\overline{\tau}_0^*$ 可以定义为

$$\overline{\tau}_0^* = \frac{\overline{\tau}_0}{\frac{1}{2}\overline{\rho}^0 \ \overline{U}^2}\Big(\frac{\overline{\rho^0}\ \overline{x}\ \overline{U}}{\overline{\mu}_0}\Big)^{\frac{1}{2}} \tag{18.64}$$

于是，我们得到

$$\frac{\tau_0^*}{\overline{\tau}_0^*} = \frac{\tau_0}{\overline{\tau}_0}\Big(\frac{x}{\overline{x}}\Big)^{\frac{1}{2}} = \frac{r_0}{L}\Big(\frac{x}{\overline{x}}\Big)^{\frac{1}{2}} = \Big[\frac{x r_0^{\ 2}(x)}{\int_0^x r_0^{\ 2}(x)\mathrm{d}x}\Big]^{\frac{1}{2}} \tag{18.65}$$

这就完成了我们对回转体上的边界层与二维边界层的对应关系的分析。

对于携有附体激波的锥体上的超声速流动，我们前面的计算表明，沿锥体表面的压力是恒定的。于是，相应的二维情况是 18.3 节中讨论的平板上的流动。在这种情况下，局部无量纲剪应力的比值 $\tau_0^*/\overline{\tau}_0^*$ 特别简单：这里 $r_0 = x\sin\delta$，其中 δ 是圆锥的半顶角，因此对于锥体有

$$\frac{\tau_0^*}{\overline{\tau}_0^*} = \sqrt{3}$$

然而，由于 x 值越大，锥体表面的面积就越大，基于锥体斜长和板的长度，在相同雷诺数下，整个圆锥表面上的平均表面摩擦系数 C_f 仅为平板上的 C_f 的 $\frac{2}{3}\sqrt{3}$ 倍。我们必须记住：锥体的参考密度、参考速度和参考温度始终是边界层外缘的量或是由第 13 章介绍的无黏理论计算的量，而不是通常意义上的"自由流"的量。

18.7 积分定理

边界层方程式(18.3)、式(18.6)、式(18.7)和式(18.8)的求解通常是非常困难的。对于工程问题，如果能得到一个近似解，往往就足够了。在 18.4 节中，我们讨论了平板在一定限制条件下的这样一个近似解。对于更一般的条件，最有用的方法之一是 von Kármán - Polhausen (卡门-波尔豪森)方法，该方法基于目前要讨论的积分定理。这里的基本概念是只满足微分方程的平均值，也就是说，我们不建议在 (x, y) 的每一点都满足方程，而是仅让整个边界层厚度的平均值满足方程。积分定理是通过相对于 y 来积分原微分方程而得到的。

我们先来处理动力学方程：从 $y=0$ 到 $y=\delta(x, t)$，也就是边界层的外缘，对 y 积分式(18.6)，我们得到

$$\int_0^\delta \rho\,\frac{\partial u}{\partial t}\mathrm{d}y + \int_0^\delta \rho u\,\frac{\partial u}{\partial x}\mathrm{d}y + \int_0^\delta \rho v\,\frac{\partial u}{\partial y}\mathrm{d}y = -\delta\,\frac{\partial p}{\partial x} - \tau_0 \tag{18.66}$$

这里我们利用了 $\tau = \mu\,\dfrac{\partial u}{\partial y}$ 在 $y=\delta$ 时为零的事实。上式左边的最后一项可以进行分部积分：

$$\int_0^\delta \rho v\,\frac{\partial u}{\partial y}\mathrm{d}y = \Big[\rho v u\Big]_0^\delta - \int_0^\delta u\,\frac{\partial \rho v}{\partial y}\mathrm{d}y$$

但是在 $y=0$ 处 $v=0$；$y=\delta$ 处 $u=U$，则

$$\int_0^\delta \rho v\,\frac{\partial u}{\partial y}\mathrm{d}y = U\int_0^\delta \frac{\partial \rho v}{\partial y}\mathrm{d}y - \int_0^\delta U\,\frac{\partial \rho v}{\partial y}\mathrm{d}y$$

然而，连续性方程(18.3)给出

$$\frac{\partial \rho v}{\partial y} = -\frac{\partial \rho}{\partial t} - \frac{\partial \rho u}{\partial x}$$

故而，最终有

$$\int_0^\delta \rho v\,\frac{\partial u}{\partial y}\mathrm{d}y = -U\int_0^\delta \frac{\partial \rho}{\partial t}\mathrm{d}y - U\int_0^\delta \frac{\partial \rho u}{\partial x}\mathrm{d}y + \int_0^\delta u\,\frac{\partial \rho}{\partial t}\mathrm{d}y + \int_0^\delta u\,\frac{\partial \rho u}{\partial x}\mathrm{d}y$$

因此，式(18.66)变为

$$\tau_0 = U\int_0^\delta \frac{\partial \rho u}{\partial x}\mathrm{d}y - \int_0^\delta \frac{\partial \rho u^2}{\partial x}\mathrm{d}y + U\int_0^\delta \frac{\partial \rho}{\partial t}\mathrm{d}y - \int_0^\delta \frac{\partial \rho u}{\partial t}\mathrm{d}y - \delta\,\frac{\partial p}{\partial x} \qquad (18.67)^①$$

然而，

$$U\,\frac{\partial}{\partial x}\int_0^\delta \rho u\,\mathrm{d}y - \frac{\partial}{\partial x}\int_0^\delta \rho u^2\,\mathrm{d}y = \rho^0 U^2\,\frac{\partial \delta}{\partial x} + U\int_0^\delta \frac{\partial \rho u}{\partial x}\mathrm{d}y - \rho^0 U^2\,\frac{\partial \delta}{\partial x} - \int_0^\delta \frac{\partial \rho u^2}{\partial x}\mathrm{d}y$$

此外，有

$$U\,\frac{\partial}{\partial t}\int_0^\delta \rho\,\mathrm{d}y - \frac{\partial}{\partial t}\int_0^{-\delta} \rho u\,\mathrm{d}y = \rho^0 U\,\frac{\partial \delta}{\partial t} + U\int_0^\delta \frac{\partial \rho}{\partial t}\mathrm{d}y - \rho^0 U\,\frac{\partial \delta}{\partial t} - \int_0^\delta \frac{\partial \rho u}{\partial t}\mathrm{d}y$$

所以，式(18.67)可以写为

$$\tau_0 = U\,\frac{\partial}{\partial x}\int_0^\delta \rho u\,\mathrm{d}y - \frac{\partial}{\partial x}\int_0^\delta \rho u^2\,\mathrm{d}y + U\,\frac{\partial}{\partial t}\int_0^\delta \rho\,\mathrm{d}y - \frac{\partial}{\partial t}\int_0^\delta \rho u\,\mathrm{d}y - \delta\,\frac{\partial p}{\partial x} \qquad (18.68)$$

这就是我们期望的动力学方程积分形式。

利用下面这个自由流中的关系可以将式(18.68)进一步转换。由于

$$-\frac{\partial p}{\partial x} = \rho^0\,\frac{\partial U}{\partial t} + \rho^0 U\,\frac{\partial U}{\partial x}$$

因此有

$$\begin{aligned}
-\delta\,\frac{\partial p}{\partial x} &= \frac{\partial U}{\partial t}\int_0^\delta \rho^0\,\mathrm{d}y + \frac{\partial U}{\partial x}\int_0^\delta \rho^0 U\,\mathrm{d}y \\
&= \frac{\partial U}{\partial t}\int_0^\delta (\rho^0 - \rho)\,\mathrm{d}y + \frac{\partial U}{\partial t}\int_0^\delta \rho\,\mathrm{d}y + \frac{\partial U}{\partial x}\int_0^\delta (\rho^0 U - \rho u)\,\mathrm{d}y + \frac{\partial U}{\partial x}\int_0^\delta \rho u\,\mathrm{d}y
\end{aligned}$$

于是，式(18.68)变成

---

① 原稿此式右边第四项积分号内漏 $\mathrm{d}y$。——译注

$$\tau_0 = \frac{\partial}{\partial x}\int_0^\delta \rho u(U-u)\,\mathrm{d}y + \frac{\partial}{\partial t}\int_0^\delta \rho(U-u)\,\mathrm{d}y + \frac{\partial U}{\partial x}\int_0^\delta (\rho^0 U - \rho u)\,\mathrm{d}y + \frac{\partial U}{\partial t}\int_0^\delta (\rho^0 - \rho)\,\mathrm{d}y$$

$$(18.69)$$

能量方程可以用类似的方法进行转换。其结果为

$$q_0 = \int_0^\delta \mu\left(\frac{\partial u}{\partial y}\right)^2 \mathrm{d}y + \frac{\partial}{\partial t}\int_0^\delta \rho c_p(T^0 - T)\,\mathrm{d}y + \frac{\partial}{\partial x}\int_0^\delta \rho u c_p(T^0 - T)\,\mathrm{d}y +$$

$$\frac{\partial c_p T^0}{\partial t}\int_0^\delta (\rho^0 - \rho)\,\mathrm{d}y + \frac{\partial c_p T^0}{\partial x}\int_0^\delta (\rho^0 U - \rho u)\,\mathrm{d}y + \frac{\partial p}{\partial x}\int_0^\delta (U - u)\,\mathrm{d}y \qquad (18.70)$$

式中，q_0 为向壁面的热通量。在上面的方程中，我们使用符号 δ 来表示边界层的厚度。然而，具体来说，如前所述，速度边界层和温度边界层的厚度并不一定相同。因此，我们现在需要区分这两者，设 δ_1 为速度边界层的厚度，δ_2 为温度边界层的厚度。δ 是 δ_1 和 δ_2 中较大的一个。

为了求边界层的近似解，我们先假定速度和温度边界层的"剖面"。也就是说，在 x 的每个值，我们令

$$\frac{u}{U} = \begin{cases} f\left(\dfrac{y}{\delta_1}\right), & 0 < y < \delta_1 \\ 1, & y > \delta \end{cases} \qquad (18.71)$$

同时

$$\frac{T}{T_0} = \begin{cases} g\left(\dfrac{y}{\delta_2}\right), & 0 < y < \delta_2 \\ 1, & y > \delta_2 \end{cases} \qquad (18.72)$$

f 函数和 g 函数的选取要尽可能满足以下条件：
在边界层外缘，

在 $y = \delta_1$ 处：$\qquad u = U, \quad \dfrac{\partial u}{\partial y} = \dfrac{\partial^2 u}{\partial y^2} = \dfrac{\partial^3 u}{\partial y^3} = \cdots = 0 \qquad (18.73)$

并且

在 $y = \delta_2$ 处：$\qquad T = T^0, \quad \dfrac{\partial T}{\partial y} = \dfrac{\partial^2 T}{\partial y^2} = \dfrac{\partial^3 T}{\partial y^3} = \cdots = 0 \qquad (18.74)$

除了式(18.73)和式(18.74)的第一个方程之外，其他条件都是为了获得从边界层流到势流或非黏性流的平滑过渡。

在壁面上，$y = 0$，我们有

$$\begin{cases} u = 0 \\ \dfrac{\partial}{\partial y}\left(\mu\,\dfrac{\partial u}{\partial y}\right) = \dfrac{\partial p}{\partial x} \\ \dfrac{\partial^2}{\partial y^2}\left(\mu\,\dfrac{\partial u}{\partial y}\right) = \rho\,\dfrac{\partial^2 u}{\partial y\partial t} \end{cases} \qquad (18.75)$$

第二个方程由式(18.6)得到。第三个方程是先将式(18.6)对 y 求导，然后令 $y=0$ 而得到的。进一步的方程可以通过对式(18.6)的重复微分而得到。同样，对于 $y=0$，我们由式(18.8)可得

$$T = T_w, \quad \frac{\partial}{\partial y}\left(\lambda \frac{\partial T}{\partial y}\right) + \mu\left(\frac{\partial u}{\partial y}\right)^2 = -\frac{\partial p}{\partial t}$$

$$\frac{\partial^2}{\partial y^2}\left(\lambda \frac{\partial T}{\partial y}\right) + \frac{\partial}{\partial y}\left[\mu\left(\frac{\partial u}{\partial y}\right)^2\right] = \rho \frac{\partial^2 c_p T}{\partial y \partial t} - \frac{\partial u}{\partial y}\frac{\partial p}{\partial x} \tag{18.76}$$

当选定适当的函数 f 和 g 后，我们可以把它们代入式(18.69)和式(18.70)。于是，由于

$$\tau_0 = \left(\mu \frac{\partial u}{\partial y}\right)_{y=0}$$

$$q_0 = \left(\lambda \frac{\partial T}{\partial y}\right)_{y=0}$$

式(18.69)和式(18.70)给出了关于 δ_1 和 δ_2 的两个联立一阶偏微分方程。通过解这两个方程，我们得到 τ_0 和 q_0 以及边界层厚度 δ_1 和 δ_2 的值。这是求解边界层方程通用的 von Kármán - Polhausen 方法。Frankl 曾用此方法研究平板上的定常边界层。

18.8　层流边界层的稳定性和湍流边界层

在前面所有的讨论中，我们都假设如果外部流动或自由流是定常的，则边界层中的流动将是定常的。如果自由流不定常，则边界层中的非定常性完全由自由流通过 U 和 p^0 的变化来控制。这样的边界层一般被称为层流边界层。然而，从试验中和理论上都已经发现：如果雷诺数增大，则层流层可能会变得不稳定，即当扰动沿层流层传播时，引入层流层的极小的扰动将会被放大。于是边界层剖面廓线将被严重扭曲。这种扭曲的边界层最终会被破坏形成湍流。在湍流中，任何一点的局部速度都随时间迅速变化。如果外部或自由流是定常的，则边界层中速度的时间平均值在任何一点都是恒定的。如果自由流是非定常的，则平均速度也将是由外部流动控制的变化量。但无论如何，湍流中快速变化的速度在很大程度上是由局部条件控制的。

接下来的问题是，在给定的马赫数、壁温与自由流温度之比和指定的自由流扰动下我们要确定产生不稳定性的临界雷诺数以及充分发展的湍流的雷诺数的值。充分发展的湍流的雷诺数出现在不稳定性首先出现的位置的下游，并且比临界雷诺数大得多。对于湍流边界，我们必须找到控制其性态的机制和计算与其相关表面摩擦的方法。从试验上看，这两个重要的问题仍未得到解决。从理论上看，只是第一个问题得到了部分解决：Lees 和 Lin 确定了没有自由流湍流的平板上的临界雷诺数。与不可压缩边界层的临界雷诺数相比，可压缩边界层的临界雷诺数因壁面温度低于自由流温度而增大，而壁面温度升高则使临界雷诺数减小。因此，对于绝热壁，当温度随马赫数增加时，临界雷诺数随马赫数增加而减小（见图 18.4）。但是如果18.5 节中讨论的辐射冷却很重要，那么临界雷诺数可以很高。Lees 计算得出在 $Ma^0 = 3$，海拔 50 000 ft 时，临界雷诺数等于无穷大。那么在这种条件下，流动将保持层流状态。

当然，如果喷管中的边界层在收缩前已经是湍流，那么即使在超声速段也将保持湍流。对

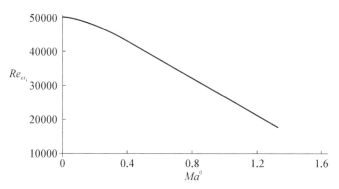

图 18.4　绝热平板上的层流层的临界雷诺数

这种超声速边界层上进行了一些试验测量后发现：压缩性似乎对剖面的形状或表面摩擦系数都没有影响。也就是说，如果我们将雷诺数建立在边界厚度的基础上，那么在相同的雷诺数下，剖面和表面摩擦系数与不可压缩流的剖面和表面摩擦系数非常接近。然而，这些测量结果如此之少，我们并不能非常确定其是否可以普遍适用。

参考文献

[1] Blasius, H. : "Grenzschicten in Flüssigkeiten mit kleiner Reibung". Z. F. Math. und Phys. , Vol. 56, pp. 1 - 37 (1908)

[2] Busemann, A. : "Gasströmung mit laminaren Grenzschicht entlang einer Platte". ZAMM, Vol. 15, pp. 23 - 25 (1935)

[3] Crocco, L. : "Una caratteristica trasformazione delle equazioni dello strato limite nei gas". Atti di Guidonia, No. 7, Brown University Summary No. A - 9090.

[4] Crocco, L. : "Sulla trasmissione del calore da una lamine piana a un fluido scorrente ad alta velocita". L'Aerotecnica, Vol. 12, No. 2 (1932)

[5] Crocco, L. : "Sullo strato limite laminare nei gas lungo una lamina piana". Rendiconti di Matematica e delle sue applicazioni, Series 5, Vol. 2, Fasc. 2 (1939)

[6] Crocco, L. : "Lo strato limite laminare nei gas". Monografie Scientifiche di Aeronautica, No. 3 (1946).

[7] Emmons, H. W. and Brainerd, J. G. : "Temperature Effects in a Laminar Compressible Fluid Boundary Layer along a Flat Plate". J. Appl. Mech. A - 105 (1941)

[8] Emmons, H. W. and Brainerd, J. G. : "Effect of Variable Viscosity on Boundary Layers, with a Discussion of Drag Measurements". J, Appl. Mech. , A - 1 (1942).

[9] Frankl, F. : "Theory of Laminar Boundary Layer of Gases". Central Aerodynamic and Hydrodynamic Institute, Moscow, No. 176 (1934).

[10] Hantzsche, W. and Wendt, H. : "Zum Kompressibilitatseinfluss bei der laminaren Grenzschicht der ebenen Platte". Jahrbuch der deutschen Luftfahrtforschung, Sect. Ⅰ, p. 517 (1940).

[11] Hantzsche, W. and Wendt H. : "Die laminare Grenzschicht bei einem mit Überschallgeschwindigkeit angestromten nichtangestellten Kreiskegel". Jahrbuch der deutschen Luftfahrtforschung, Sect. Ⅰ, p. 76 (1941).

[12] Hantzsche, W. and Wendt, H. : "Die laminare Grenzschicht der ebener Platte mit und ohne Warmeubergang unter Berucksichtung der Kompressibilitat ". Jahrbuch der deutschen Luftfahrtforschung, Sect. Ⅰ, p. 40 (1942)

[13] von Kármán，Th. and Tsien，H. S. ："Boundary Layer in Compressible Fluids". J. Aeronaut. Sci. ，Vol. 5，pp. 227 – 232 (1938).

[14] Kent，R. H. ："The Role of Model Experiment in Projectile Design". Mechanical Engineering，Vol. 54, pp. 641 – 646 (1932).

[15] Kiebel，O. A. ："Boundary Layer in Compressible Fluid with Allowance for Radiation". Comptes Rendus，Acad. Sci. ，USSR，Vol. 25，pp. 275 – 279 (1939).

[16] Lin，C. C. and Lees，L. ："Investigation of the Stability of the Laminar Boundary Layer in a Compressible Fluid". NACA TN No. 1115 (1946). Also available as NACA TN No. 1360 (1947).

[17] Mangier，W. ：" Zusammenhang zwischen ebenen und rotationssymmetrischen Grenzschichten in kompressiblen Flussigkeiten". ZAMM，Vol. 28，pp. 7 – 103 (1948)

第 19 章　边界层和激波的相互作用

在第 18 章中,我们已经研究了区域中不存在激波时的边界层特性。在这种情况下,边界层对自由流流动和物体上压力分布的影响可以忽略不计。实际上,边界层和表面摩擦是通过计算忽略黏度时的物体表面压力分布来确定的。因此,气体的黏度将使阻力增加,增加的量等于表面摩擦力,而升力几乎没有变化。我们将在本章中看到:当激波与边界层相交时,这种相当简单的状态将不再适用。这时边界层和激波之间将发生相互作用,导致流场和物体上的压力分布发生剧烈变化。本章中,我们首先将对这种现象进行描述。然后,我们将对所观察到的现象做出解释,最后指出当这种相互作用发生时,我们的理解在各种情况下的应用。

19.1　λ 激波和简单激波

边界层和激波相互作用现象首先是由 J. 阿克雷特和他的合作伙伴发现的。他们发现在某个固定的自由流马赫数下,纹影摄影揭示的流型和表面上的压力分布取决于雷诺数,如果雷诺数很小,使得激波前的边界层是层流,那么我们就有了所谓的 λ 激波;如果雷诺数很大,激波前的边界层是湍流,我们就有了简单激波。

让我们考虑翼型上表面的流动。在层流边界层的情况下,主激波前的气流被一系列压缩子波压缩。第一个子波和主激波的相交形成 λ 形的分叉。紧接在主激波之后的是一个膨胀区域。在这个膨胀区域之后,还有另一个激波。由于边界层中的速度在壁面处必须减小到零,所以在壁面附近肯定存在一个亚声速层。在这个亚声速层,不可能存在激波。因此,物体表面的压力不可能显示出任何不连续性。如果我们测量沿表面的压力,我们会发现在激波被压缩子波阻止之前流体是膨胀的。从第一个子波到主激波,表面上的压力实际上是恒定的。主激波的压缩效应被紧随其后的膨胀所抵消,因此在主激波位置的表面压力不会立即增加。另一方面我们发现,在二次激波后,表面压力逐渐增加到与边界层外压力相等的值(见图 19.1)。

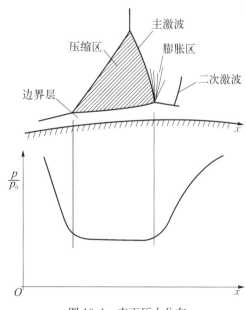

图 19.1　表面压力分布

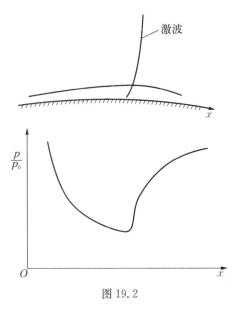

图 19.2

如果激波前的边界层是湍流,我们就有了完全不同的激波构型。我们发现 λ 激波的压缩子波不存在了。激波向后倾斜,一般是弯曲的。由于没有压缩子波,激波前,表面上的压力降低到较低的值。激波后,与 λ 激波类似,压力逐渐上升到与激波后边界层外的压力相等的值(见图 19.2)。

理解层流边界层和湍流边界层在性态上的巨大差异的关键并不在于湍流效应。湍流只会在流动中引入用通常的静压压力计无法测量的非定常脉动。层流的和湍流的边界层特性在这方面的重要区别是边界层中靠近壁面的亚声速层的厚度。对于层流边界层,正如第 18 章所述,速度剖面几乎是线性的。因此,如果边界层外的马赫数等于 2,那么亚声速层的厚度大约是整个边界层厚度的 50%。另一方面,湍流边界层的速度梯度在壁面处要陡得多。事实上,最近的直接测量表明,亚声速层的厚度仅为整个边界层厚度的 2%～5%。因此,即使湍流边界层较厚,层流边界层的亚声速层也比湍流边界层的亚声速层厚得多。

这种亚声速层厚度的差异会如何影响与激波的相互作用? 这里我们必须记住:如果流体速度是亚声速,下游扰动的影响可以被上游感受到。因此亚声速层是使激波两侧条件得到平衡的媒介。如果亚声速层较厚,那么激波后较高的压力就传递到激波前的区域。这就是在层流边界层的 λ 激波构型中,主激波之前出现压缩区的原因。这种激波前的预压缩降低了激波前的马赫数,因此激波被"软化"。对于湍流边界层,由于亚声速层非常窄,激波两侧几乎不可能沟通。因此,这里没有观察到激波前的预压缩,并且激波也没有软化。这就是 λ 激波和简单激波的本质区别。

19.2 激波软化概念的应用

对于翼型上携有激波的跨声速流动,携有 λ 激波和简单激波的翼型上的压力分布对比如图 19.3 所示。从图中可以看出:翼型的升力只受到轻微的影响,但力矩可能会有明显的变化。简单激波情况下因为激波未被软化,阻力较大,熵增损失较大。因此可以说,在马赫数相等的情况下,增加雷诺数使边界层由层流变为湍流,将会增大失速力矩系数和阻力系数,而升力系数基本上保持不变。

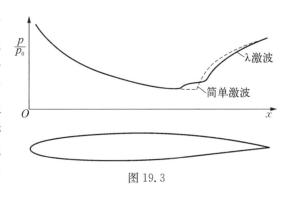

图 19.3

对于尖头翼型上的超声速流,翼型后缘处的激波将与翼型表面的边界层相互作用。如果边界层是湍流,则激波不会发生软化;除了表面摩擦之外,翼型的空气动力学特性应与忽略流体黏度时的计算结果基本相同。但如果边界层是层流,激波被激波前的预压缩软化;翼型后缘

附近的压力将会增加。那么翼型的升力系数和阻
力系数都会略有降低。由于翼型后缘附近区域的
力矩的力臂较长,失速力矩系数的增加将远远大
于升力和阻力系数的减小。通过试验可以观察到
层流边界层对超声速翼型气动特性的这种影响。

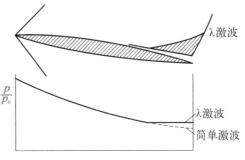

图 19.4　上表面压力

　　在上面的讨论中,我们只考虑了激波与固体
表面边界层的相互作用。如果在两层流速不同的
流体之间的"自由"边界层和尾流中出现亚声速
层,那么在激波和自由边界层之间以及激波和尾
流之间也可能存在相互作用。倘若亚声速层相对较厚,那么激波就会被软化,即激波前的压力
会增大。将这一概念应用于抛射体方形基座的底面压力问题,我们预计边界层厚度的增加将
降低底部吸入压力,从而减小阻力。同样,通过使边界层湍流化,我们将增加底部吸入压力,从
而增大阻力。这些观察结果也得到了试验的证实。这些对众多试验数据的成功解释表明:我
们在上一节中概述的基本概念是正确的。然而,定量分析仍然是一个未解决的问题。

　　本章所讨论的边界层和激波之间的强烈的相互作用自然表明:跨声速流动中出现激波的
事实本身与边界层有关。这为我们先前的断言提供了基础,即翼型上方首次出现激波的临界
马赫数也必定是雷诺数的函数。此外,通过利用机翼表面上的吸气狭缝或多孔壁除去边界层,
在到达第 9 章中讨论的上临界马赫数之前,流动在激波影响下的稳定性将完全有可能大为增
加。这几点都是今后要研究的问题,我们目前实际上还远未理解透彻。

参 考 文 献

[1] Ackeret, J., Feldmann, F., and Rott, N.: "Untersuchungen an Verdichtungsstossen und Grenzschichten in schnell bewegten Gasen". Mitteilungen aus dem Institut für Aerodynamik ETH. No. 10 (1946)

[2] Liepmann, H. W.: "The Interaction Between Boundary Layer and Shock Waves in Transonic Flow". J. Aeronaut. Sci., Vol 13, pp. 623 - 637 (1946)

[3] Lees, L.: "Remarks on the Interaction Between Shock Waves and Boundary Layer in Transonic and Supersonic Flow". Report No. 120 of the Aeronautical Engineering Laboratory, Princeton University (1947)

附录 A 习　　题

习　题　1

有人提出,通过将冷却液注入超声速扩散段中,可以导致压力上升。为了简化分析,假设在扩散段的两断面之间由于冷却液的蒸发每单位质量流量被吸收或除去的热量与速度 v 和 dv 成正比,其中 dv 是在这两个断面之间发生的速度变化。另外,假设摩擦损失可以忽略不计,并且气体是完全气体,那么单位质量的气体的能量变化是 $Kvdv$。 由于使用的冷却液量较少,除了吸收热量外,冷却液对气体流动的影响可以忽略不计。

计算这种入口马赫数为 2.5、出口速度为零的扩散段出口压力与入口压力之比。取 $K = 0.25$, $\gamma = 1.40$。 如果不进行冷却,压力比会是多少?

习　题　2

圆柱形燃烧室入口处的空气状态用下标 1 表示。出口处的空气状态用下标 2 表示。试验表明:摩擦和涡流所造成的损失可以用方向与流动方向相反而幅度等于 $K\rho_1 v_1^2 A$ 的力来表示,其中 K 等于 $1/4$, A 为燃烧室的横截面积。现在假设不加热,即在冷态下,而空气是 $\gamma = 1.4$ 的完全气体。

倘若出口马赫数 $Ma_2 = 1$,请计算这时的入口马赫数 $Ma_1(Ma_1 < 1)$ 是多少? 如果摩擦损失和涡流损失在加热的情况下仍然为 $K\rho_1 v_1^2 A$,那么,这时在计算出的入口马赫数 Ma_1 下能否实现平稳的燃烧?

如果 K 为零,在 $Ma_2 = 1$ 的情况下, Ma_1 会是多少?

习　题　3

喷管的出口面积是喉部截面的 10 倍。如果气流完全是等熵的,对于两种可能类型的气流,分别求出气流在出口处的压力、密度、温度和马赫数等各参数与喉部各参数的比值。

如果实际出口压力是两个可能值的平均值,请求出相应的密度、温度和马赫数的上述比值。同时求出形成正激波处的截面面积。

习　题　4

超声速风洞由拉瓦尔喷管、试验段、扩张段、压气机和冷却器组成。扩张段之后和喷管之前的流速很小,可以忽略不计。管道各部位的摩擦损失和热损失可以忽略不计。在试验段和扩张段之间连接处存在一个正激波;然而,扩张段内部的流动却是等熵的。压缩机的绝热效率为80%,$\gamma = 1.40$。风洞应当处于连续运行状态。

风洞条件如下,请计算试验段截面与喉部面积之比、压气机的压力比以及每平方英尺试验段所需的压气机功率(马力)和需要冷却器除去的热量。

表 A.1 风 洞 条 件

	Ma	试验段条件对应于以下高度的 标准大气状态(NACA TR No. 218)
风洞 I	2	15 000 ft
风洞 II	4	40 000 ft

习　题　5

在风洞中测量气流方向时,可以使用楔形物。测量楔形物上下表面的静压差 Δp。若气流的方向位于楔形物的对称面内,则 $\Delta p = 0$。

考虑置于马赫数为 Ma_1、静压为 p_1 的均匀流中的楔形物上附体激波的二维问题,均匀来流与楔形物的轴线成一个小角度 $\Delta\theta$。

确定在下式中的函数 $F(Ma_1, \alpha)$:

$$\frac{\Delta p}{\rho_1} = F(Ma_1, \alpha)\Delta\theta$$

然后计算 $Ma_1 = 3$, $\gamma = 1.4$, $\alpha = 40°$ 时($\Delta\theta$ 的单位为度)的 $F(Ma_1, \alpha)$ 的数值。试问:半楔角是多少?

习　题　6

目的:计算超声速定常流中弯曲激波后的涡量。

假设:参见图 A.1,p_1、ρ_1、T_1、Ma_1 为均匀来流的压力、密度、温度和马赫数;γ 为比热比;α 为 P 点处的激波角度;r 为 P 点处的曲率半径。

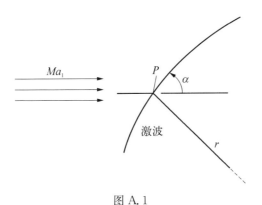

图 A.1

计算：请将压力 p_2、密度 ρ_2、温度 T_2、马赫数 Ma_2 和紧靠 P 点处激波后的涡度 ω，用 p_1、ρ_1、T_1、Ma_1、α、r 和 γ 表示。

习　题　7

通过切线代替真正的等熵 p-V 曲线的卡门-钱近似法也可以应用于超声速自由流的流动。近似直线与真正的等熵曲线的切点再次位于与自由流相对应的点上。在此近似方法下证明：

(1) 局部马赫数始终大于 1，即流动保持超声速；

(2) 在速度图平面上流函数 ψ 的微分方程可以简化为简单的波动方程

$$\frac{\partial^2 \psi}{\partial \Omega^2} - \frac{\partial^2 \psi}{\partial \theta^2} = 0$$

式中，$\Omega = \Omega(q)$；θ 为速度矢量相对于 x 轴的倾角。确定函数 $\Omega(q)$。

习　题　8

利用近似二维亚声速流动的卡门-钱近似法，从半径为 a 的圆柱周围的不可压缩流开始，计算自由流马赫数 Ma^0 为 0.4 时，可压缩流中变形柱体的厚度比(见图 A.2)。在 $Ma^0 = 0.4$，变形柱体中心位于 z 平面原点的情况下，确定 z 平面内对应于不可压缩流场中 $\zeta = 2a$ 的点 P 的坐标，以及 P 点处的速度比 q/U。

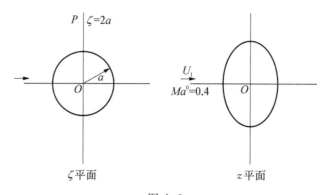

图 A.2

习　题　9

目的：探讨用速度图平面内的流函数 ψ 简化二维连续绝热可压缩流微分方程的其他可能性。

证明：如果 $\psi = g(q)F(q, \theta)$，其中 q 为流体速度的幅度，θ 为速度矢量相对于 x 轴的倾角，

$$H(q)\frac{\partial}{\partial q}\left[H(q)\frac{\partial F}{\partial q}\right]+\frac{\partial^2 F}{\partial\theta^2}=0$$

同时

$$g(q)=-K\int\frac{\rho}{q}\mathrm{d}q$$

$$H(q)=C\frac{g}{\rho}\left(\int\frac{\rho}{q}\mathrm{d}q\right)^2$$

对应的特殊 $p(\rho)$ 关系式则要求

$$C^2(1-Ma^2)\left(\int\frac{\mathrm{d}\rho}{Ma^2}\right)^{4①}=\rho^2$$

这里 K 和 C 是常数。

讨论：利用上述关系式，如何由一个已知的不可压缩流的解在速度图平面上构造一个具有特殊 $p(\rho)$ 关系的可压缩流的解？

习 题 10

在速度图平面上绘制源 a 和涡流 b 的流线。下式给出在速度图平面上的特征线：$\dfrac{\mathrm{d}q}{\mathrm{d}\theta}=+\dfrac{q}{-\sqrt{Ma^2-1}}$，请求出在速度图平面上的流线与特征线的切点。在物理平面上，相应的极限线是什么？如果尽管速度图平面上的流线有斜率为 $\dfrac{\mathrm{d}q}{\mathrm{d}\theta}=+\dfrac{q}{-\sqrt{Ma^2-1}}$ 的点，但在物理平面上却不存在沿流线的流体加速度为无限大的极限线，请解释这个矛盾（见图 A.3）。

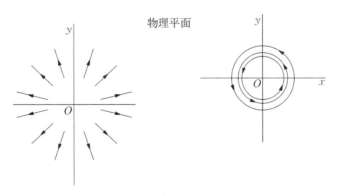

图 A.3

---

① 式中大括号外的指数 4 量纲存疑。——译注

习 题 11

根据阿克雷特的线性化理论,考虑薄型翼型的二维超声速绕流,翼型的攻角为零。在给定的翼型截面积不变的情况下,确定翼型获得最小阻力的最佳剖面。计算这种特殊类型的翼型的阻力系数 C_D,作为自由流马赫数 Ma^0 和厚度比 δ 的函数。

数学提示:在 $J = \int g(y, y') \mathrm{d}x$ 保持不变的条件下,积分 $I = \int f(y, y') \mathrm{d}x$,$y' = \dfrac{\mathrm{d}y}{\mathrm{d}x}$ 取最小值的要求等价于积分 $I' = \int [f(y, y') + \lambda g(y, y')] \mathrm{d}x$ 取最小值(λ 为常数)。而积分 $\int H(y, y') \mathrm{d}x$ 取最小值是通过满足如下欧拉-拉格朗日微分方程得到的:

$$-\frac{\mathrm{d}}{\mathrm{d}x}\left(\frac{\partial H}{\partial y'}\right) + \frac{\partial H}{\partial y} = 0$$

习 题 12

沿固壁 AB,马赫数为 Ma 的超声速均匀流中有一个与固壁有倾角的倾斜直线激波,斜激波在 B 点处与固壁相交。考虑以下情况,并定性描述每种情况下在 B 附近的流型。

(1)斜激波角 α 非常接近马赫角 $\sin^{-1}\dfrac{1}{Ma}$,同时 B 点以远的边界也是一个与 AB 方向相同的固壁。

(2)其余与(1)相同,只是现在激波角 α 要大得多,而且激波后的气流只是略微超过声速。

(3)固壁 AB 终止于 B 处,壁面以下流体处于静止状态,其压力与激波前的超声速均匀流相同。

(4)其余与(3)相同,只是现在壁面以下的流体与壁面以上的流体运动方向相同,但速度为亚声速。

(5)其余与(4)相同,只是壁下的流体以马赫数接近 Ma 的超声速运动。

图 A. 4

习 题 13

用 20 ft 长的旋臂(旋转半径)来测量弦长为 8 in 的翼面在超声速下的空气动力学性能(见图 A. 5)。如果被测翼面为对称的双凸截面,且纵坐标 ξ 的值由以下公式给出:

$$\xi = 0.05c\left[1 - \left(\frac{2x}{c}\right)^2\right]$$

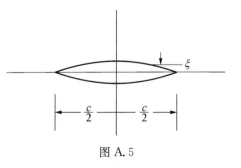

图 A. 5

其中 c 为弦长。安装机翼时,令翼展与旋臂的旋转轴平行,翼弦与旋臂旋转的圆周相切。假定流动是二维的,当旋臂以某种速度旋转时,使得机翼处此时的马赫数恰为 Ma^0,请利用上述条件计算机翼的波阻系数 C_d。请使用薄翼型公式。

习　题　14

如果将一个无限翼展的机翼垂直于速度为 U 的自由流放置,该流动的观察者以匀速 V 沿着机翼翼展移动,若观察者假想自己处于静止状态,那么他会认为该流场是一个位于速度为 $U^2 + V^2$ 的均匀自由流中的无限长后掠机翼的流场。这个后掠角用 U 和 V 来表示是多少? 利用这个原理,用于计算的无限长后掠机翼表面压力分布的有效马赫数和有效自由流速度是多少?

在马赫数为 1.3 的超声速风洞中,建议采用攻角为零、后掠角为 $45°$ 的支柱作为模型支撑。最近的风洞试验已经表明,在翼型设计良好的情况下,12% 厚度的对称翼型在零攻角时的临界马赫数为 0.80。利用跨声速相似性准则,计算这些支撑支柱的厚度比,使无限长的支柱刚好处于临界流动状态。确定在以下两个假设条件下计算出的支柱的阻力(流动方向上的力)值之比:(1)阻力仅由压力引起;(2)阻力仅由摩擦力引起。二维流动的阻力系数给定。

附录 B 考 试 试 题

1950 年 3 月 15 日

问题 1(5 分)：在马赫数为 Ma 时，与均匀超声速流方向成 α 角的平面斜激波后的流动的涡量是多少？

问题 2(5 分)：若无限翼展薄机翼的厚度比(即厚度与弦长之比)为 8%，可压缩流的自由流马赫数为 0.8，则求可压缩流绕无限翼展的薄机翼的解时，这时哪种处理基本方程的方法最有可能得到结果。

问题 3(15 分)：在宽度为 $2d$ 的二维通道中，相对于静止的空气，正激波以马赫数 Ma 传播。如图 B.1 所示，在管中布置有一个激波分离器，用于将激波的反射减至最弱，并将正激波分成两个正激波，两个通道宽度分别为 $d/2$ 和 d。假设原始激波两侧的条件是相同的。

(1) 根据气体的初始条件 ρ_0、a_0 等，以及初始激波马赫数 Ma_1，分裂后两个激波的相对速度各是多少？

(2) 定性来讲，第一道激波到达激波分离器的末端后会发生什么。

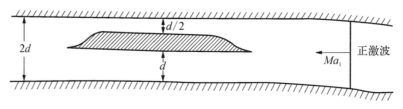

图 B.1

附录 C 参考文献中译名

第 5 章

1. Quelques problèmes d'hydrodynamique bidimensionnelle des fluides compressibles
   可压缩流体二维流体动力学的若干问题

2. The Effect of Compressibility on the Lift of an Airfoil
   作用在机翼上的可压缩性效应

3. The Two-Dimensional Flow of Compressible Fluids at Subsonic Speeds past Elliptic Cylinders
   可压缩流体椭圆柱亚声速绕流的二维流动

4. On the Flow of a Compressible Fluid Past a Circular Cylinder，Ⅰ
   圆柱绕流的可压缩流体的流动Ⅰ

5. On the Flow of a Compressible Fluid Past a Circular Cylinder，Ⅱ
   圆柱绕流的可压缩流体的流动Ⅱ

6. On the Subsonic Flow of a Compressible Fluid Past an Elliptic Cylinder
   论可压缩流体椭圆柱绕流的亚声速流动

7. Compressible Flow about Symmetrical Joukowski Profiles
   对称茹科夫斯基翼型的可压缩流动

8. Two Dimensional Subsonic Flow Past Elliptic Cylinders
   椭圆柱绕流的二维亚声速流动

9. A Theoretical Study of the Moments on a Body in a Compressible Fluid
   可压缩流体中物体的力矩的理论研究

10. Sulla corrente di fluido compressibile attorno ad un cilindro circolare
    关于围绕圆柱体的可压缩流体流

11. Campo di velocità in una corrente piana di fluido compressibile
    可压缩流体扁平流中的速度场

12. Campo di velocità in una corrente piana di fluido compressibile，Part Ⅱ，Caso di profili ottenuti con rappresentasione conforme dal cerchio ed in particolare dei profili Joukowski
    可压缩流体扁平流中的速度场Ⅱ：使用轮缘的共形表示获得的剖面案例（尤其是茹科夫斯基剖面）

13. Note on the Flow of a Compressible Fluid Past a Circular Cylinder
    可压缩流体圆柱绕流的注释

14. Studies on the Subsonic flow of a Compressible Fluid Past an Elliptic Cylinder
可压缩流体椭圆柱绕流的亚声速流动

15. On the Subsonic Flow of a Compressible Fluid Past a Symmetrical Joukowski Aerofoil
可压缩流体对称茹科夫斯基翼型绕流的亚声速流动

16. On the Subsonic Flow of A Compressible Fluid Past a General Joukowski Profile
一般茹科夫斯基翼型可压缩流体绕流的亚声速流动

17. Beitrage zum Umetrömungprobleme bei hohen Geschwindigkeiten
高速绕流问题研究

18. Sur La Methode Approchée de M. Lamla en Dynamique des Fluides Compressibles
可压缩流体的 M. Lamla 动力学的近似方法

第 6 章

1. Über Luftkräfte bei sehr grossen Gescwindigkeiten insbesondere bei ebenen Strömungen
高速流尤其是高速平面流中的空气动力学

2. Der Kompressibilitätseinfluss für dünne wenig gekrümmte Profile bei Unterschallgeschwindigkeit
亚声速情况下可压缩性对微弯薄翼型的影响

3. Die Prandtl Glauertsche Näherung als Grundlage für ein Iterationsverfahren zur Berechnung kompressibler Unterschallströmungen
作为计算亚声速流的迭代方法基础的普朗特-格劳特近似

4. The Flow of a Compressible Fluid Past a Curved Surface
可压缩流体绕曲面的流动

5. The Flow of a Compressible Fluid Past a Circular Arc Profile
可压缩流体绕圆弧剖面的流动

6. Effect of Compressibility at High Subsonic Velocities on the Lifting Force Acting on an Elliptic Cylinder
高亚声速下压缩性对作用在椭圆柱上的升力的影响

7. Effect of Compressibility at High Subsonic Velocities on the Moment Acting on an Elliptic Cylinder
高亚声速下压缩性对作用在椭圆柱上的力矩的影响

8. The Effect of Compressibility on the Lift of an Airfoil
压缩性对翼型升力的影响

9. Über Strömungen，deren Geschwindigkeiten mit der Schallgeschwindigkeit vergleichbar sind
速度临近声速的流动的研究

10. Ebene und räumliche Strömung bei hohen Unterschallgeschwindigkeit（Erweiterung der Prandtlschen Regel）
高亚声速的平面和空间流动（普朗特规则的扩展）

11. The Linear Perturbation Theory of Compressible Flow with Applications to Wind

Tunnel Interference
可压缩流的线性摄动理论及其在风洞干扰中的应用

12. The Glauert-Prandtl Approximation for Subsonic Flows of a Compressible Fluid
可压缩流体亚声速流动的普朗特-格劳特法近似

13. A Discussion of the Application of the Prandtl-Glauert Method to Subsonic Compressible Flow over a Slender Body of Revolution
普朗特-格劳特法在绕细长旋转体的亚声速可压缩流动中的应用探讨

第 7 章

1. Sur les mouvements lents des fluides compressibles
关于可压缩流体的缓慢运动

2. Variation de la résistance aux faibles vitesses sous l'influence de la compressibité
受压缩性影响的低速阻力变化

3. Die Expansionsberichtigung der kontraktionssiffer von Blenken
Blenken 收缩差的扩张修正

4. Hodographenmethode der Gasdynamik
气动力学的正弦图法

5. Two Dimensional Subsonic Flows of Compressible Fluids
可压缩流体的二维亚声速流动

6. Compressibility Effects in Aerodynamics
空气动力学中的压缩性效应

7. Application of the Hodograph Method to the Flow of a Compressible Fluid Past a Circular Cylinder
速度图法在可压缩流体圆柱绕流中的应用

8. On a Method of Constructing Two Dimensional Subsonic Compressible Flows Around a Closed Profile
二维亚声速闭合剖面可压缩绕流的构建方法

9. On an Extension of the von Kármán-Tsien Method to Two Dimensional Subsonic Flows with Circulation Around Closed Profiles
关于卡门-钱方法在闭合剖面的二维亚声速绕流的扩展

10. Polygonal Approximation Method in the Hodograph Plane
速度图平面多边形近似法

第 8 章

1. A Method for Predicting the Transonic Flow Over Airfoils and Similar Bodies from Data Obtained at Small Mach Numbers
从小马赫数下获得的数据中预测机翼和类似物体跨声速绕流的方法

2. The Linear Perturbation Theory of Compressible Flow with Application to Wind Tunnel Interference
可压缩流动的线性摄动理论及其在风洞干扰中的应用

3. Blockage Corrections and Choking in the R. A. E. High Speed Tunnel
R. A. E. 高速风洞阻塞修正和堵塞

4. The Glauert-Prandtl Approximation for Subsonic Flows of a Compressible Fluid
可压缩流体亚声速流动的普朗特-格劳特近似法

5. Two-Dimensional Subsonic Compressible Flow Past Elliptic Cylinders
可压缩二维亚声速椭圆柱绕流

6. On the Flow of a Compressible Fluid by the Hodograph Method. Ⅰ. Unification and Extension of Present Day Results
通过速度图法研究可压缩流体流动Ⅰ：当代成果的统一与拓展

7. The Approximate Solution of the Hodograph Equations for Compressible Flow
可压缩流速度图方程的近似解

8. The Compressibility Burble and the Effect of Compressibility on Pressures and Forces Acting on an Airfoil
可压缩性气流分离以及可压缩性对作用在翼型上的压力和力的影响

9. Investigations and Experiments in the Guidonia Supersonic Wind Tunnel
圭多尼亚超音速风洞的研究与试验

10. The Flow of a Compressible Fluid Past a Curved Surface
可压缩流体曲面绕流

第 9 章

1. Exakte Lösungen der Differentialgleichungen einer adiabatischen Gasstromung
绝热气体流动的微分方程的精确解

2. Compressibility Effects in Aerodynamics
空气动力学中的压缩效应

3. Grenslinien adiabatischer Potentialströmungen
绝热位势流的极限线

4. On the Flow of a Compressible Fluid by the Hodograph Method. Ⅰ—Unification and Extension of Present Day Results
用速度图法研究可压缩流体的流动Ⅰ——当今成果的统一和延伸

5. On the Flow of a Compressible Fluid by the Hodograph Method. Ⅱ—Fundamental Set of Particular Flow Solutions of the Chaplygin Differential Equation
用速度图法研究可压缩流体的流动Ⅱ——恰普雷金微分方程的特殊流动解的基本集

6. Two Dimensional Irrotational Mixed Subsonic and Supersonic Flow of a Compressible Fluid and the Upper Critical Mach number
可压缩流体的二维无旋亚声速和超声速混合流及上临界马赫数

7. The Hodograph Transformation in Trans-Sonic Flow. Ⅰ. Symmetrical Channels
   跨声速流中的速度图变换Ⅰ：对称管道

8. The Hodograph Transformation in Trans-Sonic Flow. Ⅱ. Auxiliary Theorems on the Hypergeometric Functions $\psi_n(\tau)$
   跨声速流中的速度图变换Ⅱ：超几何函数 $\psi_n(\tau)$ 的辅助定理

9. The Hodograph Transformation in Trans-Sonic Flow. Ⅲ. Flow Round a Body
   跨声速流中的速度图变换Ⅲ：物体绕流

10. The Hodograph Transformation in Trans-Sonic Flow. Ⅳ. Tables
    跨声速流中的速度图变换Ⅳ：附表

11. Two Dimensional Irrotational Transonic Flows of a Compressible Fluid
    可压缩流体的二维无旋跨声速流

12. On Two Dimensional Flows of Compressible Fluids
    可压缩流体的二维流动

13. Graphical and Analytical Methods for the Determination of a Flow of a Compressible Fluid Around an Obstacle
    确定可压缩流体障碍物绕流的图解和分析方法

14. Methods for Determination and Computation of Flow Patterns of a Compressible Fluid
    可压缩流体流型的确定和计算方法

15. On Supersonic and Partially Supersonic Flows
    超声速和部分超声速流

第 10 章

1. Über zweidimensionale Bewegungasvorgange in einem Gas，das mit Uberschallgeschwindigkeit strömt
   气体的二维超声速流动研究

2. Naherungsverfahren zur zeichnerischen Ermittlung von ebenen Strömungen mit Überschallgeschwindigkeit
   图形法研究平面超声速流动中的近似方法

3. Supersonic Nozzle Design
   超声速喷嘴设计

4. Method of Characteristics for Two-Dimensional Supersonic Flow—Graphical and Numerical Procedures
   二维超声速流动的特征线方法——图形法和数值法

5. Luftkrafte auf Flugel，die mit grosserer als Schallgeschwindigkeit bewegt werden
   超声速运动的翼型上的空气动力

6. Applications to Aeronautics of Ackeret's Theory of Airfoils Moving at Speeds Greater than that of Sound
   阿克雷特的以大于声速的速度运动的翼型理论在航空学中的应用

7. The Pressure Distribution and Forces on Thin Airfoil Sections Having Sharp Leading and Trailing Edges and Moving with Speeds Greater than that of Sound
　具有尖锐前缘和后缘、并以大于声速的速度运动的薄翼型上的压力分布和力

8. Singolarita della currente gassosa Ipercustica nell' intorno di una prora a diedro
　二面体岩石附近的超强气流的奇异性

9. Experimental Results with Airfoils Tested in the High Speed Tunnel at Guidonia
　在圭多尼亚高速风洞中试验的翼型的试验结果

10. Charts for Determining the Characteristics of Sharp-Nosed Airfoils in Two Dimensional Flow at Supersonic Speeds
　确定超声速时二维流中尖头翼型特性的图表

11. Notes on the Theoretical Characteristics of Two Dimensional Supersonic Airfoils
　关于二维超声速翼型理论特性的说明

12. Aerodynamischer Auftrieb bei Überschallgeschwindigkelt
　超声速流动中的空气动力升力

13. Zur Frage der Widerstandverrungerung von Tragflugeln bei Überschallgeschwindigkeit durch Doppeldeckeranordnung
　超声速流动中双翼飞机的机翼阻力问题

14. Experiments at Supersonic Speeds on a Biplane of the Busemann Type
　布斯曼型双翼飞机的超声速试验

15. A Note on Supersonic Biplanes
　关于超声速双翼飞机的说明

16. Theoretical Aerodynamic Coefficients of Two-Dimensional Supersonic Biplanes
　二维超声速双翼飞机的理论气动系数

第 11 章

1. The Similarity Law of Transonic Flow
　跨声速流动的相似律

2. On Similarity Rules for Transonic Flows
　关于跨声速流动的相似性法则

3. Similarita Laws of Hypersonic Flows
　高超声速流动的相似律

4. On Hypersonic Similitude
　高超声速相似性研究

5. Airfoils in Slightly Supersonic Flow
　微超声速流动中的翼型

6. Two-Dimensional Hypersonic Airfoils
　二维高超声速翼型

第 12 章

1. The Flow of a Compressible Fluid Past a Sphere
   可压缩流体球体绕流

2. On the Flow of a Compressible Fluid Past a Sphere
   关于可压缩流体球体绕流

3. A Discussion of the Application of the Prandtl-Glauert Method to Subsonic Compressible Flows Over a Slender Body of Revolution
   普朗特-格劳特方法在细长回转体亚声速可压缩绕流应用的讨论

4. A Second Note on Compressible Flow About Bodies of Revolution
   回转体可压缩流的又一注记

5. Resistance of Slender Bodies Moving with Supersonic Velocities with Special Reference to Projectiles
   以超声速运动的细长体对投射弹的阻力

6. The Problem of Resistance in Compressible Fluids
   可压缩流体中的阻力问题

7. Supersonic Flow Past Bodies of Revolution
   回转体超声速绕流

8. Flow Over a Slender Body of Revolution at Supersonic Velocities
   细长回转体超声速绕流

9. Supersonic Aerodynamics — Principles and Applications
   超声速空气动力学——原理和应用

10. Some Ballistic Contributions to Aerodynamics
    弹道研究对空气动力学的一些贡献

11. The Determination of the Projectile of Minimum Wave Resistance
    最小波阻投射弹的确定

12. Gesohossformen kleinsten Wellenwiderstandes
    子弹形最小波阻体

13. On Projectiles of Minimum Wave Drag
    关于最小波阻投射弹

14. Supersonic Flow Over an Inclined Body of Revolution
    倾斜回转体的超声速绕流

15. Supersonic Flow Past Slender Pointed Bodies of Revolution at Yaw
    偏航时细长回转尖头体的超声速绕流

16. Supersonic Flow Past Slender Bodies of Revolution the Slope of whose Meridian Section is Discontinuous
    子午线截面不连续的斜率的细长回转体超声速绕流

第 13 章

1. Drücke auf kegekförmige Spitzen bei Bewegung mit Überschallgeschwindigkeit
   超声速运动的尖锥形头部上的压力
2. Ondes ballistiques planes obliques et ondes Coniques
   平面斜激波和锥形波
3. The Air Pressure on a Cone Moving at High Speeds
   高速运动锥体上的空气压力
4. The Conical Shock Wave formed by a Cone moving at High Speed — Ⅰ
   高速运动的锥体形成的锥形激波 Ⅰ
5. Die achsensymmetrische kegelige Überschallströmung
   轴对称锥形超声速流动
6. Mit Überschall geschwindigkeit angeblasene Kegelspitzen
   尖椎的超声速绕流
7. Tables of Supersonic Flow Around Cones
   锥体超声速绕流表格

第 16 章

1. Infinitesimale kegelige Uberschallströmung
   无限圆锥的超声速绕流
2. Formulas in Three Dimensional Wing Theory
   机翼理论中的公式
3. Supersonic Aerodynamics—Principles and Applications
   超声速空气动力学——原理和应用
4. Linearized Supersonic Flow
   线性化超声速流
5. Distribution of Wave Drag and Lift in the Vicinity of Wing Tips at Supersonic Speeds
   超声速时翼尖附近的波阻力和升力分布
6. On Source and Vortex Distribution in the Linearized Theory of Steady Supersonic Flight
   定常超声速飞行线性化理论中的源和涡流分布
7. Volterra's Solution of the Wave Equation as Applied to Three Dimensional Supersonic Airfoil Problems
   应用于三维超声速翼型问题的波动方程的沃尔泰拉解
8. The Use of Source，Sink and Doublet Distributions Extended to the Solution of Arbitrary Boundary Value Problems in Supersonic Flow
   源、汇和偶极子分布在超声速流中任意边界值问题求解中的应用
9. Linearized Supersonic Aerofoil Theory

线性化超声速翼型理论

10. Tragflügeltheorie bei Überschallgeschwindigkeit
超声速机翼理论

11. The Supersonic Theory of Wings of Finite Span
有限翼展机翼的超声速理论

12. Aerodynamic Characteristics of Rectangular Wings at Supersonic Speeds
矩形机翼在超声速下的气动特性

13. Low Aspect Ratio Rectangular Wings in Supersonic Flow
超声速流中的小展弦比矩形机翼

14. Properties of Low Aspect Ratio Pointed Wings at Speeds Below and Above the Speed of Sound
低展弦比尖翼在低于和高于声速下的特性

15. Wing Planforms for High Speed Flight
高速飞行的机翼平面形状

16. Thin Oblique Airfoils at Supersonic Speed
超声速时的薄斜翼型

17. Supersonic Wave Drag of Thin Airfoils
薄翼型的超声速波阻

18. Lift of a Delta Wing at Supersonic Speeds
超声速时三角翼的升力

19. Linearized Theory of Conical Supersonic Flow With Application to Triangular Wings
锥形超声速流的线性化理论及其在三角翼上的应用

20. Lift and Drag of Thin Triangular Wings at Supersonic Speeds
超声速下薄三角形机翼的升力和阻力

21. Aerodynamic Performance of Delta Wings at Supersonic Speeds
超声速时三角翼的空气动力学性能

22. Calculation of the Supersonic Wave Drag of Non-Lifting Wings with Arbitrary Sweepback and Aspect Ratio Wings Swept Behind the Mach Lines
任意后掠和展弦比的非升力翼在前缘位于马赫锥后的情况下的超声速波阻计算

23. Estimated Lift-Drag Ratios at Supersonic Speeds
超声速下的估算升阻比

24. Note on the Lift of a Triangular Wing at Supersonic Speeds
超声速时三角形机翼升力的说明

25. The Effects of Yawing Thin Pointed Wings at Supersonic Speeds
超声速时薄尖翼偏航的影响

26. Supersonic Wave Drag of Sweptback Tapered Wings at Zero Lift
零升力时后掠锥形机翼的超声速波阻力

27. Theoretical Supersonic Wave Drag of Untapered Sweptback and Rectangular Wings at Zero Lift

零升力时非锥形后掠和矩形机翼的理论超声速波阻力

28. The Effect of Sweepback of Delta Wings on the Performance of an Aircraft at Supersonic Speeds

三角翼后掠对超声速飞机性能的影响

29. Supersonic Characteristics of Triangular Wings

三角形机翼的超声速特性

30. Effect of Chordwise Location of Maximum Thickness on the Supersonic Wave Drag of Sweptback Wings

最大厚度弦向位置对后掠翼超声速波阻力的影响

31. Effect of Yaw at Supersonic Speeds on Theoretical Aerodynamic Coefficients of Thin Pointed Wings with Several Types of Trailing Edge

超声速偏航对几种后缘类型的薄尖翼的理论气动系数的影响

32. The Theoretical Lift of Flat Swept-Back Wings at Supersonic Speeds

超声速时平板后掠机翼的理论升力

33. The Pressure Distribution on Some Flat Laminar Aerofoils at Incidence at Supersonic Speeds

超声速倾角下某些扁平层流翼型上的压力分布

34. Effect of Aspect Ratio and Taper on the Pressure Drag at Supersonic Speeds of Unswept Wings at Zero Lift

展弦比和锥度对零升力无后掠机翼超声速压力阻力的影响

35. Theoretical Distribution of Lift on Thin Wings at Supersonic Speeds (an Extension)

超声速时薄机翼上升力的理论分布（延伸）

36. Aerodynamics of Thin Quadrilateral Wings at Supersonic Speeds

超声速时薄四边形机翼的空气动力学

37. Wing Body Interference at Supersonic Speed

超声速下的翼身干扰

38. Interference Between Wing and Body at Supersonic Speeds—Theory and Numerical Application

超声速时机翼与机身的干扰——理论和数值应用

39. A Wing-Body Problem in a Supersonic Conical Flow

超声速锥形流中的翼身问题

40. Aerodynamic Properties of Slender Wing Body Combinations at Subsonic，Transonic and Supersonic Speeds

亚声速、跨声速和超声速时细长翼身组合体的气动特性

41. The Aerodynamic Derivatives with Respect to Sideslip for a Delta Wing with a Small Dihedral at Supersonic Speeds

超声速时具有小上反角的三角翼相对于侧滑的气动力学导数

42. The Stability Derivatives of Low Aspect Ratio Triangular Wings at Subsonic and Supersonic Speeds

亚声速和超声速时小展弦比三角形机翼的稳定性导数

43. A Dynamic Longitudinal Stability Analysis for a Canard Type Airplane in Supersonic Flight

鸭式飞机超声速飞行时的动态纵向稳定性分析

44. Linearized Theory of Supersonic Control Surfaces

超声速操纵面的线性化理论

45. Stability and Control of Supersonic Aircraft

超声速飞机的稳定性和控制

46. The Damping Due to Roll of Triangular，Trapezoidal and Related Plan Forms in Supersonic Flow

超声速流中三角形、梯形及相关平面形状的滚转阻尼

47. Application of the Linearized Theory of Supersonic Flow to the Estimation of Control Surface Characteristics

超声速流动的线性化理论在操纵面特性估算中的应用

48. Damping in Pitch and Roll of Triangular Wings at Supersonic Speeds

超声速时三角形机翼俯仰和滚转阻尼

49. Stability Derivatives of Triangular Wings at Supersonic Speeds

超声速时三角形机翼的稳定性导数

50. Characteristics of Thin Triangular Wings with Triangular Tip Control Surfaces at Supersonic Speeds with Mach Lines Behind the Leading Edge

马赫线在前缘之后的具有三角形翼尖控制面的薄三角形机翼在超声速下的特性

51. Characteristics of Thin Triangular Wings with Constant Chord Partial Span Control Surfaces at Supersonic Speeds

带部分翼展等弦长操纵面的薄三角形机翼的超声速特性

52. Downwash and Sidewash Induced by Three Dimensional Lifting Wings in Supersonic Flow

超声速流中三维升力机翼引起的下洗和侧洗

53. Bound and Trailing Vortices in the Linearized Theory of Supersonic Flow and the Downwash in the Wake of a Delta Wing

超声速流线性化理论中的附着涡和尾涡以及三角翼尾流中的下洗

54. Theoretical Lift Distribution and Upwash Velocities for Thin Wings at Supersonic Speeds

超声速时薄机翼的理论升力分布和上洗速度

55. The Calculation of Downwash Behind Supersonic Wings with an Application to Triangular Plan Forms

超声速机翼后下洗的计算及其在三角形平面机翼上的应用

第 18 章

1. Grenzschichten in Flüssigkeiten mit kleiner Reibung

小摩擦系数流体中的边界层

2. Gasströmung mit laminaren Grenzschicht entlang einer Platte
   沿平板的层流边界层

3. Una caratteristica trasformazione delle equazioni dello strato limite nei gas
   气体边界层方程的特征变换

4. Sulla trasmissione del calore da una lamine piana a un fluido scorrente ad alta velocita
   关于热量从平板到高速流动的流体的传递

5. Sullo strato limite laminare nei gas lungo una lamina piana
   沿平板的气体层流边界层

6. Lo strato limite laminare nei gas
   气体中的层流边界层

7. Temperature Effects in a Laminar Compressible Fluid Boundary Layer along a Flat Plate
   沿平板的层流可压缩流体边界层中的温度效应

8. Effect of Variable Viscosity on Boundary Layers，with a Discussion of Drag Measurements
   可变黏度对边界层的影响以及阻力测量的探讨

9. Theory of Laminar Boundary Layer of Gases
   气体层流边界层理论

10. Zum Kompressibilitatseinfluss bei der laminaren Grenzschicht der ebenen Platte
    平板层流边界层中的可压缩性影响

11. Die laminare Grenzschicht bei einem mit Überschallgeschwindigkeit angestromten nichtangestellten Kreiskegel
    超声速绕流无攻角圆锥时的层流边界层

12. Die laminare Grenzschicht der ebener Platte mit und ohne Warmeubergang unter Berucksichtung der Kompressibilitat
    可压缩流中的导热和不导热平板层流边界层

13. Boundary Layer in Compressible Fluids
    可压缩流体中的边界层

14. The Role of Model Experiment in Projectile Design
    模型实验在抛射体设计中的作用

15. Boundary Layer in Compressible Fluid with Allowance for Radiation
    考虑辐射的可压缩流体中的边界层

16. Investigation of the Stability of the Laminar Boundary Layer in a Compressible Fluid
    可压缩流体中层流边界层稳定性的研究

17. Zusammenhang zwischen ebenen und rotationssymmetrischen Grenzschichten in kompressiblen Flussigkeiten
    可压缩流中的导热和不导热平板层流边界层

第 19 章

1. Untersuchungen an Verdichtungsstossen und Grenzschichten in schnell bewegten Gasen
   快速运动气体中的冲击波和边界层的研究
2. The Interaction Between Boundary Layer and Shock Waves in Transonic Flow
   跨声速流动中边界层和激波的相互作用
3. Remarks on the Interaction Between Shock Waves and Boundary Layer in Transonic and Supersonic Flow
   关于跨声速和超声速流中激波与边界层相互作用的评述

译 后 记

译者有幸承担了钱学森先生 1947—1949 年在麻省理工学院教授"可压缩流体气动力学"课程的讲义的翻译任务,翻译和校对过程也是译者学习的过程。讲义全文分 19 章,根据译者的理解,认为可以分为 4 卷或 5 卷。

第 1 卷共 4 章。第 1~3 章给出了可压缩流动的基本原理,从一维流动入手,给出了声速与马赫数、雷诺数、普朗特数、完全可压缩流体的概念,介绍了激波、三维流动的基本条件,给出描述可压缩流的基本参数。第 4 章系统地、概括地介绍了几种解决可压缩流动的非线性问题精确解的难度及各种解决问题的近似方法,包括小马赫数、小厚度比的幂级数展开,压力密度关系的线性化方法,速度图法等。卷末还给出了矢量微分的基本知识,便于没有学过矢量微分的学生学习本讲义时参考。

第 2 卷共 7 章。第 5~8 章讨论相对简单的各种类型二维流动,从不可压无旋流动中相对简单的亚声速和一般超声速入手,讲授了解决问题的各种方法,包括线性化近似理论和修正公式(如 Rayleigh - Janzen 法、普朗特-格劳特法、速度图法和卡门-钱近似等),求解精确解的方法,讨论退化情况下的"丢失解"。第 9~11 章则重点讨论跨声速、微超声速和高超声速流动的非线性特点以及有关的相似律方法。

第 3 卷共 5 章。第 12~16 章的内容可分为两部分,所以此卷也可拆分为两卷,研究对象从二维流动扩展到三维流动。第 12 章讨论细长轴对称回转体的线性化理论,以及亚声速流动和一般超声速流动的压力分布及波阻等,其中零攻角下的轴对称问题是一类特殊的二维问题。与一般的二维流动类似,讲义也是从亚声速线性化理论入手。第 13 章针对跨声速和高超声速线性化理论的不足,讨论轴对称问题的非线性理论,继而探讨精确方程和"丢失解",导出相似律。从第 14 章开始进入翼尖效应等真正的三维问题。第 14 章讨论亚、跨、超、高超声速下的有限翼展的相似律。第 15 章针对矩形翼及有限翼展的翼尖效应,研究其气动特性。第 16 章则利用线性化理论研究尖翼、椭圆翼、后掠翼、短矩形翼等多种超声速机翼的气动力学问题。第 16 章内容大量参考了 NACA 的研究报告和多个飞机制造商的相关翼型的空气动力学研究报告。

第 4 卷为第 17~19 章,集中讨论流体的黏性效应。由于黏性与热传导的影响范围集中在边界层,讲义在前面大部分篇幅的讨论中忽略了其影响,直到最后 3 章才讨论流体的黏性效应,内容涉及流体的黏性,速度与温度边界层、边界层与激波相互作用,黏性/速度、热边界层的相似律等。

讲义如此分卷,做到了从基础知识入手,循序渐进,推导严密,逻辑清晰,系统性强,便于学生掌握知识要点。

需要说明的是,原稿在正文中并没有标注各分卷情况,仅在目录中体现。第 1 卷和第 2 卷的分卷情况在原稿目录中已经清晰体现。第 12 章以后的目录丢失。目前目录为译者根据正文章节补充,所以第 12 章以后的分卷情况译者并不清楚,前述分卷为译者添加的。

译者推测原稿讲义是使用三孔讲义夹装订,边教学边撰写后续章节,打字印刷后加入讲义夹。由于当年没有静电复印机,讲义的制作类似工程蓝图的制作,打字、手写公式和描的底图都在描图纸上进行,使用的多份讲义稿均是通过晒图得到,所用晒图纸不会太薄。全讲义正文 380 页,加封面、部分目录、习题和试卷有 399 页,可能还有两页目录页,因此不可能装在不到几厘米厚的一本讲义夹中,很可能封面和前 11 章的目录与正文共 195 页是装在第一册讲义夹中,第 12 章之后的 189 页装在第二册讲义夹中。第 12 章之后的目录(包括后面的分卷情况)可能也存在,但是夹在第二册讲义夹中,整理过程中疏忽了。译者在翻译及校对过程中体会钱先生本意,同时考虑到二维流动与三维流动描述的规律性,以及插入的参考文献位置,认为第 12~19 章不可能全是第 2 卷的内容,还可以另分为第 3 卷和第 4 卷(也可以另分为三卷)。译者补充分卷是为了方便读者使用讲义。

在翻译和校对过程中,译者感触良多。

讲义涵盖当时有关可压缩流体气动力学的最新知识,特别是跨声速和高超声速流动的复杂性。由于线性化理论不足以描述跨声速和高超声速问题,因此讲义中涉及很多非线性微分方程的求解方法。这其中不仅包括大量工程界可用的近似公式,更有一些精确的理论解法。如此一来,讲义中就包含大量复杂的数学推导和公式,如复变函数、留数定理、解析开拓等。不仅内容超出大部分工科研究生所受数学训练,也使英文输入和中文翻译输入异常复杂。译者在译稿和印刷稿的校对过程中,花了很多时间在确保公式输入、符号表达和描图的正确性上。

在统稿时,译者感到,可能因课程历时较长,且汇集了当时最先进的研究成果,编写讲义时没有成熟的先例可供借鉴,因此编写过程也历时较长,可能边教学边写新的章节(第 3 章指出黏性效应见后面章节,但当时并未明确是哪一章,是译者根据全文确定为第 17 章)。讲义汇集的多位学者的研究成果,涵盖多个分支学科,不同作者在论文中采用的符号的内涵也不尽相同,全文也没有统一的符号表,同一字符在不同章节代表意义不同,大小写意义不同,如大写 C 代表系数,如阻力系数、升力系数等,小写 c 代表比热容。下标大小写也应注意,如 C_D 代表总阻力系数,C_d 代表波阻系数。

在原稿的公式中,手写体(花体大写)常用于代表函数,与印刷体代表参数的意义不同,译者校对时也特别留意。德文、拉丁文、希腊文等特殊字符用英文打字机打字时要手动添加符号,原稿有疏漏,如 Kármán、öüÜ 等,译者校对时尽量补正。对大小写、正斜体、上下标、平均值等均很注意。翻译时注意到飞行器专业词汇"展弦比"的符号与现有规范不同,是由斜体 A 和正体 R 拼成,保留了 𝓐𝑅 这种用法,用于文字与公式。

由于原稿是非正式出版物,公式、曲线图等存在一定错误,因此译者进行了公式推导和曲线图核对校正。

翻译过程中还纠正了非正式出版物经常存在的其他问题,如:引用公式没有填全公式号,或公式缺少过渡的推导过程,引用后面的章节号但没有标注。还有一些笔误和打印错误,如词组、动词人称、标点等,译文也均尽力补正了。在翻译中还注意到,由于原稿使用英制单位,有些单位很少在近代中国文献中出现,如质量单位 slug,译文在第一次出现时加上了单位换算关系,便于读者使用。

在翻译中还涉及一些句子结构方面问题。相比于法文、俄文和德文,英文语法不够严谨,常需要应用专业知识判断。例如,句子前段用 and 连接多个名词,如果有后置介词定语修饰,因没有变格等语法界定是修饰前面所有名词还是仅最后一个名词,只能应用专业知识判断,在中译文中明确表述。这种问题在法、德、俄文翻译中一般不存在。例如,原稿式(10.4)下有这样一句话"In order that the flow be not completely uniform, i. e. , $\frac{\partial \theta}{\partial x} = \frac{\partial \theta}{\partial y} = 0$",如果将公式理解为 be not completely uniform 就有错误,式(10.4)恒等于 0,不需要下面系数矩阵必须为 0。所以,宜将 $\frac{\partial \theta}{\partial x} = \frac{\partial \theta}{\partial y} = 0$ 理解为是被否定的 completely uniform 的同位语。

在翻译过程中,对原稿的参考文献,译者有以下感受:讲义除了引用期刊论文,还大量引用美国国家航空咨询委员会(NACA,是美国宇航局 NASA 前身)的技术报告(NACA TR)、技术短报告(NACA TN)、技术备忘录(NACA TM)、战时报告[Wartime Report,包括事先提出的机密报告(NACA ACR)、高级限制报告(NACA ARR)]和德文资料。由此可见,钱学森先生作为美国陆军航空兵[AAF,AAF 于 1947 年 9 月 18 日正式改为美国空军(USAF)]科学咨询团成员,不仅参与了美国航空航天事业的发展研究与规划,还参加了 1945 年 5 月起的德国考察,考察的感受也对讲义有很大影响。此外,当时美国有一套机制,收集多种语言文献,包括英文、意大利文、西班牙文、拉丁文、德文、俄文,并译成英文。如第 13 章参考文献[6]来自《德国航空技术 1942 年年鉴》(Jahrbuch/Year Book)第 1 册,是德文文献,译者找不到原文,但找到了 NACA 的英译版 NACA TM No. 1157。前述文献为钱先生的讲义提供了当时最先进的科学知识。

为方便读者大致了解不同语种参考文献的内容,译者特将参考文献的题名译成了中文,作为附录 C 供读者参考。

在翻译中还注意到,由于讲义写作时间较长,早期章节引用的战时报告 NACA ACR 和 NACA ARR,后来均重新排版印刷,编号也从战时报告的机密和限制级改为技术报告等,后期章节引用的同一文章就采用 NACA TR 编号,既方便读者查找,印刷质量也改善了。如:第 8 章参考文献中 Kaplan 有关速度图的文章(第 8 章参考文献[6]),原为 NACA ARR No. L4024,到第 9 章就用了 NACA 新编号 NACA TR No. 789,为同样内容重新排版印刷。

为了更准确地翻译讲义的学术术语,翻译时还参考了苏联教材《液体与气体力学》(洛强斯基著,林鸿荪、张炳煊等译,人民教育出版社,1961 年)。尽管两者来自不同的体系,但大部分内容是相似的,术语相通。从中还可以看出,当时欧美学术界对苏联学术界的尊重与两者的相互借鉴。当然,钱学森先生的讲义由于引用了大量 NACA 资料,其内容的实用程度更深、更全面,也更符合航空系学生毕业后的工作需求。

讲义中译名定名是一个渐进过程。原稿英文名为钱先生所定,为"Notes on Aerodynamics of Compressible Fluids"。直译可以为"可压缩流体空气动力学讲义",也可以是"可压缩流体气动力学讲义",或"可压缩流体飞行器动力学讲义"。在航空领域,aero 词头作为前缀,常表示"在空中飞行的"或"飞行器的"。

1947 年是人类首次进入载人飞行器的超声速飞行时代,之前的空气动力学内容主要围绕亚声速飞行,针对高速飞行时气体的可压缩性效应的内容有限。亚声速流动采用当时普遍流行的线性化方法就可以达到工程上近似的要求。但是,当流动进入跨声速和高超声速状态时,非线性特征显著,线性化方法不能满足要求,需要采用非线性方程求解问题,因此在教学中需要引进新的教学内容。本讲义的内容为当时最前沿的知识,对象是航空系学生,还未形成行业公认的正规学科名称。为了强调跨声速、超声速和高超声速运动气体的可压缩性影响,特别是其非线性的特点,讲义名称加上了"可压缩流体"的后置定语。如果讲义中译名定名为"空气动力学讲义",则难以与"Notes on Aerodynamics"等之前的以亚声速飞行器为主的课程讲义区分,无法突出流体可压缩效应。译者认为,从尽量遵照作者原意和反映时代特征的角度来讲,不应太简化名称,希望不丢失原稿"可压缩流体"的定语。

需要注意的是,可压缩流体包括多种物性差异较大的气体,而空气仅包括可压缩流体中的几种成分,简单在空气动力学前加上可压缩流体,采用"可压缩流体空气动力学讲义"的译法不够严谨。

本讲义中译名定名经反复推敲,先是采用字面直译"可压缩流体空气动力学讲义",但因可压缩流体包括空气但不仅是空气,所以后来改为"可压缩流体动力学讲义",与钱先生原著名有一些差异。最终定名"可压缩流体气动力学讲义",既与钱先生最早的英文名称没有矛盾,也避免中文译名的不自恰,在此做出解释。